高聚物结构与电性能

雷清泉 编著

科学出版社

北京

内 容 简 介

本书共分四章，内容包括高聚物结构的基本概念、高聚物的电导、极化与损耗以及击穿，着重讨论高聚物的多层结构及多重运动，在强、弱电场中发生的基本物理过程，宏观介电特性与高聚物分子结构、聚集态结构、分子运动以及改性剂等的关系。此外，还就高聚物的光电子特性、导电高聚物、压电性及热电性高聚物做了较详细的讨论。因此，本书是高聚物介电物理方面的一本专门著作。

本书可作为高等院校有关专业的教学用书，亦可供从事电气与电子绝缘、功能高分子以及材料科学研究的工程技术人员参考。

图书在版编目（CIP）数据

高聚物结构与电性能 / 雷清泉编著. —北京：科学出版社，2023.11

ISBN 978-7-03-076193-4

Ⅰ. ①高⋯ Ⅱ. ①雷⋯ Ⅲ. ①高聚物结构-研究 Ⅳ. ①O631.1

中国国家版本馆CIP数据核字（2023）第155238号

责任编辑：范运年 / 责任校对：王萌萌
责任印制：吴兆东 / 封面设计：陈 敬

科 学 出 版 社 出版
北京东黄城根北街 16 号
邮政编码：100717
http://www.sciencep.com
北京厚诚则铭印刷科技有限公司印刷
科学出版社发行 各地新华书店经销

＊

2023年11月第 一 版 开本：720×1000 1/16
2025年 2 月第三次印刷 印张：13 1/2
字数：272 000

定价：158.00 元

（如有印装质量问题，我社负责调换）

前　　言

　　高聚物具有优异的电性能、良好的物理机械性能、价格便宜、来源丰富和加工方便等许多优点，因而越来越广泛地应用于电子、电工等各个方面，并且有取代天然材料的趋势。因此，阐明高聚物的电性能与其结构的关系，既有重大的理论价值，又有重要的实用意义。

　　以前高聚物的电性能仅属于高分子物理学中的一章，且大多又偏重介电松弛；电介质物理学虽以四大参数 $(\gamma, \varepsilon, \mathrm{tg}\delta, E)$ 为主干，但又侧重讨论气体、液体、晶体及各类低分子固体的电性能。80 年代初，国外有几本高聚物电气(或电子)性能的书籍问世，但多属专著，不宜作教材。因此，作者在总结从事电介质物理学及高聚物的电性能教学及科研的基础上，参考一些国外的近期专著及文献，在介绍高聚物结构的基本概念之后，以四大参数为主干，首次尝试编写了这本书。它既可选作教材，又可作为电介质物理学及高分子物理学的主要教学参考书，还可供研究生及工程技术人员参考。

　　本书在编写过程中自始至终得到了刘子玉教授的关怀与指导，他不仅细致地审阅了全书，而且还对若干内容做了重要的修改。作者在此谨表深切谢意，并向支持出版此书的赞助单位沈阳电缆厂、郑州电缆厂及苏州电缆厂表示感谢。

　　由于著者水平有限，书中难免有疏漏，恳望得到有关方面的专家及读者的指正。

作　者

2023.1.10

目　　录

第1章　高聚物结构的基本概念

高聚物(polymer)这一术语由希文 poly(许多)和 meros(部分)两个单词构成，又称为高分子化合物，是一种由大量结构单元(重复单元、单体单元、链节)通过共价键连接成的高分子所组成的物质，其结构有如下特点。

(1)高分子链由大量($10^3\sim10^5$)的一种(均聚物)或几种(共聚物)结构单元组成，通过共价键连接成高分子。根据连接方式的不同，高分子又可分为线形分子、支化分子及网状分子等。

(2)一般高分子的主链都具有一定的内旋转自由度，可以弯曲，从而使高分子长链具有柔性。分子的热运动使柔性链的形态时刻发生改变，呈现无数可能的构象。如果组成高分子链的化学链不能内旋转或结构单元间有强烈的相互作用，那么将成为刚性链，使高分子链具有一定的构象及构型。

(3)高分子链由许多结构单元组成，因此结构单元之间的范德瓦尔斯相互作用特别重要，对高分子聚集态结构及材料的物理力学性能具有重要的影响。

(4)高分子链间只要存在交联，即使交联度很小，高聚物的物理力学性能也会发生很大变化，主要是在不溶和不熔方面。

(5)高分子的聚集状态有晶态和非晶态之分，高聚物的晶态比低分子晶态的有序度差很多，存在许多缺陷。但前者的非晶态却比后者在液态时的有序度高。这是因为高分子的长链是由结构单元通过化学键连接而成的，所以沿主链方向的有序度必然高于垂直主链方向的有序度，受力变形后的高分子材料更是如此。

(6)加工高聚物成有用的材料，通常需要在高聚物中加填料，如各种助剂及色料等，有时还需要将两种或两种以上的高聚物共混改性，故添加物与高聚物本体间存在着所谓织态结构的问题，而这也是决定高分子材料性能的重要因素。

高聚物的结构是有层次的，至少包括分子结构及聚集态结构(如结晶)两个层次。决定结构与性能之间关系的分子运动也是多模式的，包括高分子链的内旋转及位移两种。在一定条件下相应的转变也是多重的，除玻璃化转变和结晶熔融主转变外，还有其他一些次转变，由此决定的高聚物的性能更是多种多样的，如在一定条件下力学上的黏弹松弛、电学上的偶极松弛及电导率的变化等都具有多重性。因此，研究其间的关系，即多层结构-分子及载流子的多模运动-多重性能之间的对应关系，对改善和扩充现有高分子材料的性质及用途和进行分子设计以获得指定性能的新型合成材料都具有极大的意义。

1.1 高分子链的化学结构及构型

链节是指高分子链的重复结构单元，许多链节可连接成为高分子链，故高分子链的结构首先可以用链节结构来表示。不同链节的高分子化合物具有不同的性质。当孤立地看待某一链节的结构时，它的化学基团具有低分子有机化合物的基本属性，当链节连接成为高分子链并进一步聚集时，链节将不再是单一独立的分子，其性质也要受到制约的，下面按图 1-1 中的高聚物多层结构进行讨论。

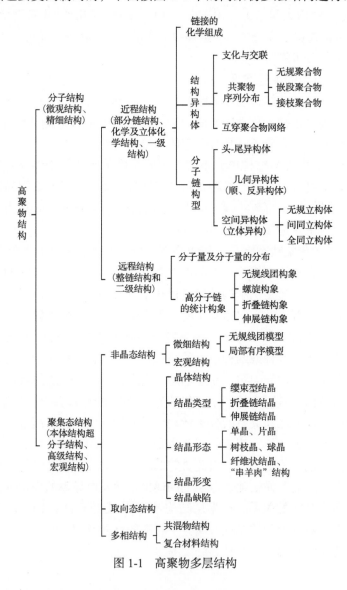

图 1-1　高聚物多层结构

1.1.1　链节的化学组成

高分子链的尺度可用所含链节的数目(聚合度)或分子量表征，它对高聚物的性能影响很大。例如，表现特有性质的分子量至少在 10^3 以上，大多数在 10^4 以上。

由于高分子链是借共价键将链节连接而成的，故并不是任何原子都能生成高分子，只有周期表中一部分非金属元素才可能生成高分子链。通常高分子链的化学组成如下。

碳链高分子：高分子主链全部由碳原子借共价键连接而成，它们大多由加聚反应制成，如聚乙烯、聚丙烯、聚苯乙烯及聚甲基烯酸甲酯等。这类高聚物不易水解、耐热性与耐燃性差，容易老化。

杂链高分子：高分子主链除碳原子外，还有其他共价键相连接的原子(氧、氮、硫等)，如聚甲醛、聚酯、聚砜及聚酰胺等，这类高聚物主要由缩聚反应或开环聚合反应生成，因主链有极性，故其较易水解、醇解或酸解。

元素有机高分子：其主链不含碳原子，而是由硅、磷、锗、铝、钛、砷等元素与氧构成，但是在侧链上含有机取代基团，故元素有机高分子(如聚硅氧烷)兼有无机与有机高分子的特性，如无机物的热稳定性及有机物的弹性与塑性。

无机高分子：其高分子主链不含碳原子和有机取代基，纯粹由其他元素构成，如硅酸盐、二硫化硅、聚偏磷酸及其盐等。

梯形与双螺旋形高分子：其高分子主链不只有一条单链，而具有像"梯子"与"双股螺旋"的结构。例如，聚丙烯腈纤维在无氧条件下热解会发生环化芳构化而形成梯形结构，它就从绝缘体变为高共轭体系的半导体。由于不在一个梯格或螺圈里的两个以上键的断裂不会降低分子量，故这类高聚物通常具有较高的热稳定性。

1.1.2　结构异构体

1. 支化与交联

在发生缩聚反应时，如果有三个或三个以上官能团的化合物参加反应，或在加聚反应中有自由基的链转移过程发生等，均能生成支化与交联等不同形态的结构异构体。通常，可借增加交联度以提高高聚物的强度、耐热性及抗溶剂性，同时高聚物变成不溶与不熔。支化使高分子链的规整度及分子间的敛集密度降低，故难以结晶，但仍可溶熔。链的几何形状对三种聚乙烯的物性影响如表 1-1 所示。

表 1-1　三种聚乙烯的物理性质

聚乙烯	高分子链几何形状	密度/(g/cm³)	抗张强度/10⁵Pa	断裂伸长率/10²	连续工作温度/℃
低密度聚乙烯	支化	0.91~0.925	68~147	90~800	80~100
高密度聚乙烯	线型	0.94~0.965	205~362	50~1000	120
交联聚乙烯	交联	0.93~1.40	98~205	180~600	135

2. 共聚物中链的序列分布

共聚物分子链中包含两种或两种以上不同的化学链节，它们在链中的序列分布会形成许多的结构异构体。一般对二元共聚物而言，无规共聚物各链节呈无规分布，例如，

···ABBABBBAABBAAAB···

交替共聚物的各链节有规则地交替排列。例如，

···ABABABABABABABAB···

嵌段共聚物的每个链节形成一定长度的连续链段，相邻链段间以共价键相连。例如，

···AAAAABBBBBAAAABBBB···

接枝共聚物在由同一个链节组成的主链上，接上由另一种单体构成的侧链。例如，

···AAAAAAAAAAAAAAAAA···
B　　　　B
B　　　　B
⋮　　　　⋮

当然，这是对链序列分布的理想划分，实际链结构是这几种分布方式的组合。

1.1.3　头-尾异构体

在加聚过程中，单体的链接方式可以不同。例如，烯类单体(CH_2=CH—R)在聚合过程中就可能有两种连接方式。

头-头(尾-尾)接：

$$— CH_2 — CH — CH — CH_2 — CH_2 — CH — CH — CH_2 —$$
$$\qquad\quad | \quad\ | \qquad\qquad\qquad\quad | \quad\ |$$
$$\qquad\quad R \quad R \qquad\qquad\qquad\quad R \quad R$$

头-尾接：

$$—CH_2—CH—CH_2—CH—CH_2—CH—CH_2—CH—$$
$$\qquad\quad |\qquad\qquad |\qquad\qquad |\qquad\qquad |$$
$$\qquad\quad R\qquad\qquad R\qquad\qquad R\qquad\qquad R$$

许多实验证明，在自由基或离子型聚合的产物中，从取代基 R 之间的静电斥力与空间位阻效应等来看，大多数利于形成头-尾接。

1.1.4　几何异构体

双烯类单体 1,4-加成的高分子链的链节中有一双键，根据内双键上的基团在双键两侧排列方式的不同，可以构成顺式与反式两种几何异构体。例如，1,4-聚丁二烯的顺式构型：

$$\diagdown _{CH_3}{}^{CH=CH}\diagdown _{CH_2}{}^{CH_2}\diagdown _{CH=CH}{}^{CH_2}\diagdown$$

其分子链间的距离较大，室温下为弹性很好的橡胶；也可为反式构型：

$$\diagdown _{CH_2}{}^{CH}\diagup _{CH}{}^{CH_2}\diagdown _{CH_2}{}^{CH}\diagup _{CH}{}^{CH_2}\diagup$$

其结构较规整，易结晶，在室温下为弹性很差的塑料。

1.1.5　立体异构体

当碳原子上的取代基不相同时(称为不对称碳原子)，能构成互为镜映关系的两种构型，分别用 d- 及 l- 表示。如果不破坏主价键，这两种构型彼此是不能够互换的。例如，聚丙烯有 d- 及 l- 两种构型：

$$\text{d-链节：}\left\lceil CH_2-\underset{\underset{H}{|}}{\overset{\overset{CH_3}{|}}{C}}\right\rfloor\qquad\qquad \text{l-链节：}\left\lceil CH_2-\underset{\underset{CH_3}{|}}{\overset{\overset{H}{|}}{C}}\right\rfloor$$

当聚丙烯高分子链全部由 d-链节(或全部由 l-链节)连接时，称为等规或全同聚丙烯，其结构比较规整，容易结晶，密度较高，熔点为 175℃；若由 d- 与 l-链节无规则地连接时，称为无规聚丙烯，室温下为液态；若由 d- 与 l-链节交替连接时，称为间规或间同聚丙烯，熔点为 135℃。

1.2　高分子链的构象与柔顺性

高分子链除上述聚合反应所决定的几种异构体外，还可因绕单键的内旋转而使分子中的原子(或基团)在空间上有很多不同的排列方式,这便是高分子链或链段的构象。它与 1.1 节讨论的分子链的构型是截然不同的。从能量上看,改变链的构型需要破坏化学键,其能量一般为数十至上百千焦耳每摩尔,内旋转的位垒高度约为数千焦耳每摩尔,因此外界环境的变化,特别是温度容易引起构象的瞬息万变。根据玻尔兹曼分配定律,两种构象数目的比例为

$$N_2 / N_1 = \exp(-\Delta E / kT) \tag{1-1}$$

式中,N_1 和 N_2 分别为构象 1 和 2 的数目;k 为玻尔兹曼常数;ΔE 为两种构象的活化能之差。显然,活化能高的构象数目少,温度上升,构象指数增加。经估算改变一次构象所需的时间约为 10^{-11}s,因此无法将两种异构体分离。由于单键的内旋转容易,故在无外力作用时,分子链不可能伸展成为直链,其总是自然地卷曲成线团。一般高分子链的构象属于二级结构。

1.2.1 主链上键的内旋转

在任何碳链化合物中的 C—C 单键都是 σ 键,其电子云分布是轴对称的,因

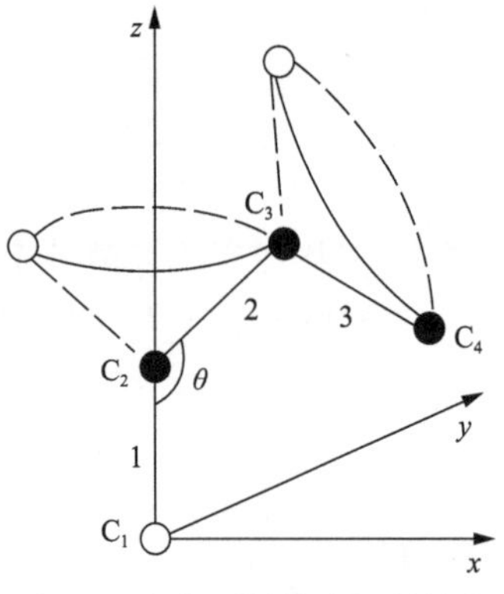

图 1-2 高分子链的内旋转构象

此 C—C 单键能够绕轴线旋转,称为内旋转,如图 1-2 所示。如果将高分子链中第一个 C—C 键 1 固定在 z 轴上,那么第二个 C—C 键 2 只要保持键角不变,就可以有很多位置。即由于键 1 的内旋转(自转),将带动键 2 旋转(公转),键 2 的轨迹将形成一个圆锥面,以致 C_3 出现在圆锥体的底面圆。

如果碳原子上不联结其他的原子或基团,那么 C 键内旋转既没有负担也没有阻力,是完全自由的内旋转,旋转过程中不会发生能量的变化,这种情况是理想的。实际上,C 键上总要带有其他原子或基团,这些非键合原子之间总有吸引或排斥作用,故存在内旋转势垒,内旋转是不自由和受阻的。

从乙烷分子绕 C—C 键的内旋转可知,内旋转不仅需要一个力,而且在不同旋转角上的位能是不同的。当两个碳原子上的氢原子处于相互交叉(staggered)的位置时称为反式构象,因氢原子彼此相距最远,斥力最小,位能最低,构象也最稳定。反之,如果它们彼此处于相互叠合(eclipsed)的位置时,称为顺式构象,因氢原子彼此相距最近,斥力最大,位能最高,构象也最不稳定。若乙烷中氢原子被其他原子或原子基团取代,如正丁烷,情况就更加复杂,这时将会出现顺式、

反式及旁式(gauche)三种异构体,如图 1-3 所示。其 C_4 与 C_1 之间的斥力大小为

顺式>旁式>反式

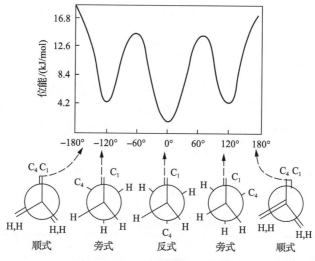

图 1-3　正丁烷的内旋转位能曲线

高分子链中键的内旋转总要受到偶极、氢键及空间位阻等因素的影响,情况错综复杂,极难用简单的数学式来表示位能与内旋转角之间的关系。

1.2.2　高分子链的构象

1.2.1 节在讨论高分子链的内旋转构象时,并未涉及链节数(平均聚合度)n 对分子链构象数的影响。若高分子链含 n 个链节,每个链节的稳定构象数为 z,则链的可能稳定构象数应为 z^n,显然这是一个十分惊人的数字。可是由于各种位阻效应,实际链的构象数会大为降低,但构象仍瞬息万变,这是高聚物分子链具有柔顺性的根本原因。

由于热运动高分子链构象的不断变化,所以它并没有固定的形状。因此,要描述这种具有大量构象数的链的尺寸及形状只能用统计平均的方法。习惯上采用均方末端距 $\overline{h^2}$ 来进行表征,h 为分子链两端的直线距离,是一个矢量。显然 $\overline{h^2}$ 小,分子链柔顺;$\overline{h^2}$ 大,分子链刚硬。

本节主要讨论无规线团的均方末端距的计算。当键角 α 与内旋转角 φ 固定,内旋转的位能函数 $U(\varphi)$ 为偶函数,且各键的内旋转互不相关时,显然聚合度 n 足够大,$\overline{h^2}$ 可近似为

$$\overline{h^2} = nl^2 \frac{1+\cos\alpha}{1-\cos\alpha} \frac{1+\overline{\cos\varphi}}{1-\overline{\cos\varphi}} = n_e l_e^2 \tag{1-2}$$

式中，l 为键长；l_e 为等效键长 (链段长度)；n_e 为每根链包的链段数，显然 $n_e < n$，$l_e > l$；$\overline{\cos\varphi}$ 为链段所取全部构象的统计平均，它是温度的函数，即

$$\overline{\cos\varphi} = \frac{\int_0^{2x} \cos\varphi e^{-U(\varphi)/hT} d\varphi}{\int_0^{2x} e^{-U(\varphi)/hT} d\varphi} \tag{1-3}$$

对于自由结合链，内旋转不受键角限制及位垒阻碍，这时 $\overline{h^2} = nl^2$。对于自由旋转链，内旋转受键角限制，但不受位垒阻碍，这时 $\overline{h^2} = nl^2(1+\cos\alpha)/(1-\cos\alpha)$，与键角 α 有关，故键角固定可使 $\overline{h^2}$ 增加，链的刚性增加。方程式 (1-2) 中还包含因位垒对内旋转阻碍而使 $\overline{h^2}$ 增加的因子 $(1+\overline{\cos\varphi})/(1-\overline{\cos\varphi})$。由方程式 (1-2) 可知，等效键长 l_e 代表由若干链节组成的一个链段，它构成自由结合链中的一个独立单元。一些聚合物链段的大小如表 1-2 所示。

表 1-2 一些聚合物链段大小

聚合物名称	链段的估计量	
	分子量	链节数
聚异丁烯	1100	20
聚氯乙烯	5000	80
聚碳酸酯	10200	40
邻苯二甲酸二丁酯增塑硝化纤维素	105200	400

1.2.3 高分子链的柔顺性

高分子链的内旋转越容易，构象数就越多，链就越柔顺。其柔顺程度可按链段中的链节数来估计。链节数越少，则高分子链越柔顺。如果链段中的链节数不超过数十个，高分子链是柔顺的；若有数百个，则是刚性的。例如，聚异丁烯是柔性链，用邻苯二甲酸二丁酯增塑的硝化纤维素则是刚性链 (表 1-2)。应指出，在很长的大分子中，链段并不是某种确定的重复段节，引入这个概念仅为更方便地解释分子内部运动的一些特性、松弛过程及介质损耗的实质等，并用以表示聚合物链的动力学柔顺性。链段的大小不仅取决于高聚物的化学本质，而且还与其分子量、增塑程度和温度等有关。

影响高分子链柔顺性的主要因素包括以下几方面。①主链的结构、长短及交联度的影响：主链上有环状结构链节的高分子链，其柔顺性下降，这种刚性链使高聚物的弹性下降，透气性变差，耐热性提高。主链越长，距离稍远的链段间的互相牵制减少，高分子链的可能构象数目增加，显现出柔顺性。主链交联度增加，

链段运动受到限制，内旋转变得困难，构象数目减少，显现出刚硬性。②分子间作用力的影响：分子间的吸引力越小，链的柔顺性越大。因此，非极性主链比极性主链柔顺；侧链基团体积越小，空间位阻效应越弱，柔顺性越好；链段间不形成氢键的要比有氢键的柔顺性好。③结晶度的影响：当高分子链处于结晶态时，链之间受晶格能的束缚，相互作用力很大，故几乎失去柔顺性。

1.2.4 分子量及分子量分布的概念

高聚物分子的长链是聚合物的一个典型特点。聚合物主链所包含的链节数称为聚合度。聚合物的分子量就等于大分子中链节数(聚合度)乘以链节的分子量。而对于立体结构聚合物，聚合度与分子量的概念就失去了任何意义。

根据反应动力学，由单体经过加聚或缩聚所得的合成聚合物都有相同的化学结构，仅分子量不同。把分子量不同而化学结构相同的一系列聚合物称为同系聚合物。所以，聚合物的分子量只有统计意义。研究任何化合物的同系聚合物可按其分子量的高低可分成三类：①单聚体：能生成高聚物的原始低分子化合物；②齐聚物：聚合度不高的聚合物；③高聚物(简称聚合物)：它是一种高分子产物，具有其显著特点，如分子尺寸大、具有长链结构和柔顺性好等。

工程上实际应用的聚合物都不是单分散性的聚合物，而是有不同聚合度的同系聚合物的混合物，也就是说，聚合物中同时并存很大的分子及不大的和中等尺寸的分子(齐聚物)。因此，无论是哪一种工业用聚合物，其分子量都是不均匀的。这就使测定分子量的工作变得复杂化。所以用任何方法测定的分子量都是平均值，故实际所用的分子量和聚合度也都是平均值。

如果已知各组分的分子量及其分数，且划分的组分数很多(几千甚至数万)时，便可构成连续型分子量分布的积分曲线与微分曲线(图1-4)，显然微分曲线越宽，分子量分布越广，产品中分子量不同的组分就越多。

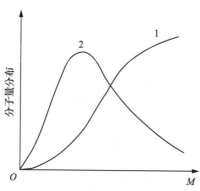

图1-4 高聚物分子量的分布曲线

1.积分曲线；2.微分曲线

在实际应用中，因统计方法不同，会有许多种不同的平均分子量，最常用的有如下四种。

数均分子量 M_n，按分子数的统计平均，定义为

$$M_n = \frac{\sum_i n_i M_i}{\sum_i n_i}, \quad i = 1, 2, \cdots \tag{1-4}$$

式中，$n_1, n_2, \cdots, n_i$ 分别为分子量为 $M_1, M_2, \cdots, M_i$ 的分子数。

质均分子量 M_ω，按质量的统计平均，定义为

$$M_\omega = \frac{\sum_i \omega_i M_i}{\sum_i \omega_i} = \frac{\sum_i n_i M_i^2}{\sum_i n_i M_i} \tag{1-5}$$

式中，$\omega_i = n_i M_i$，为数均分子量 M_i 的总质量。

按 z 统计平均的分子量 M_z 定义为

$$M_z = \frac{\sum_i z_i M_i}{\sum_i z_i} = \frac{\sum_i \omega_i M_i^2}{\sum_i \omega_i M_i} \tag{1-6}$$

式中，z 定义为 $z_i \equiv \omega_i M_i$，代表某种分布函数的统计平均，但没有具体的物理意义。

黏均分子量 M_η 可用黏度法求得，定义为

$$M_\eta = \frac{\sum_i \omega_i M_i^\alpha}{\sum_i \omega_i} \tag{1-7}$$

式中，α 为 $[\eta] = kM^\alpha$ 公式中的指数，其值在 $0.5 \sim 1$。

经过简单运算可以证明，分子量均一的试样：

$$M_z = M_\omega = M_\eta = M_n$$

分子量不均一的试样：

$$M_z > M_\omega > M_\eta > M_n$$

1.3　高聚物的聚集态结构

当聚合物中分子链间的相互作用达到平衡时，单位体积内许多分子链间的几何排列称为聚集态结构。由于分子链间排列的尺度大于分子中原子排列的尺度，聚集态结构又称为超分子结构。它又可分为非晶态结构、晶态结构和取向态结构，它们不同于高分子的化学结构。因为形成高分子链靠主价力，而当许多高分子链聚集起来时，主要靠链间的吸引力，包括范德瓦尔斯力及氢键，其作用强度在 40kJ/mol 以下，虽比主价键力低 1～2 个数量级，可是高分子链间相互作用点的数目多，故它的总强度将超过一个单键的强度(键能)。

1.3.1　高聚物的晶态结构

高聚物结晶只有在保证很长的分子链能够排列进入晶格的某些条件下，才能够顺利进行。因此影响结晶的因素主要有以下几方面。①高分子链化学结构：凡是高分子链的化学结构越简单、主链的立体构型规整性及对称性越大、主链上侧基团的空间位阻越小且主链上基团有一定极性并能增大链间作用力或形成氢键的都有利于结晶。②温度：为保证高分子链段既不被“冻结”又不会运动过剧的最宜活动性，从而利于结晶，故温度应在玻璃化温度 T_g 与流动温度 T_f 之间。一般可通过淬火降低结晶度，通过退火增加结晶度。③拉伸应力：拉伸能使高分子链取向、排列较紧密且增大链间作用力，故使结晶增加。④外加成核剂：成核剂起到晶种的作用，可加快结晶速度。

聚合物的结晶作用是个多阶段过程，第一步是链束本身的结晶。此时，会形成更规则的几何形式，建立各式各样的复杂超分子结构。链束结晶是一种相变，在已结晶的链束中会形成因结晶物质所特有的表面张力导致的界面，因此在聚合物中形成结晶的微粒(微晶)。第二步是以链束折叠为带，带又同样地折叠从而构成晶片。第三步是晶片的相互重叠，形成在三个方向上尺寸大致相同的规则晶体。结晶的另一种机理就是形成微纤维，这时已结晶的链束并不折叠，而是沿微纤维排列。

从晶化到形成整个单一晶体的过程是非常复杂的。通常，这个过程可停在任一中间阶段，如链束、带、晶片和微纤维，只要能量超过适当的数值，他们都可能变成球晶结构(球晶表面小，所以表面能也低)。因此，当结晶过程在动力学上有困难时，得到的并不是单晶，而是球晶结构，慢速冷却熔融聚合物，特别容易形成球晶结构。

在通常条件下高聚合物倾向于生成球晶结构。其大小变化范围大，从十分之几微米至数毫米或更大(已培养出聚丙烯球晶直径为 25cm)。可用偏振光显微镜直接观测球晶，球晶的特征是具有"maltese"交叉（明暗交错成十字）。已知有两种球晶形态，如图 1-5 所示的辐射式和圆环式，这两种形态皆与结晶动力学条件有关。一般情况下，快速结晶产生辐射式，慢速结晶产生圆环式。球晶尺寸对聚合物的物理及化学特性将产生本质的影响。例如，当球晶尺寸缩小时，聚合物的加工特性可得以改善。在实际的聚合物中可同时存在链球与链束结构。当链束结晶时，聚合物中存在链束结构的区域仍是无定形的，可构成无定形相。仅在链状结构完全相同时才能形成单晶。

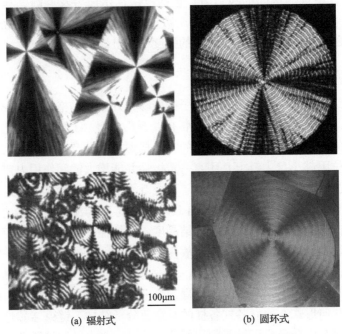

(a) 辐射式　　　　　　　　　　　(b) 圆环式

图 1-5　偏振光显微镜观测的两种类型球晶形态的照片

1.3.2　高聚物的非晶态结构

1958 年，Раргин 根据 X 射线衍射和电子衍射的实验结果，最先对非晶体态高聚合物的结构提出了新的模型，即认为它们是由大量不同形式的超分子结构所组成的局部有序的体系。当分子内部的相互作用超过分子间相互作用且高分子链具有所需要的柔顺性时，就形成了链球结构。链球一般含有数十至数百个大分子。单分子链球是极为罕见的，链球的特点是能有限地形成复杂的结构。通常，任何结构形式的继续发展都可归于链球的聚集与形成致密的超分子结构。在超过玻璃化温度 T_g 的特定条件下，链球会形成线形结构。由此可见，非晶态高聚物最简单的超分子结构是链球或链束，在一定条件下，它们(特别是链束)能聚集成更复杂的超分子结构。但是，所有这些结构的变化都不会引起任何相变。

1972 年，Yeh 提出了"折叠链缨状胶束粒子模型"，称为两相球粒模型。该模型认为，非晶态高聚物存在一定程度的局部有序。其中包含粒子相与粒间相两个部分，而粒子相又可分为有序区和粒界区两个部分。在有序区中分子链是相互平行排列的，其有序程度与链结构、分子间作用力及热历史等因素有关，其尺寸为 2～4nm。有序区周围有 1～2nm 的粒界区，由折叠链的弯曲部分、链端、缠结点和连结链组成，尺寸为 1～5nm。该模型认为一根分子链可以通过几个粒子和粒间相，如图 1-6 所示。

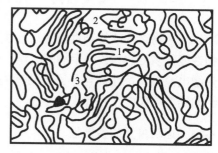

图 1-6　折叠链缨状胶束粒子模型示意图
1. 有序区；2. 粒界区；3. 粒间相

1.3.3　高聚物的取向结构

由于高分子长链具有明显的几何不对称性，因此在外场作用下，分子链、链段及结晶高聚物的晶片、晶带将沿特定方向择优排列，这一过程称为取向。取向态与结晶态虽然都与高分子的有序性有关，但它们的有序程度不同。取向态是一维或二维有序的，两结晶态则是三维有序的，前者处于热力学非平衡态，而后者则处于热力学平衡态。取向薄膜中的分子链排列如图 1-7 所示。由于分子链等的择优取向，所以材料的许多物理性质(如力学、光学、热学及电学特性等)将呈现出显著的各向异性，从而使高聚物在人为选择的特定方向获得许多优良性质。取向通常还能够使材料的玻璃化温度升高，使结晶高聚物的密度与结晶度提高，增加了高分子材料的使用温度。

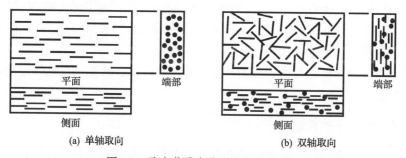

(a) 单轴取向　　　　　　　　(b) 双轴取向

图 1-7　取向薄膜中分子链排列示意图

非晶态高聚物的拉伸取向比较简单，只有在熔融状态下整个分子链取向及较低温下的分子链取向两种机理。晶态高聚物的取向则比较复杂，不仅非晶区的分子链或链段可以取向，而且晶粒也可能取向。

1.4　高聚物分子的运动

高聚物结构的复杂性及多层次决定了分子运动的多重性，后者又支配着高聚物性能的多变性，如高聚物的力学、介电、红外、拉曼、核磁共振、荧光及磷光、热激电流等谱特性都与分子运动有关。因此，只有通过研究分子运动才能将高聚物的结构与性能联系起来。

1.4.1　运动单元的多重性

高分子的长链结构使其分子量很大，且分子量多分散、分子长短不齐、带有不同的侧基，加上支化、交联、结晶、取向、共聚等，因而高分子的运动单元具有多重性，主要有下述五种。

(1) 整链的运动：大分子在进行运动时，不像小分子那样可以整个分子进行移动，而是通过链段的逐步位移来实现整个分子链质量中心的移动，这种运动称为布朗运动。高聚物的结晶过程也应是高分子整链运动的结果。在此过程中通过分子整链运动互相整齐排列形成三维有序的晶态结构。

(2) 链段的运动：柔性高分子链主链的碳碳单键的内旋转可使高分子链有可能在整个分子不动(即分子链质量中心不变)的情况下一部分链段相对另一部分链段而发生运动，高分子链的链段运动是非常重要的，反映在性能上是高聚物以玻璃态至高弹态的转变，此时宏观力学性能将发生很大的变化。

(3) 链节的运动：链节是比链段还要小的运动单元。例如，主链中—$(CH_2)_n$—链节，当 $n \geqslant 4$ 时可能产生曲柄运动及杂链高聚物主链中的杂链节运动等。

(4) 侧基的运动：高分子链侧基的运动多种多样，如与主链直接连结的甲基的转动，柔性侧基本身的内旋转，酯侧基的端烃基的运动，低聚物中端基的运动等。

(5) 晶区的运动：晶区内的分子运动也是存在的，如晶型转变、晶区缺陷的运动、晶区中的局部松弛模式等。

通常将高分子整链的运动称为布朗运动，将链段、链节及侧基的运动称为微布朗运动。

1.4.2　高聚物分子的运动模式

聚合物的介电特性、黏弹性及非弹性光散射等都与它的分子运动特性密切相关，这里将讨论聚合物链运动的一般原理，并对"谐振"及"松弛"模式进行区分。假设一个运动单元由质量为 m 的圆珠和一个弹性恢复系数为 β 的弹簧构成，在忽略外力时它在真空中的运动方程为

$$m\ddot{x} + \beta x = 0 \tag{1-8}$$

式中，x 为圆珠相对于平衡位置的位移。式(1-8)为自由无阻尼的谐振运动。如果运动单元处于黏性媒质中，在小珠受到的黏滞阻力正比于其速度 $\dot{x}$ 时，则运动方程是自由有阻尼的谐振运动方程，即

$$m\ddot{x} + \xi\dot{x} + \beta x = 0 \tag{1-9}$$

式中，ξ 为与媒质黏度 η 成比例的摩擦系数。如果式(1-9)中的阻尼项 $\xi\dot{x}$ 比惯性项 $m\ddot{x}$ 大得多，那么运动方程变成

$$\xi\dot{x} + \beta x = 0 \tag{1-10}$$

该方程表示无外力(自由)松弛运动。由式(1-8)可得谐振频率 $\omega_0 = (\beta/m)^{1/2}$，由式(1-10)可得松弛频率 $\omega = (2\pi\beta/\xi)$ (它与松弛时间 τ 的关系为 $\tau = 2\pi/\omega$)。通常 $\omega_0 \gg \omega$，且 ω_0 的数值范围比 ω 窄得多。松弛时间 τ 代表位移 x 下降到起始位移 x_0 的 $1/e$ 所需的时间。因此，τ 代表松弛过程中某力学量(坐标、动量等)的变化(增或减)速率。小分子物质的松弛时间很短，一般液体小分子在室温下，$\tau = 10^{-10} \sim 10^{-8}$s。但是，高聚物由于分子运动单元大，具有明显的不对称性，分子间次价键力强及本体黏度很大等，所以 τ 比较长，通常 $\tau = 10^{-9} \sim 10^{-7}$s。同时，因运动单元具有多重性，故 τ 在一定范围内呈连续分布，从而构成松弛时间谱。当然，因为 τ 与媒质黏度成正比，故温度上升，τ 明显下降。

分子松弛运动是一个受速率支配的过程，一般随温度上升而加快，因此长时间(低频)不仅能观察到高温分子的运动，甚至也能观察到低温下分子运动现象，而短时间(高频)只能观察到高温下的分子运动。

当然，在高聚物分子的谐振与松弛运动这两种模式之间并没有严格的分界线，例如，链段和侧基的最高频率运动就同时具有这两种运动模式的特征，只能用同时包含惯性项及黏性项的方程描述。另外，当考察更大链段的低频阻滞运动时，所观察的现象就从谐振模式运动转变为松弛模式运动。

1.4.3　高聚物分子运动的统计特性

1.4.2 节仅讨论了单个运动单元的运动，这里研究单个高分子链的运动。假定孤立的单个高分子链含有多个链段[n 个弹簧和 $n+1$ 个圆珠]，在弹性恢复力与黏滞阻力平衡时可建立 $n+1$ 个方程组，通过数学上的矩阵运算，可将珠子运动相互关联的运动方程($\dot{x}_i$ 不仅与第 i 个珠子本身的位置函数有关，而且还直接依赖于相邻珠子的位置)变成在正则坐标下珠子运动相互独立的运动方程(正则坐标下的 $\dot{q}_i$ 仅依赖于 q_i)。这样一来，就可以得出由 n 个正则模式所构成的松弛时间谱(即 n 个松弛时间)，其前几个模式所决定的分子链运动如图 1-8 所示。零级模式代表整个分子的简单扩散，高级模式代表分子中的一个部分相对其余部分的协同扩散。一

级模式有一个节点，高级模式可使节点数相应增加。例如，i级模式有i个节点。

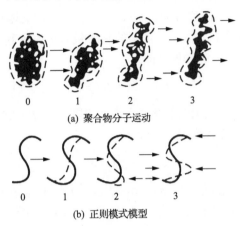

(a) 聚合物分子运动

0　　　　1　　　　2　　　　3

(b) 正则模式模型

图 1-8　高聚物分子的正则模式松弛

0. 零级模式；1. 一级模式；2. 二级模式；3. 三级模式

　　球形对称的有机分子可能显示塑性中间相，其特点之一是整个分子发生旋转。而对于高聚物分子，虽然在外形上也可将其近似看成球形(无规线团)，但其内部是相互纠缠的，在固相时整个分子的转动实际上是不可能的。因此，高聚物分子运动起源于它的链段构象的变化。一个孤立高聚物分子的松弛谱与简单取代的乙烷分子的松弛谱间的主要差别在于前者具有协同运动的特性。至于局部构象的变化在小分子中表现为内旋转，在高分子中则表现为"局部"和"正则"模式运动，前者对分子内的位能曲线形状(化学结构改变)是灵敏的，而后者与化学结构无关，只是分子量(或运动单元的均方末端距)的函数。协同运动的作用对正则模式运动表现为整个高聚物分子的相位相干畸空，对于链段或局部模式运动表现为高分子链骨架中的小单元非相干畸变。通常，正则模式运动的松弛频率比局部模式运动的低几个数量级。这两种运动代表了两种类型的松弛。在聚苯乙烯中，协同运动单元是包括大约十个结构单元的链段。当然，协同运动的极限情况是刚性棒，由于阻碍链段旋转的位能太高以致几乎不可能发生构象变化。从动力学上看就等价于整个分子运动产生的松弛。

1.5　非晶态高聚物的物理状态与转变

　　当温度达到熔融温度T_m时，纯晶体(也包括聚合物)在发生熔化时会伴随有相变。而非晶聚合物在温度广泛变化甚至达到化学分解温度时，也不会产生相变。由柔顺链构成的非晶聚合物，随温度变化可处在玻璃态、高弹态、黏流态之一。这三种状态都对应液态，因此它们不能晶化，也不会转变成气相。聚合物由玻璃态过渡至高弹态再由高弹态过渡至黏流态或由黏流态转为高弹态再由高弹态转为玻璃态都有一个温度范围，常用温度的平均值表征，分别称为玻璃化温度 T_g 和流动温度 T_f。与低分子化合物不同，聚合物呈现了一种新的、仅为非晶聚合物所特有的物理状态，即高弹态。这一状态是玻璃态和黏流态(流动态)之间的过渡状态。当然在这三种基本物理状态之间还存在特性不太明显且温度范围窄的中间态。高聚物不同，各物理状态的温度范围也不同，这还与分子内及分子间的相互作用有关，即与高聚物的化学本质有关。

每一物理状态综合反映了高聚物的物理特性。当由某一物理状态转变成另一状态时，各种特性就会发生相应变化。例如，高聚物由玻璃态变成高弹态，其体积热力学性质、黏弹性、介电性及光学性等都将发生剧烈变化。玻璃化温度 T_g 与热历史(如淬火及退火处理)有关，一般可通过测量所有在玻璃化转变过程中发生剧变或不连续变化的物理性质来确定 T_g。

应指出并非全部聚合物都能观察到这三个物理状态。某些线型高聚物，由于 T_g 与 T_f 很高且都超过了化学分解温度，故其只能分别处于玻璃态和高弹态，而大多数处于玻璃态。任何高聚物都可以处于玻璃态。晶态高聚物的大分子链受晶格能的束缚，链段难以自由运动，故它们当中的大多数特别是结晶度高的高聚物只能处于玻璃态，但有的仍可处于高弹态及黏流态。

当高聚物在上述三种不同物理状态时，具有明显不同的力学特性，观察这些物理状态的最方便的方法是测量温度-形变曲线，如图 1-9 所示。

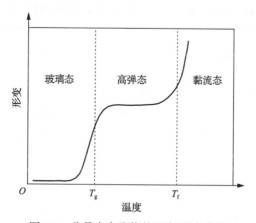

图 1-9　非晶态高聚物的温度-形变曲线

1.5.1　玻璃态

在玻璃态下，由于温度较低(绝大多数非晶态高聚物在 200K 以下都处于玻璃态)，分子运动的能量很低，不足以克服主链的内旋转势垒来激发链段的运动，故链段处于被冻结的状态。只有那些较小的运动单元，如侧基、支链与小链节能运动，因此高分子链不能实现从一种构象到另一种构象的转变。也可以说，链段运动的松弛时间几乎为无限大，它已超过了实验测量的时间范围。此时高聚物所表现的力学性质和小分子的玻璃差不多。当非晶态高聚物在较低的温度下受到外力时，由于链段运动被冻结，所以只能使主链的键角和键长发生微小的改变(如果改变太大则会使共价键受到破坏)，从宏观上来说，高聚物受力后的形变是很小的，形变与受力的大小成正比，当外力除去后形变能立刻回复，这种力学性质称为胡克弹性，又称普弹性。非晶态高聚物处于普弹性的状态，称为玻璃态。

1.5.2　高弹态

随着温度升高，分子热运动的能量逐渐增加，当达到某一温度时，虽然使整个分子移动仍不可能，但分子热运动的能量已足以克服内旋转的势垒，这时链段将被激发，它可以通过主链中单键的内旋转不断改变构象，甚至可使部分链段产生滑移。也就是说，当温度升高到某一值，链段运动的松弛时间减少到与实验测量时间在同一数量级时，我们就可以觉察到链段的运动，此时高聚物便进入高弹态。

在高弹态下，当高聚物受到外力时，分子链可以通过单键的内旋转改变构象以适应外力的作用。例如，当其受到拉伸力时，分子链可从蜷曲状态变到伸展状态，在宏观上可以表现为发生很大的形变。一旦除去外力，分子链又通过单键的内旋转和链段运动回复到原先的蜷曲状态(因为蜷曲状态的构象数比伸展状态的大)，在宏观上就表现为弹性回缩。由于这种形变是外力作用促使高聚物主链发生内旋转的过程，所以它所需的外力显然比高聚物在玻璃态时形变(改变化学键的键长及键角)所需的外力要小得多，而变形量却大得多，这种力学性质称为高弹性，它是非结晶高聚物处在高弹态下特有的力学特性。这是两种不同尺寸的运动单元处于两种不同运动状态的结果。就链段运动来看，它是液体，就整个分子链来看，它是固体，所以这种聚集态是双重的，既表现出液体的性质，又表现出固体的性质。高弹性的模量为 $10^5 \sim 10^7$ Pa，比普弹性的模量($10^{10} \sim 10^{11}$ Pa)小得多，而高弹形变为 100% ～ 1000%，比普弹形变(0.01% ～ 0.1%)大得多。

1.5.3　黏流态

温度的继续升高不仅使链段运动的松弛时间缩短了，而且整个分子链移动的松弛时间也缩短到与实验观察时间的同数量级，这时高聚物在外力作用下便发生黏性流动，它是整个分子链互相滑动的宏观表现。这种流动同低分子液体流动相类似，是不可逆的形变，除去外力后，变形不能自发回复。对于晶态高聚物，由于其中通常都存在非晶区，非晶部分在不同的温度条件下也同样要发生上述两种转变。然而，由于结晶度的不同，结晶高聚物的宏观表现是不同的。在轻度结晶的高聚物中，微晶起类似交联点的作用，这类样品仍然存在明显的玻璃化转变。当温度升高时，非晶部分从玻璃态变为高弹态，样品也会变成柔软的皮革状，随着结晶度的增加，类似于交联度的增加，非晶部分处在高弹态的结晶高聚物的硬度将逐渐增加，当结晶度大于 40%后，微晶体彼此衔接，此时结晶相承受的应力要比非结晶相大得多，所以材料变得坚硬，宏观上将觉察不到它有明显的玻璃化转变，其温度-形变曲线(图 1-10)在熔点前不会出现明显的转折。

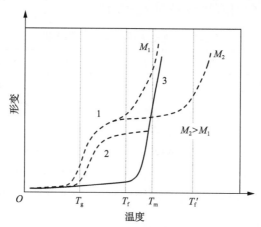

图 1-10　晶态与非晶态高聚物的温度-形变曲线
1. 非晶高聚物；2. 轻度结晶高聚物；3. 结晶高聚物

1.6　高聚物的敛集密度

聚合物中大分子的敛集密度是物质的重要结构特征之一，其大小对聚合物的许多物理-化学性能，其中包括电性能有显著的影响，任何一种能改变体系分子间相互作用力的外界因素均会导致聚合物敛集密度的变化。分子敛集密度的概念与物质的自由体积概念密切有关。所谓自由体积应理解为分子排列不紧密或空洞，它是由分子不规则敛集造成的。聚合物的敛集密度可用敛集系数 K 进行定量表征，它是分子自身体积 V_s 与聚合物体积 V_t 之比。若已知大分子中重复链节的摩尔体积，可按下式计算聚合物的敛集系数：

$$K = \frac{V_s}{V_t} = \frac{N \sum_i \Delta V_i}{M/\rho} \tag{1-11}$$

式中，ΔV_i 为高聚物重复链节上原子或原子基团的体积；M 为高聚物的摩尔质量；ρ 为高聚物密度；N 为阿伏加德罗常数；$\sum_i$ 为对一高分子链全部链节求和。

聚合过程同时伴随体积收缩(致密化),此时自由体积下降。聚合物的自由体积任何时候都小于单体的自由体积。理由在于,任何单体在聚合时都是以化学键构成大分子的。因此,在结晶聚合物中有最大的敛集密度(或密度),结晶是结构单元按密堆积原理排列的。当然,全同立构聚合物的密度比对应的无规立构非晶态要大得多(表 1-3)。由表 1-4 可知,聚四氟乙烯较之另一些聚合物有很高的密度。前者的密度很高,就在于小体积内的氟有很大的原子量。因此,用氟原子取代大分子中的氢原子可使聚合物密度大为增加。

表 1-3　一些结晶聚合物的敛集系数

聚合物	晶胞类型	K	$N\Sigma_i\Delta V_i$ /(cm³/mol)	M /(g/mol)	ρ /(g/cm³)
癸二醇酯	三斜	0.615	184.8	304	1.102
三醋酸纤维	准斜方	0.672	148.8	288	1.30
聚丙烯腈	斜方	0.683	32.6	53	1.11
	斜方	0.680			1.44
聚氯乙烯	斜方	0.718	29.5	62.5	1.52
	单斜	0.687			1.455
聚丙烯					
全同立构	单斜	0.693			0.936
间同立构	单斜	0.674	31.1	42	0.910
聚苯乙烯	斜方六面体	0.711	66.0	104	1.12
聚三氟氯乙烯	六角	0.714	39.6	116.5	2.10
全同立构聚甲基	准斜方				
丙烯酸甲酯		0.719	58.5	100	1.23
		0.736			1.0
	斜方	0.746			1.014
聚乙烯	准单斜	0.710	20.6	28	0.965
	三斜	0.745			1.013
聚乙烯醇	单斜	0.770	25.1	44	1.35
聚酯合成纤维	三斜	0.776	102.4	192	1.455
耐纶-11	三斜	0.752	112.1	183	1.228
聚四氟乙烯	准三角	0.794	33.1	100	2.40
	六角	0.781			2.36
氧化聚乙烯	六角	0.808	16.1	30	1.506
聚氯丁烯	斜方	0.893	47.7	88.5	1.657

表 1-4　一些晶态及非晶态聚合物的密度

聚合物	密度/(g/cm³)	
	晶态	非晶态
聚乙烯	1.014	0.91
聚异戊二烯(顺式)	0.968	0.906
聚丁二烯	0.91	0.87
聚苯乙烯	1.12	1.05
聚四氟乙烯	2.36	2.007

聚合物的分子比对应单体有高得多的敛集系数。这是因为小分子的理想敛集是椭球体敛集，其敛集系数 $K \approx 0.7$，而聚合物链的理想敛集是截面为椭圆的无限长柱状敛集，$K \approx 0.91$。

由于聚合物的密度主要取决于大分子中原子体积与质量之比，而聚合物分子链的敛集密度却取决于大分子的基本化学结构、分子间相互作用力及晶系类型。因此对于晶态聚合物，按其化学结构与晶系类型，其 K 值变化范围较广，且比非晶态聚合物的值大 1.5 倍以上。由表 1-5 得出，聚合物的密度与其大分子的敛集密度在数值上并不一致。聚合物的密度高，而分子的敛集系数却较低。应指出，聚合物分子链的敛集密度按区域变化是不均匀的，球晶区大分子链的敛集密度高，而球晶间区则低一些。所以增加球晶尺寸，球晶间区的敛集将变得松散。

1.7　高聚物的能带结构

目前通过合成与"合金"技术可以将高聚物材料制成绝缘体、半导体、导体及超导体。为了从理论上探讨高聚物的电输运机理并阐明其导电性的广泛变化(见第 2 章)，必须研究高聚物能带结构的特点。

由能带理论计算得出，并为测量所证实，一些材料的典型能带结构如图 1-10 所示。首先讨论晶体的能带结构，它是由"单电子近似"得到的。该理论认为，各电子的运动基本上是相互独立的，每个电子是在具有晶格周期性且由原子实及其他电子所建立的平均势场中运动。依据上述假定，在一维完整且无限大晶体的周期性势场中，电子运动的薛定谔方程为

$$\hat{H}_0 \psi_k(x) = E_k \psi_k(x) \tag{1-12}$$

式中，$\hat{H}_0 = [-\hbar^2 \nabla^2 / 2m + V(x)]$ 为哈密顿算符，$V(x)$ 为晶格周期势，即 $V(x) = V(x + a) = \cdots$，a 为晶格常数；$\psi_k(x)$ 为电子波函数；E_k 为电子的能量。电子在晶格周

期性势场中的哈密顿算符的本征函数必然与晶格的周期性函数(或平移对称性)有关，它就是布洛赫函数，其为晶格周期性函数与自由电子波函数之积：

$$\psi_k(x) = u_k(x)e^{ikx} \tag{1-13}$$

式中，$u_k(x)$ 具有与晶格相同的周期性，即 $u_k(x)=u_k(x+a)=\cdots$；k 为一维晶格周期性的量子数(实数)。由布洛赫函数导出的完整晶体的能带结构如图 1-11(a)所示，即存在严格的导带、价带(又称为扩展态)及不允许任何能态存在的禁带，E_C 为导带底能量，E_V 为价带顶能量。

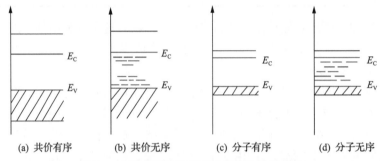

(a) 共价有序   (b) 共价无序   (c) 分子有序   (d) 分子无序

图 1-11　从有序至无序材料能带结构的转变

晶格可能在其表面、内部晶粒间界、位错及格点位置处发生畸变，从而破坏理想晶体的周期性势。一维晶格中一个电子在畸变(缺陷)区域的薛定谔方程为

$$[\hat{H}_0 + U(x)]\psi(x) = E\psi(x) \tag{1-14}$$

式中，$U(x)$ 为缺陷产生的附加势；$\hat{H}_0$ 为完整晶格的哈密顿算符。当然 $U(x)$ 可能为负，也可能为正，所以电子可能受到缺陷的吸引或排斥，由此可以预料方程式(1-14)的解应是围绕缺陷定域的波函数(相当于布洛赫函数中的 k 为虚数)，电子的能级就落在导带的下面(吸引势)和导带的上面(排斥势)。于是，在禁带中产生了定域态，又称缺陷能级，既可呈分立分布，又可呈连续分布。但一般这些能级靠近导带底或价带顶，构成了所谓的带尾，如图 1-11(b)所示。

应指出，普通固体物理学能成功地建立共价有序或共价无序固体的能带结构。对于高聚物材料，由于分子链间的相互作用弱，每个分子链自身可构成一个独立的整体，应属于分子材料，即使高度结晶的聚合物也会含有明显的非晶区，故不能形成理想的分子晶体材料。与完全有序的靠共价键或离子键形成的无机材料相比，高聚物是弱键合的非晶态材料。

通过共价晶体(如硅)与分子晶体(如蒽)的能带结构(图 1-11(a)与(c))进行对比可知，硅晶体因原子间的相互作用强，故其价带或导带宽，而蒽晶体(理想分子晶体)因分子间的相互作用弱,故其价带或导带窄(一般带宽为 0.1~0.5eV)。事实上,可以借助杂化轨道和键的形成来描述分子内相互作用强的分子晶体的能带结构。根据分子光谱受干扰小,以及吸收光谱类似于单个分子光谱的实验结果,可以证实其分子间力弱,分子间耦合小,分子内力强等特点。

　　无序分子材料或高聚物的能带结构在一级近似下可用分子晶体代替,也就是说它们仍具有窄的导带和价带(图 1-11(d))。但是应指出,高聚物也许不存在能带结构,而存在一种分子态、分子离子态及与无序有关的许多定域偶极子态的系统。因此,许多电输运性质是这些无序分子材料所特有的,因分子离子态及不同极化或极化强度区的存在而使这些特性复杂化。自由电荷也许优先以分子离子存在,它们可以被俘获在极化区域内,或者因周围媒质极化而被俘获。像在第 2 章将要看到的那样,由于在禁带中引入定域态,所以会使载流子的输运模式变成由定域态控制。

第2章 高聚物的电导

通常按材料的电导率(或电阻率)的大小可将材料划分成导体、半导体及绝缘体。导体的电导率大于 $10^2\Omega^{-1}\cdot cm^{-1}$，其数值随温度的升高而减小；绝缘体的电导率小于 $10^{-8}\Omega^{-1}\cdot cm^{-1}$，其数值随温度的升高而显著增加；半导体的电导率在导体与绝缘体之间，即为 $10^{-8}\sim10^2\Omega^{-1}\cdot cm^{-1}$，通常其数值也随温度的上升而显著增大。当然这种划分是粗略的，并不十分严格。

按照能带理论的观点，可以将禁带宽度 $E_g\geqslant4eV$ 的材料归入绝缘体，$E_g\leqslant4eV$ 的归入半导体。例如，当温度为25℃时，E_g=0.6eV 的半导体的载流子浓度为 $10^{12}cm^{-3}$，而 E_g=5eV 的绝缘体的载流子浓度为 $10^{-20}cm^{-3}$，它们比凝聚态物质中原子密度($10^{22}cm^{-3}$)小得多，几乎可以忽略。所以极微量的杂质也会对它们的导电性带来严重的影响。

当然按照定义，电导率与电阻率($\Omega\cdot cm$)互为倒数。纯金属在低温下的电导率为 $10^{10}\Omega^{-1}\cdot cm^{-1}$，极好的绝缘体的电导率为 $10^{-22}\Omega^{-1}\cdot cm^{-1}$，可相差32个数量级，这是物理中变化范围最大的量之一。

以往将高聚物视为绝缘体，近来又发现了高导电石墨夹层化合物、石墨超导性、金属聚硫氮及掺杂聚乙炔等。现已将它们制成高分子导体、高分子半导体。碳基高聚物电导率的变化范围在24个数量级以上(图2-1)。

2.1 电导的基本概念

电导率或电阻率是表征材料导电性能的宏观参数，它们与材料的几何尺寸无关。通过分析很容易建立表征电介质导电性的宏观参数(电导率)与其微观参数(n, q, μ)的一般关系式，即

$$\gamma = nq\mu \tag{2-1}$$

式中，q 为载流子电荷；n 为载流子浓度；μ 为载流子的迁移率(代表在单位电场作用下载流子沿外电场方向的平均迁移速度，其单位为 $m^2/(V\cdot s)$。当材料含有多种载流子时，电导率的普遍式为

$$\gamma = \sum_i n_i q_i \mu_i \tag{2-2}$$

式中，n_i 为第 i 种载流子的浓度；q_i 为其电荷；μ_i 为其迁移率。

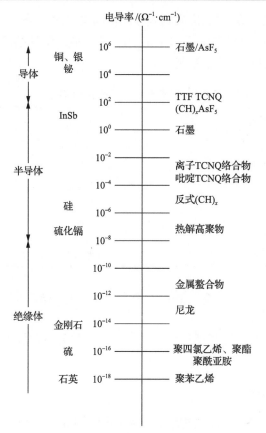

图 2-1　材料的电导率

　　高聚物的电导率与环境条件(包括温度、湿度、电离辐射等)、电场强度 E、自身的化学组成与结构、分子量及其分布、增塑、结晶度、聚集态结构及一切能影响高聚物结构的因素密切相关。由于 n 为标量，μ 为矢量，所以其与方向有关，故将影响它们的因素写成如下函数式：

$$n_i = n_i(E, T, A), \quad \mu_i = \mu_i(E, T, A, z) \tag{2-3}$$

式中，A 为环境因素；z 为方向。

　　高聚物的电导类型包括：电子电导——电子(空穴)的定向迁移，通常在高电场或低温下占优势；离子电导——正、负离子的定向迁移，一般在低电场或高温下占优势。而电子电导机理要比离子电导的机理要复杂得多。因此，研究电导首先是确定载流子类型。尽管质量输运是离子电导的直接证据，可是，高分子绝缘体中的电流很微弱，故难以探测质量的转移。除少数高聚物(尼龙、聚氯乙烯)外，对多数高聚物则很少采用这种方法。当然还有一些其他的方法可用来证明离子电导(表 2-1)，特别是压力或玻璃化转变所造成的自由体积的变化，它会强烈影响高聚物的离子电导(2.2 节)。当高聚物发生结晶与交联时，分子间的相互作用增加，离子扩散系数下降，电导率降低。例如，当聚酯合成纤维的结晶度提高 20%~40% 时，其电导率会降低 1~4 个数量级。

表 2-1　电子电导与离子电导的特性

现象	电子电导	离子电导
质量转移	无	有
压力	增加	降低
玻璃化转变($T>T_g$)	未知或复杂	增加
熔融($T>T_m$)	下降	增加
电化学反应	无	有
离子杂质	未知或复杂	增加

2.2　高聚物的离子电导

高聚物中离子的产生与迁移都与温度有密切的关系，故主要讨论高聚物离子电导与温度的关系。

2.2.1　分子的离解度

目前，虽然不能确定高聚物中究竟是哪种具体的离子参与导电，但可将离子来源归结为杂质离子(杂质分子离解)、本征离子(带电的分子或基团)、自身分子的离解。饱和碳氢化合物在其中形成质子时才能使分子自身离解，在极纯净的高聚物中本征离子来源起主导作用。杂质离子的存在，如高聚物中水分子的离解，会明显增加其电导率。聚乙烯经净化除去低分子物质后，电导率可降低 1~3 个数量级。

假定分子由原子团或原子 A 和 B 组成。分子 AB 借热活化可离解为正、负离子(A^+、B^-)，同时，离解的正、负离子在相互碰撞时又复合成为分子，其离解平衡方程式为

$$AB \xrightleftharpoons{\hspace{1cm}} A^+ + B^-$$
$$(1-f)n_0 \qquad fn_0 \quad fn_0$$

$$(2-4)$$

式中，n_0 为电介质中可离解分子的原始浓度；f 为平衡时分子的离解度。利用质量作用定律，借助反应物与生成物的浓度可将平衡常数 K 定义为

$$K = \frac{[A^+][B^-]}{[AB]} = \frac{f^2 n_0}{1-f}$$

$$(2-5)$$

K 与反应自由能的变化 ΔG 有关，其关系式为

$$K \propto \exp\left(-\frac{\Delta G}{kT}\right) = K_0 \exp(-E_{\rm d}/\varepsilon kT) \tag{2-6}$$

式中，k 为玻尔兹曼常数；ε 为电介质的介电系数；$E_{\rm d}$ 为分子离解能。显然，随着温度 T 增加，K 呈指数式上升，$T \to \infty$，$K \to K_0$；随着介电系数 ε 增加，分子受极性分子产生的电场作用增强，容易离解，相当于离解能减少到 $E_{\rm d}/\varepsilon$，故 K 指数增加。当分子的离解度 f 很小时

$$n = n_0 f = \sqrt{n_0 K_0}\,\exp(-E_{\rm d}/2\varepsilon kT) \tag{2-7}$$

一些含有氢键的高聚物(如聚乙烯醇、聚酰胺等)的离子电导就是由分子离解造成的。例如，聚酰胺两个相邻酰胺基的自身离解过程是

此过程的离解能是 0.7eV。当然，也可以将任何氢键体系中的电离过程想象成质子转移，即

质子与电子转移：

同样地，也可用类似机理来解释聚烯烃氧化物的电导。

应当指出，除高聚物中的着色剂、稳定剂、催化剂与剩余物分子会产生电离，明显增加离子电导外，作为离子源的水分、高介电系数杂质、增塑剂或局部结构改性剂也会显著地影响高聚物的导电性。

2.2.2 离子迁移率

固体中离子的运动。在离子晶体中，离子运动受晶格离子间的势垒所限制，在高聚物中则受链间的势垒限制。势垒是离子、分子之间静电(吸引、排斥)作用能的叠加，表明质点处在稳态(最低能态)与激发态(高能态)的能差。设 W 表示势垒的能量，a 为两平衡位置之间的平均距离，在附加电场 E 后，势能曲线将发生变化，如图 2-2 所示。

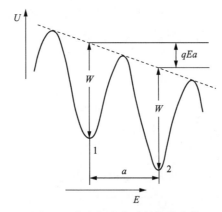

图 2-2　外电场中离子的势能曲线

用最简便的方法进行计算：电场 E 把正电荷 q 从平衡位置 1 移至 2 所做的功为 qEa，位置 1 电荷沿电场方向运动需克服的势垒为 $W-qEa/2$，位置 2 电荷沿逆电场方向运动需克服的势垒为 $W+qEa/2$。单位时间内离子沿电场方向越过势垒的概率为

$$\nu \exp\left[-\left(W - \frac{qEa}{2}\right)\Big/ kT\right] \tag{2-8}$$

沿逆电场方向越过势垒的概率为

$$\nu \exp\left[-\left(W + \frac{qEa}{2}\right)\Big/ kT\right] \tag{2-9}$$

式(2-8)和式(2-9)中，ν 为离子振动频率(约 10^{13}Hz)；T 为绝对温度。离子沿电场方向跳跃的净概率为两者之差，等于 $2a\nu\sinh(qEa/2kT)\exp(-W/kT)$，其平均迁移

速度等于单位时间跳跃的净概率乘跳跃距离 a，故离子的迁移率为

$$\mu = \frac{2av\sinh(qEa/2kT)\exp(-W/kT)}{E} \tag{2-10}$$

在介电系数为 ε 的电介质中，离子浓度 $\propto\exp(-E_d/2\varepsilon kT)$。这里，$E_d$ 为分子的离解能。根据欧姆定律的微分形式，在外电场作用下通过电介质的电流密度为

$$j = nq\mu E = 2aqv\sqrt{n_0 K_0}\,\sinh(qEa/2kT)\exp\left[-\left(\frac{E_d}{2\varepsilon kT}+\frac{W}{kT}\right)\right] \tag{2-11}$$

则电介质的电导率为

$$\gamma = \frac{2aqv\sqrt{n_0 K_0}}{E}\sinh(qEa/2kT)\exp\left[-\left(\frac{E_d}{2\varepsilon kT}+\frac{W}{kT}\right)\right] \tag{2-12}$$

图 2-3 表明聚氯乙烯（PVC）在广泛电场范围内的 $\lg j\text{-}E$ 曲线服从理论公式 (2-11)，同时证实了离子迁移率的高场效应。当低于玻璃化温度 T_g 时，从图中曲线可求出 67℃时离子的跳跃距离 $a=1.57\text{nm}$，此值与分子间的典型距离是吻合的。当温度超过 T_g 时，离子的跳跃距离 a 也明显地增加，这符合下面将讨论的自由体积理论的观点。

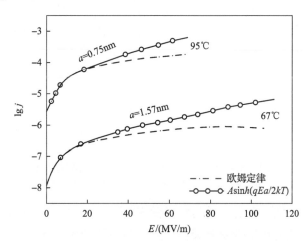

图 2-3　非增塑聚氯乙烯的电流密度与电场强度的关系曲线（T_g=87℃）

通常在弱电场作用下，满足 $qEa\ll kT$，将式 (2-10) 取一级近似便可得出离子迁移率：

$$\mu = \frac{qva^2}{kT}\exp\left(-\frac{W}{kT}\right) \tag{2-13}$$

将式(2-12)取一级近似可得到离子电导率的表达式：

$$\gamma = \frac{q^2 a^2 \nu}{kT} \sqrt{n_0 K_0} \exp\left[-\left(\frac{E_{\mathrm{d}}}{2\varepsilon kT} + \frac{W}{kT}\right)\right] = \gamma_0 \exp(-U/kT) \tag{2-14}$$

式中，$U = W + E_{\mathrm{d}}/2\varepsilon$ 为离子电导的总活化能，它等于分子离解能与离子迁移活化能之和；γ_0 为近似与温度无关而与电介质特性有关的常数。如果考虑离子沿 x、y、z 的正负方向做等概率跳跃，但只有沿 $+x$ 方向（电场方向）对电导有贡献时，则应将式(2-14)乘 1/6。通常由测量的电导率与温度的关系曲线 $\ln\gamma \sim 1/T$ 的斜率可求出离子电导的总活化能 U，将直线外推到 $1/T \to 0$，由它与轴 $\ln\gamma$ 的截距可求出 γ_0。因此，由测量宏观导电性参数可得到影响材料电导相应的微观参数（如 U 及 a 等）。

实验数据表明，在广泛的温度范围内，$\ln\gamma\text{-}1/T$ 关系曲线不可能一直保持直线（图 2-4）。与低分子液体类似，高聚物的 $\ln\gamma\text{-}1/T$ 关系曲线在玻璃化转变温度范围内有转折，当 $T < T_{\mathrm{g}}$ 时为直线，当 $T > T_{\mathrm{g}}$ 时为曲线，这种转折清楚地反映了离子电导的特点。

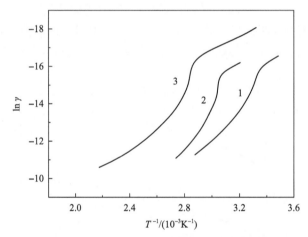

图 2-4　聚合物体积电导率的对数与温度倒数的关系
1. 聚醋酸乙烯酯；2. 聚乙烯醇缩丁醛；3. 聚酯合成纤维

众所周知，扩散现象的本质是粒子做无规则的布朗运动。固体高聚物中粒子的扩散现象与气体的扩散现象有类似之处，其本质是粒子的无规则运动，但由于处在不同的凝聚态，粒子会受到不同的分子阻碍。载流子迁移率 μ 与扩散系数 D 的关系称为 Einstein 方程：

$$\mu/D = q/kT \tag{2-15}$$

若将 $\mu = \gamma/nq$ 代入上式，得到 Einstein-Nernst 方程：

$$\gamma/D = nq^2/kT \tag{2-16}$$

对大多数聚合物，D 约为 $10^{-12}\text{cm}^2/\text{s}$。室温时，$kT=0.025\text{eV}$，代入式 (2-15) 可得 $\mu=4\times10^{-11}\text{m}^2/(\text{V}\cdot\text{s})$。

$\ln\gamma\text{-}1/T$ 曲线的转折温度并不完全与玻璃化温度 T_g 一致，这是因为用不同实验方法测得的 T_g 有一定的变化范围，代表出现相变的温度并不是某一固定值，而是在一定温度范围内。在包含聚合物整个三个物理状态变化的广泛温度范围内，体积电导率还有更为复杂的温度关系。非晶态聚合物（如聚苯乙烯和聚醋酸乙烯酯）在对应玻璃态、高弹态和黏流态的温度范围内，$\lg\rho\text{-}T$ 曲线可明显地分为三个区间（图 2-5 (a)）。这三个区间分布在两个特殊的 "Z" 字形之间。结晶聚合物在低于熔融温度范围内也有一个 "Z" 字形转折区间，如聚丙烯这个转折随其结晶条件与球晶结构的尺寸而出现在温度区为 80～100℃ 范围内（图 2-5 (b)），折转的本质是高聚物内发生了结构变化，如无规立构的熔化。

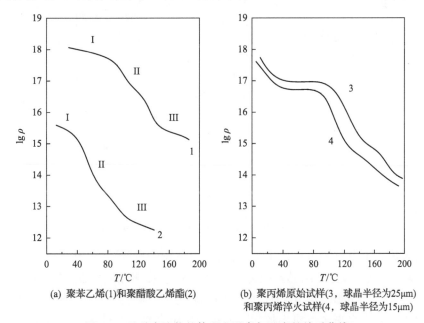

(a) 聚苯乙烯(1)和聚醋酸乙烯酯(2)　　　(b) 聚丙烯原始试样(3，球晶半径为25μm)
　　　　　　　　　　　　　　　　　　和聚丙烯淬火试样(4，球晶半径为15μm)

图 2-5　几种高聚物的体积电阻率与温度的关系曲线

通常第一个 "Z" 字形的转折温度对应于玻璃化温度 T_g，说明当 $T>T_\text{g}$ 时，导电离子的浓度会明显增加，同时链段运动加剧，提供给离子迁移更大的自由体积，故电导率急剧上升。按照高聚物的自由体积理论（3.3 节），自由体积会明显影响玻璃化转变区分子运动速率，当然也会影响离子的运动。当无外电场作用时，离子单位时间越过势垒 W 的概率为 $\nu\exp(-W/kT)$，如果考虑自由体积存在对离子跳跃概率的影响时，根据两个独立统计事件概率的运算法则，得到单位时间离子跳跃

的概率为 $P = v_f \exp(-W/kT)$，P_f 为产生适合离子跳跃的足够尺寸的空穴的概率，它等于 $\exp(-\lambda V_f^*/V_f)$，式中 V_f^* 为一个离子跳跃的临界自由体积，V_f 为每个分子链段的平均自由体积，λ 为修正自由体积叠加的数值系数。这时将电流密度方程式 (2-11) 近似写成

$$j \propto \sinh(qEa/2kT)\exp\left(-\frac{\lambda V_f^*}{V_f} + \frac{E_d/2\varepsilon + W}{kT}\right) \quad (2\text{-}17)$$

如果采用 WLF 方程中的数据，将整个玻璃化转变区域内聚苯乙烯的 $\lg\gamma + \lambda V_f^*/2.303V_f$ 对 $1/T$ 作图，便得到一条直线 (图 2-6)，它与方程式 (2-17) 的理论预测相一致。由于离子在晶区内的运动比在非晶区内要困难得多，因此对大多数高聚物，结晶度增加，其电导率将明显降低。

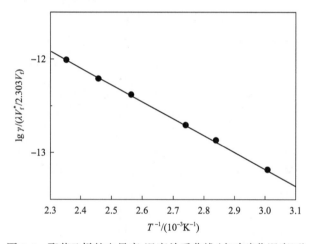

图 2-6 聚苯乙烯的电导率-温度关系曲线 (在玻璃化温度区)

高聚物离子电导的特点是质量迁移、自由体积的显著影响 (电导率在玻璃化温度区的转折现象、交联、结晶及压力效应等)、介电系数的显著影响及环境因素 (如湿度、辐射) 的显著影响。虽然还不能从实验上判定何种离子参加导电，但有理由假定离子主要来自聚合反应中的残存催化剂、聚合物的改性剂及各类添加剂等低分子物的离解、聚合物自身的老化、离解产物及吸收的水分子等。例如，聚氯乙烯常含有阳离子 (如 H_3O^+、Na^+、K^+ 等) 及阴离子 (如 OH^-、Cl^-、Br^-) 等。

2.2.3 影响高聚物离子电导的因素

显然影响高聚物离子电导的因素有很多，这里主要讨论超分子结构、增塑作用、分子量及吸收水分的影响。

1. 超分子结构

如第 1 章所述，高聚物本身的结构是不均匀的，其中包含有许多不同形状、不同尺寸及不同敛集密度的微小区域。高聚物可以近似地看成是由超分子结构及位于它们之间的空间所构成的系统。此时，超分子结构(一组高分子集合在本体或高浓度状态时所具有的长程结构)特别是在超分子结构之间的空隙内，因分子链的敛集密度低，故其将对高聚物的电性能带来极大的影响。例如，离子电导和后面将讨论的放电通道都会集中产生在这种敛集很松散的微小区域，即填布在超分子结构之间的空隙内。

当聚合物结构发生改变时，超分子结构的尺寸及在某些条件下的类型都会发生变化。因此，在超分子之间的空间区域和敛集密度也将随之发生变化，从而使离子的扩散系数和体积电导率发生变化。例如，结晶化、塑化及聚合物由一种物理态转变成另一种状态必然伴随超分子组织、聚合物链的有序度和链的敛集密度变化，使扩散系数和离子的迁移率、电导率都发生相应变化。

对有最简单超分子结构的聚合物(如聚苯乙烯和聚碳酸酯)，有球晶超分子结构的聚合物(如聚乙烯)，在进行定向拉伸时不仅伴随超分子结构的破坏与重建，而且还使其更加致密。定向拉伸时聚乙烯无定形区的密度增加约的 5%，聚碳酸酯经 "交联" 后的密度为 1.292g/cm^3，原始试样(未拉伸)为 1.162g/cm^3。某些结构特别是在超分子结构间的空间致密化会使离子迁移率降低，所以其电导率下降。许多研究者指出：聚酯合成纤维、聚己二酰胺、氧化聚丙烯、聚偏二氟乙烯、聚三氟氯乙烯经拉伸定向后的试样其电导率都有所降低。聚合物电导率的降低与拉伸程度成正比，拉伸 2~4 次可使体积电导率降低 1~3 个数量级。

全同立构聚合物比无规立构的电导率低(如聚丙烯)。这说明因体系变成更为规则的结构，敛集密度增加，电导率将下降。

众所周知，结晶可使聚合物链达到高度定向，使离子迁移率显著降低，因而使电导率显著下降。例如，聚酯合成纤维的结晶度提高 20%~40% 会使电导率降低 1~4 个数量级。有些作者已确定体积电导率与结晶度 X 的关系式为

$$\gamma = \gamma_0 \exp(-aX) \tag{2-18}$$

式中，γ_0 和 a 为与材料性质有关的常数。

高分子电介质的电导率不仅与定向拉伸和结晶度有关，而且还与超分子结构的尺寸、类型及缺陷有关。由于电导率与球晶结构的尺寸关系复杂，所以在理论上还不能对其进行充分解释。

聚丙烯电导率的对数与球晶直径的关系，如图 2-7 所示。可见，球晶直径增加，电导率开始下降，当球晶直径增加到薄膜厚度时，电导率达到最小值。若球

晶直径继续增加，电导率反而上升，当球晶直径达到某一确定值时，电导率则不再改变。

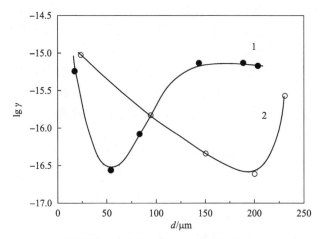

图 2-7 聚丙烯电导率的对数与球晶直径的关系（85℃）
1. 薄膜厚度为 50μm；2. 薄膜厚度为 200μm

如果在高、低密度聚乙烯中加入纯地蜡，当其质量分数为 0.5%～1.0%时，将形成均匀且细微的球晶结构。虽然纯地蜡的介电特性比聚乙烯差得多，但此时单位体积电阻率和击穿场强都有所增大，介质损耗也有所下降（第 3 章）。例如，当加入纯地蜡的质量分数为 0.5%时，球晶的平均直径可从 25μm 降至 11μm（薄膜厚度 $h \approx 40μm$），而此时体积电阻率增加了 11 倍。经过 1 年的反复研究，并没有发现它的结构和电性能有明显的改变。因此，在聚合物中加入特种配合剂不仅能建立可保证良好电气性能必要的超分子结构，而且还能使它的化学结构和性能保持长时间的稳定性。一些研究者在分别研究原始的聚乙烯和辐射聚乙烯薄膜时，发现球晶尺寸对电导率的影响也具有类似的结果。薄膜的球晶尺寸可借热加工法加以改变。

2. 增塑剂的影响

增塑是工业上广泛使用的改变硬质塑料（如聚氯乙烯）等玻璃化温度的一种方法，当然，增塑也可以改变高聚物体系的物理、化学性质，扩大其应用范围。增塑剂通常是加入塑料中并使之软化的小分子液体，它溶于高聚物中，可有效降低其玻璃化温度从而产生软化作用，使高聚物在室温时呈现高弹态，成为软制品。但是，增塑在高聚物中引入了低分子，这会使高聚物体系的电性能朝不利的方向变化。

增塑剂分子在高聚物内的分布随增塑剂及高聚物的类型而异。因此，可粗略地将增塑剂分为两种类型：分子增塑剂与结构增塑剂，其相应的作用为分子增塑及结构增塑。在这两种增塑类型中,研究最广泛的还是分子增塑。

分子增塑剂是一种能与高聚物形成缔合键(associative bond)的低分子物质。增塑剂分子与高聚物链的相互作用比高聚物自身分子间的强,它可使超分子结构的边界发生破坏,起到屏蔽作用。因此,分子增塑是链束内增塑。高聚物的玻璃化温度随增塑剂含量的上升而呈线性下降的趋势。

结构增塑剂是一种只能与高聚物形成弱缔合或根本不缔合的低分子物质。这时,增塑剂分子与高聚物活性基团的相互作用明显低于高聚物自身分子间的作用。它的分子不像分子增塑剂的分子那样分散在高聚物分子链的中间,而是分散在高度非对称的超分子结构的表面上,靠润滑作用增加高分子链的活动性。因此,结构增塑是链束间增塑。

总之,增塑会使运动单元、结构单元(如链段)及超分子结构(链束)的活动性增加,高聚物的玻璃化温度与流动温度降低,介电性能下降。

分子增塑剂(甲苯及苯乙烯)含量(质量分数)对聚苯乙烯电阻率的影响,如图 2-8 所示。从图中可以看出,分子增塑剂含量增加,聚苯乙烯的电阻率明显地下降。这是因为增塑不仅使聚合物的结构松散,离子载流子的电导活化能降低,而且还使聚合物中的自由体积增加,离子的迁移率增加。

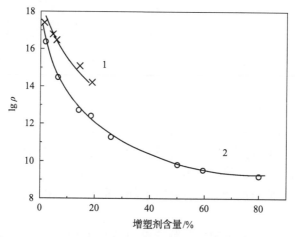

图 2-8 聚苯乙烯的电阻率对数与分子增塑剂含量的关系曲线
1. 甲苯; 2. 苯乙烯

3. 分子量

聚合物的分子量与分子量分布是决定其物理-化学特性的重要影响因素之一。随着分子量增加,不仅会改变聚合物分子链的长度,而且也会改变分子链的分支度、超分子结构的尺寸、类型以及敛集密度,对于结晶聚合物还会引起结晶度的变化。分子量并不是稳定的数值，每批聚合物的分子量都有变化，此外，在电气绝缘材料制造及聚合物加工时和材料的使用过程中，分子量也会发生改变。

　　实验得出了一些高聚物(如干性植物油、苯乙烯、邻苯二甲酸二烯丙酯、甲基丙烯酸甲酯和环氧树脂等)在块状聚合(block polymerization)时电阻率随聚合时间的变化规律。通常，随着聚合时间 t 增加，电阻率开始剧增，经过一定时间后，电阻率趋于固定(图 2-9)。从图中可以看出，随着聚合温度的升高，$\lg \rho$-t 关系曲线开始段的倾角按单体转变的深度成比例增加。如果已知倾角，那么就能计算在不同温度下聚合过程的活化能。

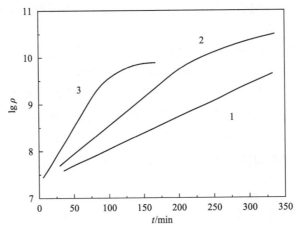

图 2-9　邻苯二甲酸二烯丙酯电阻率的对数与聚合时间的关系

1. 85℃；2. 95℃；3. 110℃

　　从曲线斜率的变化可以推断，块状聚合时，电导率降低主要是由于带电质点的运动性减弱，而不是带电质点数减少，因为聚合时杂质离子并未除去。但是应当注意，在聚合时可能发现杂质，特别是聚合块分子的离解度下降，这时带电质点的浓度也随之降低。聚合时由于体系黏度的增加，所以变成聚合物时分子间作用力增强，带电质点的迁移率将有所下降，聚合物的超分子结构和敛集密度也会变化。

　　已经确定，高聚物的电阻率随分子量的增加开始剧增，在较高的分子量范围内逐渐接近常数，这一变化规律不因聚合物的类型而异。因为聚合时分子间力转变成化学键从而使系统黏度提高，聚合物超分子结构发生变化，上述变化会导致带电质点迁移率降低，也可能使带电质点浓度降低，从而使聚合物电导率下降。当达到某一分子量时，聚合物结构的建立过程基本完成，因此再继续增加聚合物的聚合度，其电阻率也不再变化。

　　同系聚合物由低分子量向高分子量转变会引起超分子结构的变化，从而对电导率将产生重大影响。增加球晶结构聚合物的分子量，会使球晶尺寸缩小，球晶间的空间紧密性增加，造成扩散系数减小，电导率随之下降。

4. 吸收水分

通常，高聚物特别是极性高聚物吸湿后其电导率将显著增加，其原因是水分子自身容易离解，水分子作为增塑剂可使离子的迁移活化能降低，从而使离子迁移率 μ 增加；水分子因极性强还会使高聚物的介电系数 ε 增加，使高分子本身与杂质分子都易发生离解（分子离解能降低）。如果用 $\varepsilon_干$ 及 $\varepsilon_湿$ 分别表示高聚物在吸湿前后的介电系数，根据方程式(2-14)容易得出

$$\ln\gamma_干 = A - \frac{E_d}{2\varepsilon_干 kT}, \quad \ln\gamma_湿 = A - \frac{E_d}{2\varepsilon_湿 kT} \tag{2-19}$$

式中，$A=\ln\gamma_0-W/kT$。由式(2-19)可得

$$\ln\gamma_湿 = \ln\gamma_干 + B\left(\frac{1}{\varepsilon_干} - \frac{1}{\varepsilon_湿}\right) \tag{2-20}$$

式中，$B=E_d/2kT$。显然，$\ln\gamma_湿 \sim 1/\varepsilon_湿$ 为一直线，表明吸湿使高聚物的电导率显著增加。因此，在制造高压绝缘结构时必须对高聚物进行真空干燥处理。

2.3　高聚物的电子电导

电介质的电子(或空穴)电导机理比离子电导机理要复杂得多。这不仅是由于影响电子(或空穴)产生和复合过程的因素多，而且其输运机理也很复杂。特别是聚合物电子电导受外界电场、辐射作用及自身微观结构变化的影响显著。但是我们仍按式(2-1)分别讨论电子浓度 n 与其迁移率 μ 的表达式及影响 n、μ 的主要因素。

2.3.1　电子的注入过程

当金属电极或其他任何一种材料与电介质完全接触时，可能在接触界面间直接产生载流子的转移(注入)过程；也可能通过外界因素(热、电场、电磁辐射等)的作用加强金属载流子的注入过程。前者称为电介质接触带电，如在高聚物加工成型过程中就会有载流子注入以影响对其本征电导率的测定；后者分别称为金属的热电子发射、场致发射、场助热发射、光电发射等。下面分别进行讨论。

1. 电介质的接触带电

当电介质特别是高绝缘性的聚合物与周围任何媒质(包括金属)接触时，就会

带电，这种现象称为接触带电。若电介质与其他物质先接触，然后再分离而成为带电的现象称为摩擦带电。这是既古老又特别重要的现象。只有通过对高聚物中电子能态的深入研究才能合理地理解这些现象的本质。这里主要讨论高聚物-金属、高聚物-高聚物间的接触带电。

高聚物-金属接触带电可根据固体能带理论进行解释，金属中电子的运动状态用布洛赫波描述，其在内部是自由的，当它们运动到表面时，就会受到固体不连续性产生的约束作用。电子为了离开表面，必须具有过剩的能量以克服势垒 ϕ_m 的阻碍作用。ϕ_m 是金属的功函数，定义为电子在真空中的最低能级（真空能级 E_L）与电子在金属中的最高能级（$T=0K$ 时的费米能级）之差。

与金属中 ϕ_m 的定义类似，将半导体或绝缘体的功函数（ϕ_m 或 ϕ_i）定义为真空能级与其费米能级之差。一般将材料的功函数写成

$$\phi = \chi + (E_C - E_F) \tag{2-21}$$

式中，χ 为材料的电子亲合势；E_C 为导带底能级；E_F 为费米能级，通常位于禁带内，虽然不能像金属的费米能级那样真正地反映电子在 $T=0K$ 时占据的最高能态，但它也在一定程度上形象地反映了电子在导带内占据的水平。

金属与高聚物接触有三种类型，如图 2-10 所示。图 2-10（a）表示中性接触，其条件是 $\phi_m = \phi_i$，接触界面两侧是电中性的，没有空间电荷出现，高聚物侧没有产生能带弯曲，载流子在界面两侧的流动保持动平衡且没有净流动。

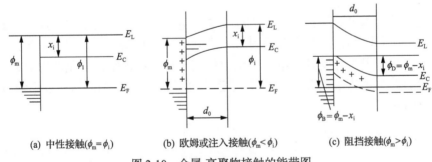

(a) 中性接触($\phi_m = \phi_i$)　　　(b) 欧姆或注入接触($\phi_m < \phi_i$)　　　(c) 阻挡接触($\phi_m > \phi_i$)

图 2-10　金属-高聚物接触的能带图

（d_0 代表（b）中积累层和（c）中耗尽层的厚度）

图 2-10（b）表示欧姆或注入接触，其条件是 $\phi_m < \phi_i$，这时从金属电极向高聚物内注入电子。根据统计力学可以证明，只有当两者的费米能级相等时才达到平衡状态，这时金属仅在原子尺度的表面层内带正电。高聚物侧形成数百倍于原子尺度的负电积累层，能带向下弯曲。积累层内电阻比高聚物本身低得多，这意味着积累层内总的载流子密度比体内要高得多，故欧姆接触可作为载流子源。当然，当 $\phi_m > \phi_i$ 时，可产生从金属向高聚合物内注入空穴的过程。

图 2-10(c)表示阻挡接触，其条件是 $\phi_m > \phi_i$，这时电子高聚物流向金属电极，在电介质侧产生正空间电荷区，电子处于耗尽状态。所以通常把势垒存在的区域称为空间电荷层或耗尽层。d_0 为耗尽层厚度，这时能带向上弯曲。由高聚物一侧看到因载流子扩散形成的肖特基势垒高度：

$$\phi_D = \phi_m - \phi_i \tag{2-22}$$

由金属一侧看到的势垒高度：

$$\phi_D = \phi_m - \chi_i \tag{2-23}$$

式中，χ_i 为高聚物的电子亲合势。因此，这种接触对金属中的电子发射起阻挡作用，故在阻挡接触时，金属的热电子发射会达到饱和，电子可借场致发射或场助热发射过程来实现穿过或越过势垒。

一般情况下绝像体或半导体含有杂质，它们在禁带内形成杂质能级，如半导体中的施主或受主能级。低温时这些能级被填充，材料呈中性，而在高温下热激发使它们处于电离状态。下面计算耗尽层厚度 d_0，为了简化，假设施主浓度为 N_D，在介电系数为 ε_i 的聚合物内呈均匀分布，势垒区载流子均已耗尽，称为耗尽近似，这时势垒区的电荷密度 $\rho = eN_D$，e 为基本电荷。因为施主电离带正电，因此空间电荷区中的电势变化可由泊松方程描述：

$$\frac{d^2V}{dx^2} = -\frac{\rho}{\varepsilon_0 \varepsilon_i} = -\frac{eN_D}{\varepsilon_0 \varepsilon_i} = A \tag{2-24}$$

式中，x 为位置坐标(在金属与半导体之间的界面处，$x=0$；在半导体内部，$x>0$)；A 为常数。

由式(2-24)解出的电势分布为抛物线：

$$V(x) = \frac{A}{2}x^2 + Bx + C \tag{2-25}$$

式中，B 和 C 可由边界条件求出。当 $x=0$ 时，

$$-eV(0) = \phi_m - \phi_i$$

$$C = -\frac{1}{e}(\phi_m - \phi_i)$$

因为阻挡接触时能带向上弯曲，所以电子在空间电荷区的势能为正，而电势在此区应为负，故 $V(0) < 0$。在 $x=d_0$ 处有

$$-eV(d_0) = 0$$

将其代入式(2-25)，经计算后容易得出表面势垒(又称肖特基势垒)即

$$\phi_D = \frac{e^2 N_D}{2\varepsilon_0 \varepsilon_i} d_0^2 \tag{2-26}$$

由式(2-26)得出耗尽层厚度为

$$d_0 = \left(\frac{2\varepsilon_0 \varepsilon_i \phi_D}{e^2 N_D}\right)^{\frac{1}{2}} = \left(\frac{2\varepsilon_0 \varepsilon_i (\phi_m - \phi_i)}{e^2 N_D}\right)^{\frac{1}{2}} \tag{2-27}$$

可见，d_0 与施主浓度、聚合物的介电系数及金属和聚合物的功函数有关。如果将 $\phi_m - \phi_i = 1\text{eV}$，$\varepsilon_i = 4.8$，$N_D = 10^{17}\text{cm}^{-3}$ 代入上式可得到 $d_0 \approx 7 \times 10^{-6}\text{cm}$。

根据晶体周期势在表面处终止的假设，通过理论分析表明，表面附近可以有定域化的电子状态存在。相应的表面态彼此能靠得很近，形成准连续的能带，分布在导带底与价带顶之间的禁带范围内。其态密度与表面原子同数量级，约 10^{15}cm^{-2}。上述接触类型在考虑高聚物表面态存在时，将变得更加复杂。简单地说，由于表面态的影响，甚至在理想的晶体电介质与真空接触时，也会通过体内产生电荷转移而出现能带上弯的现象。

金属-高聚物的接触带电不仅依赖高聚物的本质，在某些情况下还依赖金属的性质及接触的类型和时间。因此，对某一给定的电介质，虽然实际上不可能定义出一个"典型"电荷密度来。但是，列出一些常用高聚物的电荷密度数值范围(表 2-2)，无疑是十分有益的。

表 2-2　不同高聚物材料在与金属接触后的面电荷密度

材料	电荷密度/(C/m²)	标注
聚乙烯	$5 \times 10^{-6} \sim 10^{-4}$	空气中，水银接触
	5×10^{-5}	空气中，滑动接触
	2×10^{-5}	真空中
	10^{-4}	真空中，滑动接触
聚四氯乙烯	3×10^{-5}	真空中
	7×10^{-5}	空气中，滑动接触
	2×10^{-4}	真空中，滑动接触
	2×10^{-3}	真空中，延伸滚动接触
尼龙	10^{-3}	真空中，水银接触
	10^{-3}	真空中，延伸滚动接触

续表

材料	电荷密度/(C/m²)	标注
聚碳酸酯	10^{-3}	真空中，延伸滚动接触
聚酰亚胺	3×10^{-3}	真空中，延伸滚动接触
硅橡胶	10^{-4}	真空中，紧密接触
固态石蜡	10^{-5} 或更小	空气中，水银接触
蒽	10^{-3}	真空中，假设弹性接触

从表 2-2 可知，大多数高聚物在接触带电时，其电荷密度范围通常在 $10^{-5} \sim$ 10^{-3}C/m²，如 10^{-4}C/m² 的电荷密度相当于在 10^4 个表面原子上有一个电子电荷。从绝对的意义上看，接触带电的影响比较小，但是这些电荷产生的电场足以使空气甚至高聚物本身被击穿，因而它的影响又是显著的。

电荷从外界转移到高聚物的表面态或体陷阱能级内的快慢不仅受速率方程的控制，还受接触状态的制约，快者在毫秒范围内，慢者可达数十分钟。

高聚物-高聚物的接触带电：目前对高聚物-高聚物接触带电的现象研究并不多。一些实验事实表明：这种带电的机理大体上与金属-高聚物的相同。例如，高聚物之间的电荷转移也与它们的费米能级有关，即电子总是从费米能级高的高聚物向费米能级低的转移。

处理高聚物间的接触带电可利用 1976 年 Duke 与 Fabish 提出的金属-绝缘体带电理论，认为金属与绝缘体间的电荷转移是由电子在金属与绝缘体内那些靠近金属费米能级且在窄的能量范围内(称为"窗口")状态间的隧穿造成的，并认为绝缘体间的接触带电机理也与此相似，只是这时的"窗口"要宽得多。通过这种对"窗口"加宽的改进，高聚物间在接触时的电荷转移量可以通过这些材料的态密度来求出。态密度可由金属-绝像体接触电荷转移测量导出。

2. 热电子发射——里查孙效应

金属的自由电子模型可以较好地描述电子从金属至真空的热电子发射。如图 2-11 所示，金属中自由运动的电子必须克服金属的表面势垒才能进入真空之中。其必要条件是，电子沿 x 方向的速度分量 v_x 必须超过由下式定义的临界速度 v_{x0}，即

$$\frac{m}{2} v_x^2 \geqslant \frac{m}{2} v_{x0}^2 = \phi + E_F = E_0 \tag{2-28}$$

式中，ϕ 与 E_F 分别为金属的功函数和费米能级。金属在能量 $E \sim (E+\mathrm{d}E)$ 的电子密度为

$$\mathrm{d}n = n(E)\mathrm{d}E = D(E)f(E)\mathrm{d}E$$

$$= \frac{1}{2\pi^2}\left(\frac{2m}{\hbar^2}\right)^{3/2}\frac{E^{1/2}\mathrm{d}E}{\exp\left[(E-E_F)/kT\right]+1} = \frac{8\pi m^3}{h^3}\frac{v^2\mathrm{d}v}{\exp\left[(E-E_F)/kT\right]+1} \tag{2-29}$$

式中，$\hbar=h/2\pi$，h 为普朗克常数；$f(E)$ 为费米分布函数；$D(E)$ 为态密度函数。根据自由电子近似，金属中电子总能量等于其动能，因此，$\mathrm{d}E=mv\mathrm{d}v$。

　　为了计算电流密度 j，应先将电子密度 $\mathrm{d}n$ 乘 ev_x 再进行积分，即 $j=\int ev_x\mathrm{d}n$。为了对电子速度进行积分，用对 $\mathrm{d}v_x\mathrm{d}v_y\mathrm{d}v_z$ 的积分代替对 $4\pi v^2\mathrm{d}v$ 的积分。因为只有那些能量超过 $E_F+\phi$ 的电子才能离开金属表面，所以积分下限应满足 $mv_x^2/2\geqslant E_F+\phi$。因此，电流密度为

$$j = \frac{2m^3e}{h^3}\int_{-\infty}^{+\infty}\int\mathrm{d}v_y\mathrm{d}v_z\int_b^\infty\frac{v_x\mathrm{d}x}{\exp\left[(E-E_F)/kT\right]+1} \tag{2-30}$$

式中，$b=[2(E_F+\phi)/m]^{1/2}$，由于 $(E-E_F)/kT\gg 1$，对上式积分后可得金属热电子发射电流密度为

$$j = \frac{4\pi em}{h^3}(kT)^2\exp(-\phi/kT) = AT^2\exp(-\phi/kT) \tag{2-31}$$

这就是著名的里查孙方程，式中，$A=4\pi emk^2/h^3$ 为里查孙系数。当然，电流密度主要由指数项的温度关系决定。按理 A 应为普适常数，但大多数情况 A 的实测值只有理论值的一半，且随金属而异。原因在于未考虑材料的表面特性、功函数的温度关系及那些能量超过表面势垒的电子也可能被反射回金属内等影响，如图 2-11 所示。

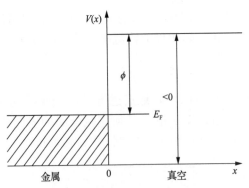

图 2-11　金属表面电子的势能

3. 场助热电子发射——肖特基效应

表面附近的高电场强度将使金属外面的势能发生变化，从而使功函数减小，

根据方程式(2-31)的指数关系可知，发射电流将得到极大的增强(肖特基效应)。上面曾采取突变势垒来表示金属与真空的边界，在考虑到镜像力时，势垒曲线将变得平滑。如果已知电子受到的作用力与离开表面距离 x 的函数关系(即势垒曲线)，那么就能够计算出电场对发射出来的电子的影响。

在距离金属几何表面 1～2 个晶格常数以内($0 < x < x_0 \approx 10^{-7} cm$)，电子受短程力的作用，此短程力 F_A 取决于电子脱离晶体之后的原子环境。应指出，不同表面状况及不同材料功函数的差别与此短程力密切相关，目前只能粗略地了解远程力随距离变化的一些情况。

当电子距表面比较远时($x > x_0 \approx 10^{-7} cm$)，长程力起作用。所谓电象力就是一种重要的长程力，纯属静电性质。当一个电子离开金属而到达真空中的 x 点时，就会在电导率十分大的中性金属表面上感应一个正电荷，它对电子的作用力与在电子镜像点($-x$)处真正正电荷所产生的力相同。因此，电子受到的镜像力为

$$F_i = -\frac{e^2}{4\pi\varepsilon_0(2x)^2}, \quad x > x_0 \tag{2-32}$$

式中，ε_0 为真空电容率。电子在镜像电荷电场中的势能为

$$\int_x^\infty F_i dx = -\frac{e^2}{4\pi\varepsilon_0(4x)}, \quad x > x_0 \tag{2-33}$$

也就是将电子从 $x > x_0$ 处移至无穷远处所必须做的功。电子的势能与距金属表面($x > x_0$)的函数关系是

$$V(x) = E_0 - \frac{e^2}{4\pi\varepsilon_0(4x)} \tag{2-34}$$

显然，E_0 为电子在金属面外无穷远处的势能。假设金属内部的势能为零，则在金属外部一个静止的电子能量为

$$V(\infty) = E_0 = E_F + \phi \tag{2-35}$$

E_0 应等于下列两个积分之和，即

$$E_0 = \int_0^{x_0} F_A dx + \int_{x_0}^\infty F_i dx = \int_0^{x_0} F_A dx - \frac{e^2}{4\pi\varepsilon_0(4x)}$$

外电场 E 沿 x 的负方向，它克服镜像力的阻碍使电子容易脱离金属表面。这时，电子势能与其距离金属表面距离 x 的函数关系如图 2-12 所示。

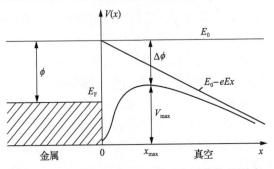

图 2-12 外电场对金属表面附近电子势能的影响

$$V(x) = E_0 - eEx - \frac{e^2}{4\pi\varepsilon_0(4x)} \tag{2-36}$$

$V(x)$ 取极大值时的距离（一般为数个纳米）为

$$x_{\mathrm{m}} = \left(\frac{e}{16\pi\varepsilon_0 E}\right)^{\frac{1}{2}} \tag{2-37}$$

将 x_{m} 代入式(2-36)得到势能的极大值为

$$V_{\max} = E_0 - \left(\frac{e^3}{4\pi\varepsilon_0}\right)^{\frac{1}{2}} E^{\frac{1}{2}} \tag{2-38}$$

因此，外电场使电子逃逸需要克服的势能降低了 $(e^3/4\pi\varepsilon_0)^{1/2}E^{1/2}$。当存在电场时，电子逃逸所克服的有效势垒为 $V_{\max}$，这与纯热电子发射时的情况不同。因此，$V_{\max}$ 规定了与电场有关的功函数，根据式(2-35)可写成

$$V_{\max} = E_{\mathrm{F}} + \phi(E) \tag{2-39}$$

由此得出当 $E \neq 0$ 时，热电子发射的必要条件[式(2-28)]为

$$\frac{m}{2}v_x^2(E) \geqslant E_{\mathrm{F}} + \phi(E) \tag{2-40}$$

由式(2-35)、式(2-38)及式(2-39)得出

$$\phi(E) = \phi - \left(\frac{e^3}{4\pi\varepsilon_0}\right)^{\frac{1}{2}} E^{\frac{1}{2}} = \phi - \Delta\phi \tag{2-41}$$

当 $E \neq 0$ 时，功函数 $\phi(E)$ 降低。利用里查孙方程式 (2-31) 和式 (2-41)，得出场助热电子发射电流密度：

$$
\begin{aligned}
j(T,E) &= AT^2 \exp\left(-\frac{\phi - \Delta\phi}{kT}\right) \\
&= j(T,0) \exp\left(\frac{\Delta\phi}{kT}\right) \\
&= j(T,0) \exp\left(\frac{\beta_{\mathrm{n}} E^{1/2}}{kT}\right)
\end{aligned}
\tag{2-42}
$$

这就是肖特基方程。式中，$\beta_{\mathrm{n}} = (e^3/4\pi\varepsilon_0)^{1/2}$ 为肖特基系数。若改为由金属向介电系数为 ε 的绝缘材料内发射载流子，则 $\beta_{\mathrm{n}} = (e^3/4\pi\varepsilon_0\varepsilon)^{1/2}$。显然，电场 E 增加，$j(T,E)$ 指数上升，$\ln J \sim E^{1/2}$ 图形通常为直线。

上面的计算忽略了从媒质向金属的电子回流，低场时这种回流是明显的。当电场低于 10^4V/cm 时基本上构成欧姆接触。应指出，空间电荷及电介质或半导体表面态的存在都会对这种简单的计算产生明显的影响。若电介质中在 x_{m} 范围内的空间电荷足够多，则将明显改变金属电极附近的电场，故方程式 (2-42) 不再适用。

4. 场致发射(福勒-诺德海姆)方程

实验证实，当外电场 E 达到 10^8V/m 的数量级时，发射电流密度将明显超过肖特基方程式 (2-42) 的计算值，表明这种情况下的发射已从肖特基发射逐渐过渡到场致发射。根据式 (2-41) 可得出使功函数为零的临界电场：

$$
E_{\mathrm{C}} = \frac{4\pi\varepsilon_0}{e^3} \phi^2
\tag{2-43}
$$

若 $\phi = 5$eV，则 $E_{\mathrm{C}} \approx 10^{10}$V/m。按照经典理论，外电场只要达到 E_{C}，甚至在 $T_{\mathrm{i}} = 0K$ 时，也会突然开始发射电流，也就是当 $\phi(E) \to 0$ 时，电子会自动地从金属中"漏掉"。应指出，上面估计的 E_{C} 值已接近原子核产生的电场，故在极低温度下，只要 $E = 0.01E_{\mathrm{C}}$ 就会使发射电流剧增。从量子力学的观点来看，即使电子能量低于 V_{max}(图 2-12)，电子通过隧道效应而离开金属也是可能的。由于电子可能以一定的概率穿过势垒 $V(x)$，故代表经典电子发射的条件[式 (2-28)]不再适用于强电场下的发射情况。对于能量

$$
E_{\perp} = \frac{m}{2} v_x^2 < E_{\mathrm{F}} + \phi(E)
\tag{2-44}
$$

或对于

$$\varepsilon_{\mathrm{e}} = \frac{1}{2} m v_x^2 - E_{\mathrm{F}} < \phi(E)$$

的那些电子，其透射系数 D 紧密地依赖于能量 ε_{e}。为了计算电子势垒 $V(x)$ 的透射系数，必须求解下面的一维薛定谔方程：

$$\frac{\mathrm{d}^2 \Psi}{\mathrm{d}x^2} + \frac{2m}{\hbar^2} \big[E_\perp - V(x) \big] \Psi = 0 \tag{2-45}$$

采用一种准经典近似方法 WKB (Wentzel-Kramers-Brillouin) 法求解上面的薛定谔方程。在下面的假设下求出近似的本征函数。

$$\frac{1}{2\pi} \left| \frac{\mathrm{d}\lambda(x)}{\mathrm{d}x} \right| \ll 1$$

这就是说德布罗意波长在一个波长范围只有很小的变化。利用德布罗意关系式：

$$\frac{2\pi\hbar}{\lambda} = |p_x| = \Big[2m \big(|E_\perp - V(x)| \big) \Big]^{1/2}$$

及上面的假设条件得出

$$\frac{\hbar m}{|p_x|^3} \left| \frac{\mathrm{d}V(x)}{\mathrm{d}x} \right| \ll 1$$

WKB 近似解 $\Psi(E_\perp, x)$ 仅在这样一些坐标区内有效，在这些区域内 $V(x)$ 的变化不大，而 $|p_x(x)|$ 的值却相当大。用 WKB 法得到的透射系数为

$$D(E_\perp) = \exp \left\{ -\frac{2}{\hbar} \int_{x1}^{x2} \Big[2m \big(V(x) - E_\perp \big) \Big]^{1/2} \mathrm{d}x \right\} \tag{2-46}$$

当忽略镜像力时，式中 $V(x) = E_0 - eEx$，坐标 x_1 与 x_2 (参阅图 2-13) 由 $V(x) - E_\perp = 0$ 确定，即能量等于 $E_\perp$ 的电子在距金属表面 $x_1(E_\perp)$ 处碰到势垒，然后在 $x_2(E_\perp)$ 处以概率 $D(E_\perp)$ 离开势垒。式 (2-46) 只有在电子能量 $E_\perp < V_{\max}$ 才能应用。为了简化对上式的计算，除忽略镜像力外，还假设温度 $T \approx 0\mathrm{K}$，因为电子占据的最高能级为 E_{F}，故发射电流对能量 ε_{e} 的积分上限应为零，积分下限 $\varepsilon_{\mathrm{e}} = -\infty$，这时场致发射电流密度为

$$j(0, E) = \frac{em}{2\pi^2 \hbar^3} \int_{-\infty}^{0} D(\varepsilon_{\mathrm{e}}) \varepsilon_{\mathrm{e}} \mathrm{d}\varepsilon_{\mathrm{e}} \tag{2-47}$$

在这种近似下，场致发射电流与温度无关。至此，已将式 (2-46) 积分后的 $D(E_\perp)$

通过一定的关系换成了 $D(\varepsilon_e)$。考虑到能量为 $E_\perp \approx E_F$（即 $\varepsilon_e \approx 0$）的电子的遂穿概率最大，经过一定近似计算后得出场致发射电流密度为

$$j(0, E) = A'E^2 \exp(-B / E) \tag{2-48}$$

式中，A' 与 B 为与电极-介质间功函数有关的常数，它们与温度的关系不大。上式称为福勒-诺德海姆方程。它与里查孙方程类似，只需用电场 E 代替温度 T 即可。应当指出，福勒-诺德海姆方程虽然是在 $T=0$K 的条件下导出来的，其随温度上升，场致发射电流将增加，但影响很小，因为这时金属中具有最大透射系数（$E_\perp > E_F$）的电子数仍很少。若温度相当高，超过最大势垒高度 V_{max} 的电子数目剧增，这将使场致发射转变为场助热发射。

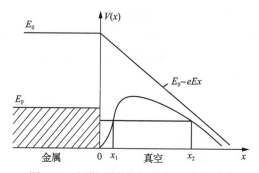

图 2-13　福勒-诺德海姆发射的势能图形

5. 光电发射

与热电子发射和场致发射相比，要从理论上研究光电发射和二次电子发射将更为困难。因为热电子发射和场致发射时的电子是平衡分布的，而光电发射和二次电子发射是在非平衡分布下进行的。这种分布形成是由电子同光子或初级电子之间的相互作用造成的。为了计算发射电流，就必须知道给发射提供必要能量的是何种碰撞过程。对任何碰撞过程其能量与动量守恒一定是同时成立的。下面将以光电效应为例证明，若只考虑光子和自由电子之间的相互作用，要同时满足能量与动量守恒实际上是不可能的。

假定自由电子吸收能量为 $\hbar\omega$ 的光子前后具有的能量分别为 E_0 和 E，根据能量守恒定律得到

$$E = E_0 + \hbar\omega \tag{2-49}$$

同时也必须满足动量守恒定律，即

$$(2mE)^{1/2} = (2mE_0)^{1/2} + \hbar\omega / c \tag{2-50}$$

式中，c 为光速。将上式平方后代入式 (2-49) 后得

$$1 = \left(\frac{2E_0}{mc^2}\right)^{1/2} + \frac{\hbar\omega}{2mc^2} \tag{2-51}$$

对于金属中的电子，$E_0 \leqslant mc^2$ 与 $\hbar\omega \leqslant mc^2$ 始终成立。因此，自由电子始终不能满足方程式 (2-51) 所规定的吸收光子的条件。当然，借助索末菲自由电子模型不可能解释光电效应。要同时满足能量与动量守恒定律，必须考虑电子与声子的相互作用和吸附在金属表面的外来原子等因素的影响。

若考虑金属表面附近势垒的存在，自由电子的运动便有可能满足守恒定律。在某种意义上，表面本身的作用就可作为动量的源或谷，因此所研究的系统已经不是电子加光子，而是电子加光子再加表面了。

当 $T=0\text{K}$ 时，一个电子从金属逃逸需要克服垂直于金属表面的最大能量为 $E_F + \phi$。若考虑在费米能级附近的部分电子对发射电流的贡献，则将产生光电发射的入射光子的阈频率限为

$$\nu_t = \phi / h \tag{2-52}$$

当 $\nu > \nu_t$ 时，射出电子的能量为

$$E = h(\nu - \nu_t) = h\nu - \phi \tag{2-53}$$

式中，ν 为入射光子频率；ϕ 为金属的功函数。若 $\nu < \nu_t$，则无发射电流产生。当 $\nu > \nu_t$ 且 ν 增加时（低于费米能级 E_F 的很多电子将对发射电流有贡献），发射电流增加，若 $h\nu \geqslant E_F + \phi$，则发射电子数将达到饱和，这是因为当入射光的频率极高时，电子的跃迁概率将随 ν 增加而下降，故发射电流的频率曲线将存在一个极大值。

强电场将使金属表面的肖特基势垒降为 $\phi_s = \phi - \beta_s E^{1/2}$，从而使入射光子的阈频率降低：

$$\nu_t(E) = \phi_s / h = (\phi - \beta_s E^{1/2}) / h \tag{2-54}$$

当温度为 T 时，恒定光强下的光电发射电流按一级近似可写为

$$j = AT^2 f(x) \tag{2-55}$$

式中，$x \equiv (h\nu - \phi_c)/kT$；$A$ 为常数；ϕ_c 为阈能量，它既可等于金属的肖特基势垒，也可等于金属-高聚物的接触势垒；函数 $f(x)$ 为

$$f(x) = e^x - \frac{e^{2x}}{4} + \frac{e^{3x}}{9} - \cdots, \quad x < 0$$

$$f(x) = \frac{x^2}{6} + \frac{x^2}{2} - \left(e^{-x} - \frac{e^{-2x}}{4} + \frac{e^{-3x}}{9} - \cdots \right), \quad x > 0 \tag{2-56}$$

当 $x > 4$ 时，$f(x) \approx x^2/2$，于是光电发射电流 j 变成富勒方程：

$$j \propto (h\nu - \phi_c)^2 \tag{2-57}$$

故 $j^{1/2}$- $h\nu$ 关系曲线为直线，由该直线与 $h\nu$ 轴的交点就可以确定阈能量。因此，可以通过光电发射电流与入射光频率 ν 的关系曲线确定金属-高聚物的接触势垒高度和金属电极的肖特基势垒。对于大多数高聚物，产生电子或空穴注入的阈能量几乎相同，约为 4eV。

2.3.2　体内载流子的生成

电介质并非理想的绝缘体，不仅在热平衡时体内存在少量的本征载流子，而且还可以通过其他因素(如电场、辐照、碰撞电离等)和掺杂改变体内载流子的浓度及类型。

1. 本征载流子浓度

为了确定半导体或绝缘体内的本征载流子浓度，需要利用费米分布函数：

$$f(E) = \frac{1}{1 + \exp\left[(E - E_F) / kT \right]} \tag{2-58}$$

该式给出体系在温度 T 时电子占据能级 E 的概率。当 $T \neq 0\mathrm{K}$ 且满足 $(E - E_F)/kT \geqslant 1$ 时，上式变为

$$f(E) = \exp(-E / kT) \exp(E / kT) = A \exp(-E / kT) \tag{2-59}$$

即经典的玻尔兹曼分布，称为费米分布尾，它伸到了导带区(图 2-14(b))。

单位体积内导带中能量在 $E \sim (E+\mathrm{d}E)$ 的状态数为 $D_C(E)\mathrm{d}E$，其中，$D_C(E)$ 为导带的态密度，即单位体积单位能量间隔内的状态数。由此可得能量为 $E \sim (E+\mathrm{d}E)$ 的电子浓度 $\mathrm{d}n = f(E)D_C(E)\mathrm{d}E$，整个导带内的电子浓度为

$$n = \int_{E_C}^{E_{c\mathrm{max}}} f(E) D_C(E) \mathrm{d}E \tag{2-60}$$

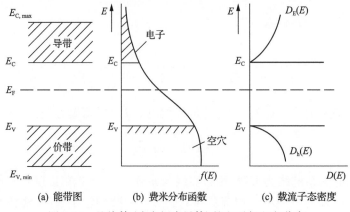

(a) 能带图　　　　　(b) 费米分布函数　　　　　(c) 载流子态密度

图 2-14　绝缘体(或本征半导体)的电子与空穴分布

将式(2-59)及导带态密度:

$$D_C(E) = \frac{1}{2\pi}\left(\frac{2m_e^*}{\hbar^2}\right)^{3/2}(E - E_C)^{1/2}$$

代入式(2-60)中, 计算得出

$$n = N_C \exp\left[\frac{-(E_C - E_F)}{kT}\right], \quad N_C = 2\left(\frac{m_e^* kT}{2\pi\hbar^2}\right)^{3/2} \tag{2-61}$$

式中, N_C 为集中在导带底 E_C 处的等效态密度; m_e^* 为电子的有效质量。显然, 电子浓度 n 与费米能级 E_F 距 E_C 的远近有关, E_F 离 E_C 越远, 电子浓度越小, 温度上升, n 呈指数式增加。用完全类似的方法可得价带中的空穴浓度:

$$p = N_V \exp\left(-\frac{E_F - E_V}{kT}\right), \quad N_V = 2\left(\frac{m_h^* kT}{2\pi\hbar^2}\right)^{3/2} \tag{2-62}$$

式中, N_V 为集中在价带顶 E_V 处的等效态密度; m_h^* 为空穴的有效质量。

理想的绝缘体或本征半导体可根据电中性条件: $n=p$, 得出本征载流子浓度为

$$n_i = n = p = (N_C N_V)^{1/2} \exp[-E_g / 2kT] \tag{2-63}$$

式中, $E_g = E_C - E_V$ 为禁带宽度。对于高聚物, 一般 $E_g > 8\text{eV}$, 费米能级 $E_F \approx (E_C + E_V)/2$, 即近似在禁带中央。当 N_C 与 N_V 均约为 10^{19}cm^{-3} 时, 根据式(2-61)与式(2-62)算出的载流子浓度 n 和 p 十分得小, 所以可以忽略。

对于 n 型半导体、p 型半导体或绝缘体, 其电中性条件不再满足 $n=p$, 因此

式 (2-63) 也不再适用。但是在平衡态时根据式 (2-61) 和式 (2-62)，电子与空穴浓度之积 np 仍满足 $np=n_i^2$，即

$$np = N_C N_V \exp(-E_g / kT) = n_i^2 \tag{2-64}$$

若温度 T 与材料的 E_g 一定，则 n_i 可以确定。对于 n 型材料，E 靠近 E_C，n 增加，p 下降，这时 $n>p$，但是 $np=n_i^2$ 保持不变，故费米能级的位置可以形象地表征电子或空穴填充导带或价带的水平。

在上面的讨论中，假定费米能级位于离开带边较远的禁带中。在这种非简并情况下，式 (2-58) 的费米分布可由式 (2-59) 的玻尔兹曼分布近似表示。在有些情形下，费米能级可以接近带边甚至进入带内，这种情形称为简并。在简并情形下，由于占有概率 f 一般有较大的值，玻尔兹曼分布和费米分布之间的区别将变得显著。所以，在计算载流子浓度时必须用费米分布代替玻尔兹曼分布。正是在简并情况下，电子的量子统计性质才得以表现出来。

另外还应指出，上面讨论的平衡态可因外界因素 (如电场或光引起的载流子注入或热及光激励引起的俘获载流子的退陷等) 作用而受到干扰，出现过剩载流子所造成的非平衡情况，这时就必须分别引入导带电子和价带空穴的准费米能级 E_{ce} 及 E_{vh} 来分别描述电子的浓度和空穴的浓度。

正如第 1 章所述，高聚物的禁带内存在大量的缺陷能级，它们可作为电子陷阱或空穴陷阱。参照式 (2-60) 可得占据陷阱的电子浓度为

$$n_t = \int_{E_V}^{E_C} f(E) N_t(E) \mathrm{d}E \tag{2-65}$$

式中，$N_t(E)$ 为单位体积、单位能量间隔内的电子陷阱数，即电子陷阱态密度。占据陷阱的空穴密度：

$$p_t = \int_{E_V}^{E_C} [1 - f(E)] P_t(E) \mathrm{d}E \tag{2-66}$$

式中，$P_t(E)$ 为单位体积、单位能量间隔内的空穴陷阱数，即空穴陷阱态密度。这时电中性条件变为

$$n + n_t = p + p_t \tag{2-67}$$

2. 高电场对载流子生成的影响

前面已经指出，在高聚物或非晶态半导体内，物理或化学缺陷的存在破坏了理想完整晶格的长程有序，而在禁带内出现了按一定方式分布的陷阱能级。它们的存在不仅会明显影响载流子的产生与消失，而且还会极大地影响载流子的输运

过程，从而强烈影响高聚物的电导特性。

从上节讨论可知，高电场使金属功函数下降，促进发射载流子数目剧烈增加，这就是肖特基效应。在高聚物内部，带正电的陷阱中心所俘获的电子及分子中的离子也存在类似的现象，即电场使电介质体内可电离陷阱中心的库仑势垒高度降低，从而使发射载流子数目迅速增加，称为普尔-弗仑凯尔效应，又称内肖特基效应。与此对比，当电子-空穴对（或电子与类施主陷阱）由于热活化而保持在一定的起始距离 r 且 r 与电场 E 的夹角为 θ 时，它们避免这种起始复合的概率 $P(r, \theta, E)$ 随电场 E 的上升而显著增加，这就是昂萨格效应。此外，我们还将讨论在高电场作用下，因电子碰撞电离造成的电子倍增效应，由其构成的电导称为雪崩电导。

3. 普尔-弗仑凯尔效应

电场增加将使俘获载流子的势能曲线不断发生形变，在不考虑势垒曲线的形状时（图 2-2），有效势垒高度随外电场呈线性变化，即 $W_e = W \pm eEa/2$，式中，正号和负号分别代表载流子在逆、顺电场方向运动所需越过的势垒。弱电场时，将代表顺、逆电场方向载流子跳跃速率的指数项对电场作一级近似，可得载流子的漂移迁移率随电场呈线性变化，即电导服从欧姆定律。在强电场中，载流子顺电场方向的跳跃速率剧增，而逆电场方向的跳跃速率迅速减小以致可以忽略，载流子的迁移率和相应的电导率均与电场强度呈简单的指数关系，即

$$\mu \propto \exp(eEa / 2kT), \quad \gamma \propto \exp(eEa / 2kT) \tag{2-68}$$

这就是代表载流子高场电导的普尔方程。此模型太简单了，它没有计及势垒曲线形状的作用。当考虑势垒曲线的形状（如库仑吸引、排斥势等）时，势垒高度随电场的变化并不是线性的。

这里只讨论原始的一维普尔-弗仑凯尔（简记为 PF）效应。假定高聚物内一个电子处在位置固定的单个正电荷的库仑场中，附加电场 E 后其势能曲线如图 2-15 所示。电子在前进方向（势垒降低方向）的势能为

$$V(x) = -\frac{e^2}{4\pi\varepsilon_0\varepsilon x} - eEx \tag{2-69}$$

式中，x 为电子离开陷阱中心的距离。显然，$V(x)$ 存在极大值，根据极值条件可得

$$x_{PF} = \left(\frac{e}{4\pi\varepsilon_0\varepsilon E}\right)^{\frac{1}{2}} \tag{2-70}$$

将其代入式（2-69）可得

$$\left|V(x_{\mathrm{PF}})\right| = \left(\frac{e^3 E}{\pi \varepsilon_0 \varepsilon}\right)^{\frac{1}{2}} = \beta_{\mathrm{PF}} E^{\frac{1}{2}} = \Delta\phi_{\mathrm{PF}} \tag{2-71}$$

式中，$\beta_{\mathrm{PF}} = (e^3/\pi\varepsilon_0\varepsilon)^{1/2}$ 是普尔-弗仑凯尔系数；ε 为材料的高频介电系数。式 (2-71) 表明电场使电子的逃逸势垒降低了 $\Delta\phi_{\mathrm{PF}}$。应指出，对肖特基效应，因 $\beta \equiv \beta_{\mathrm{P}}/2$，而有时很难借助高电场下电介质电导测量将这两个效应区分开。

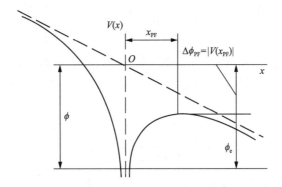

图 2-15　一维普尔-弗仑凯尔效应模型

弗仑凯尔假设电场很强，后退方向电子逃逸势垒增高至无限大，故电子受电场压抑而根本不能被释放。当然实际电介质的厚度有限，势垒不会无限增加。从图 2-15 可知，释放电子的有效势垒高度为

$$\phi_{\mathrm{e}} = \phi - \Delta\phi_{\mathrm{PF}} = \phi - \beta_{\mathrm{PF}} E^{1/2} \tag{2-72}$$

因此，平衡时热释放的自由电子浓度为

$$n = N\exp(-\phi_{\mathrm{e}}/2kT) = n_0 \exp(\beta_{\mathrm{PF}} E^{1/2}/2kT) \tag{2-73}$$

式中，N 为可电离中心（或分子）的浓度；$n_0 = N\exp(-\phi/2kT)$ 为零场时热激发的自由电子浓度。式 (2-73) 适用于本征或掺杂的非补偿半导体与高聚物绝缘体，而且其载流子复合速率与 n^2 成比例。但是对于掺杂补偿半导体，电子复合速率与 n 成比例，此时式 (2-73) 变为

$$n = N\exp(-\phi_{\mathrm{e}}/kT) = N\exp\left(-\frac{\phi - \beta_{\mathrm{PF}} E^{1/2}}{kT}\right) \tag{2-74}$$

若温度相当高，可电离中心几乎全部电离，则不存在普尔-弗仑凯尔效应。在深入考虑可电离中心的三维性、载流子可能向后逃逸、隧穿与热助隧穿效应等因素的影响后，分别对普尔-弗仑凯尔效应做出合理的改进。

4. 昂萨格效应

普尔-弗仑凯尔效应是指载流子在被陷阱中心俘获以后, 在强电场作用下再重新热释放而成为自由载流子的过程; 与此对比, 昂萨格效应则是指电子-空穴对在复合以前, 强电场阻止它们起始复合概率增加的过程(相当于强电场促进它们分离的过程)。昂萨格通过求解在强电场中载流子穿过库仑势的布朗运动方程:

$$\frac{\partial f}{\partial t} = \frac{kT}{e}\mu_{\mathrm{n}}\,\mathrm{div}\left[\exp\left(-\frac{V}{kT}\right)\mathrm{gard} f \exp\left(\frac{V}{kT}\right)\right] \tag{2-75}$$

计算由三维扩散所控制的载流子逃逸概率, 并以此导出固体介质电导率与场强的关系式。式中, f 为几率函数; μ_{n} 为电子迁移率; V 为受电场畸变后的库仑势垒, 其表达式为

$$V(r) = -\frac{e^2}{4\pi\varepsilon_0\varepsilon r} - eEr\cos\theta \tag{2-76}$$

昂萨格利用电子与带正电中心之间的零起始距离的边界条件, 导出在稳态条件($\partial f/\partial t = 0$)下, 有外电场时的电离概率与零场时的电离概率的比:

$$\frac{P(E)}{P(0)} = \frac{J_1(\mathrm{i}\alpha)}{\mathrm{i}\alpha/2} = 1 + \frac{1}{2!}\left(\frac{\alpha^2}{4}\right) + \frac{1}{2!3!}\left(\frac{\alpha^2}{4}\right)^2 + \frac{1}{3!4!}\left(\frac{\alpha^2}{4}\right)^3 + \cdots \tag{2-77}$$

式中, J_1 为虚宗量一阶贝塞尔函数, 宗量 α 为

$$\alpha = \left(\frac{e^3}{\pi\varepsilon_0\varepsilon}\right)^{1/2}\frac{E^{1/2}}{kT} \tag{2-78}$$

相当于 $\Delta\phi_{\mathrm{PF}}/2kT(=\beta_{\mathrm{PF}}E^{1/2}/kT)$, 即 α 等于电场所降低的势能与热运动动能之比。假设电子与正电中心的起始距离为 r_0, 而不以零起始距离作为边界条件, 则式(2-77)变为

$$\begin{aligned}
\frac{P(E)}{P(0)} = 1 + \frac{1}{2!}\left(\frac{\alpha^2}{4}\right) + \frac{1}{2!3!}\left(\frac{\alpha^2}{4}\right)^2\left(1 - \frac{2r_0}{r_{\mathrm{c}}}\right) \\
+ \frac{1}{3!4!}\left(\frac{\alpha^2}{4}\right)^2\left(1 + 3!\frac{r_0^2}{r_{\mathrm{c}}^2} - 3!\frac{r_0}{r_{\mathrm{c}}}\right) + \cdots
\end{aligned} \tag{2-79}$$

式中, r_{c} 为将载流子划分为束缚型与自由型的距离界限, 定义为

$$r_c = \frac{e^2}{4\pi\varepsilon_0\varepsilon kT} \tag{2-80}$$

若载流子之间的距离满足 $0 \leqslant r \leqslant r_c/2$，则载流子可视为束缚载流子。若将普尔-弗仑凯尔方程式(2-74)写成与昂萨格方程式(2-77)相类似的形式，可得

$$\begin{aligned}\frac{P(E)}{P(0)} &= \frac{\exp(-\phi_e/kT)}{\exp(-\phi/kT)} \\ &= \exp(\beta_{PF}E^{1/2}/kT) = \exp(\alpha)\end{aligned} \tag{2-81}$$

可见，普尔-弗仑凯尔方程是 α 的指数函数，而昂萨格方程是 α 的幂函数。虽然在高电场下两者有类似的场强关系，但是在相同电场下，后者算出的数值要比前者低 1～2 个数量级。昂萨格模型因计及载流子的扩散运动，故适用的场强变化范围大，包括电导从低场至高场时的变化特性，它已被广泛用在解释一些液体碳氢化合物、有机和无机固体的光生载流子的场强关系上面。

5. 电子雪崩电导

当电场足够强时，电子将从电场获得足够的能量使电介质中的分子产生电离，从而释放出电子，将此过程称为电子的碰撞电离。它构成强电场中的电子雪崩电导。受电场加速的电子使气体分子产生碰撞电离的条件为

$$\frac{1}{2}mv^2 = eEx \geqslant W_i \tag{2-82}$$

式中，v 为电子的速度；E 为电场强度；x 为电子的自由程；W_i 为分子的电离能。

为了定量分析电子碰撞电离的过程，将一个电子在外电场中经过单位距离(有时也用单位时间)时产生的碰撞电离次数定义为电子碰撞电离系数。这里为与昂萨格理论式中的宗量 α 相区别，改用 β 表示。假定气体中电子自由程大于 x 的概率服从麦克斯韦分布，经过简单运算后得出

$$\beta = AP\exp(-Bp/E) \tag{2-83}$$

式中，A 和 B 为与气体压强 p 及电场 E 无关的常数。当然 E 增加，β 指数增加，而 p 增加，β 存在极大值。

假设在单位时间内从阴极单位面积上发射 n_0 个电子，在距离阴极 x 处单位面积的电子数变为 $n(x)$，则在 $x \sim (x+dx)$ 因碰撞电离而增加的电子数 $dn(x)$ 应为 $\beta n(x)dx$，在引入边界条件 $x=0$，$n(0)=n_0$ 后积分得出

$$n(x) = n_0 e^{\beta x}, \quad \beta 与 x 无关 \tag{2-84}$$

$$n(x) = n_0 \exp\left[\int_0^x \beta(x)\mathrm{d}x\right], \quad \beta 与 x 有关 \tag{2-85}$$

由式(2-84)及式(2-85)可得在阳极($x=d$)处的电子浓度：

$$n(d) = n_0 \mathrm{e}^{\beta d}, \quad n(d) = n_0 \exp\left[\int_0^d \beta(x)\mathrm{d}x\right] \tag{2-86}$$

式(2-86)表明，电极距离 d 与碰撞电离系数 β 增加将导致电子浓度 n 呈指数式上升。由于 β 与电场 E 有关，故当其达到某一临界电场(电介质的击穿场强)时，将电子碰撞电离引起的电介质击穿称为电子雪崩击穿，而低于此临界电场时，则称为电子雪崩电导。与普尔-弗仑凯尔效应、昂萨格效应不同，它不仅与电场强度有关，还与电极距离有关。

6. 载流子光激发

透入光或电磁辐射将引起载流子体激发，从而使许多高聚物的电导率显著增加。这对估计在各种辐射(如 γ 射线、X 射线等)环境下工作的高聚物的特性很有实际意义。

一块高聚物当受到硬 γ 射线或快电子束的均匀辐射时，因其产生了大量的过剩载流子，故其导电性显著增加。为了简单起见，本节只讨论一种载流子。在稳态时辐射产生的自由载流子浓度为

$$n_\mathrm{f} = g_\mathrm{f}\tau_\mathrm{r} = g\tau_\mathrm{r}/(1+\theta^{-1}) \approx g\tau_\mathrm{r}\theta \tag{2-87}$$

式中，g_f 为自由载流子的产生速率；τ_r 为过剩载流子的平均存在时间，即寿命；g 为载流子的总产生速率。光激发的绝大部分载流子将被俘获在陷阱中(陷阱内俘获载流子浓度记为 n_t)，因而自由载流子的产生速率 $g_\mathrm{f}\ll g$，它们之间的关系式为 $g_\mathrm{f}\approx g\theta=gn_\mathrm{f}/(n_\mathrm{t}+n_\mathrm{f})$，其中 $\theta=n_\mathrm{f}/(n_\mathrm{t}+n_\mathrm{f})$ 为自由载流子浓度与总载流子浓度之比，由于 $n_\mathrm{t}\gg n_\mathrm{f}$，有 $\theta\ll 1$。显然，自由载流子浓度与载流子激发速率和它的寿命有关。如果存在大量的复合中心，在辐照期间它们不会达到饱和，此时 τ_f 大体上为常数。产生速率 g 是本征产生速率(intrinsic generation rate)与载流子对的逃逸概率之积。本征产生速率正比于辐射速率 Γ，逃逸速率服从昂萨格方程式(2-79)，是外电场 E 及载流子对的起始距离 r_0(一般为 1~6nm)的函数，因此载流子的产生速率为

$$g = K\rho\Gamma P(E,r_0) \tag{2-88}$$

式中，K 为比例常数；ρ 为被辐射体的质量密度。

按理可以通过测量辐射感应电导率的时间关系来研究辐射速率 Γ 的影响，由于这个效应产生的时间很短，故不能用电气测量进行分辨。根据电导率 $\gamma = e\mu n_f$ 及式（2-87）和式（2-88）可知，辐射感应电导率不仅是温度的函数，而且还是电场 E（大于 10^4V/cm）的函数，但当 E 很高时，辐射感应电导率可能达到饱和。

从辐射感应电导率的时间特性可知，它既具有瞬发效应，也具有缓发效应，后者可由辐照结束后，电导率有一定上升时间及一个很长的衰减尾来证明，它是由某些因素（如俘获与复合动力学、剂量增加、康普顿电流、载流子漂移等）联合作用而造成的。当低剂量速率时，视在电导率与辐射速率 Γ^z 存在亚线性关系，即

$$\gamma \propto \Gamma^z, \quad \frac{1}{2} \leqslant z \leqslant 1 \tag{2-89}$$

当能隙内的陷阱呈均匀分布时，$z=1$；而当其呈指数分布时，$1/2 < z < 1$；对于单一陷阱能级，$z=0.5$。与低剂量速率时的响应不同，高剂量速率时响应却是线性的（$z=1$），服从式（2-88），这意味着自由电子是通过复合中心进行间接复合的，而不是通过与价带的空穴进行直接复合的，所以不能用两种粒子参加的复合动力学来叙述。

2.3.3　载流子的迁移率

按照电子在能带结构中所处的位置（电子的能量），凝聚态电介质的电子（或空穴）的迁移率理论至少要处理两种极限情况：电子在反映它的波特性的非定域（扩展）态内的运动，此时电子迁移率一般大于 10^{-4}m^2/V·s；电子通过定域态运动，此时迁移率很低，一般小于 10^{-8}m^2/V·s。由此可见，要从理论上计算电子的迁移率，讨论非晶态电介质的能带结构是非常有必要的。

1. 非晶态电介质的能带结构

无限大的理想晶体的特点为原子在晶格结点上有序排列，具有长程有序和严格的周期性，显示晶格的平移不变性，布洛赫函数是晶体薛定谔方程的解，波矢 k 代表晶格周期性量子数。平移不变性使我们能够定义具有给定波矢 k 的非定域（扩展）态。可是，对于具有显著无序性的非晶态材料，表征电子波函数的波矢 k 的概念不再适用。这时薛定谔方程虽有解，但不具有布洛赫函数的形式。非晶态材料中的电子态可分为两类：一类称为扩展态，它与晶体中的共有化运动状态相类似，波函数延伸在整个晶体中；另一类称为定域态，波函数局限在一些中心的附近，随着与中心点距离的增大而呈指数衰减。

在晶体中所采用的态密度的概念仍可用于非晶体，并且可以用不同的实验方法来确定它的形式。图 2-16 为非晶态（a）与晶态（b）材料的态密度函数。对于理想的晶体材料，E_C 为导带底，E_V 为价带顶，能隙内没有电子，态密度为零，当 $E \geqslant E_C$

时，态密度 $D(E) \propto (E{-}E_C)^{1/2}$；当 $E \leqslant E_V$ 时，$D(E) \propto (E_V{-}E_C)^{1/2}$。因此，导带与价带的边缘是十分尖锐的。对于非晶态材料，态密度可以从导带或价带扩展到能隙内，分别称为导带尾与价带尾，如图 2-16(a) 所示。应指出，虽然带尾有时并不长，但它对非晶态电介质和半导体的电学及光学特性的影响却十分大。通常将非晶体电子的态密度函数表示成为幂函数，即

$$D(E) = \frac{D(E_C)(E - E_A)^s}{(E_C - E_A)^s} \tag{2-90}$$

式中，E_A 为态密度开始显著增加的能量；s 为经验参数。由于高聚物结构的多层次性及干扰周期性势场的化学及物理缺陷等因素的作用，可以设想其定域态至少与如下因素相关：应力和化学感应的表面态、表面偶极子态、体内偶极子态；体内分子离子态(molecular ion state)、杂质(包括各种化学的、极性的与离子性基因)、端链、支链、叠链、立构规正度或立体化学的变化、晶区与非晶区边界、断键、极化子态(在极化电介质附近的受俘获电荷及其区域)、局域密度涨落等。

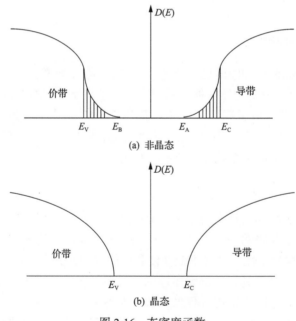

(a) 非晶态

(b) 晶态

图 2-16　态密度函数

2. 扩展态电子的迁移率

这里需要从散射机理讨论电子在扩展态内的输运问题。也就是说，电子的输运取决于它们与杂质、缺陷及晶格振动相互作用引起的散射(或碰撞)过程。

当电子能量 $E>E_C$ 时，其迁移率 μ_1 与扩散系数 D 服从爱因斯坦关系，即 $\mu_1=eD/kT$。根据气体分子运动理论，D 可以表示成电子速度 v 与平均自由程 λ 乘积的平均值，因此电子迁移率可以写成

$$\mu_1 = \frac{e}{kT}\langle v\lambda \rangle \qquad (2\text{-}91)$$

式中，λ 为质点速度与平均自由时间 τ（相邻两次散射的平均时间间隔）之积，即 $\lambda=v\tau$。当 τ 及质点的速度均与位置无关时，将 λ 代入上式后可得

$$\mu_1 = \frac{e}{kT}\langle v^2 \rangle \tau = \frac{e\tau}{m_e^*} \qquad (2\text{-}92)$$

式中，m_e^* 为电子的有效质量。在室温下，声子的散射过程占主导。当温度增加时，声子数目增加，电子-声子碰撞概率增加，故 τ 下降，μ_1 下降。通常在扩展态内载流子的平均自由程 λ 为 5～7nm，比原子间距离大得多，故迁移率最高，一般约为 $10^{-4}\sim10^{-3}\mathrm{m^2/V\cdot s}$。

3. 定域态电子的迁移率

此时电子的能量 $E<E_C$，电子在定域态间的跳跃必须依靠与晶格振动交换能量，即由声子促进。它是一个热活化过程，涉及吸收一个或多个声子，而不是与声子碰撞（受声子散射）的过程。

在非晶态材料中，定域态在能量上与位置上均服从统计分布。由于邻近定域态间具有不同的能量，载流子在其间做任何一次跳跃，都必须由声子供给所需的能量差，称为热跳跃电导，如图 2-17 所示。如果温度低且相邻定域态间的能差 W

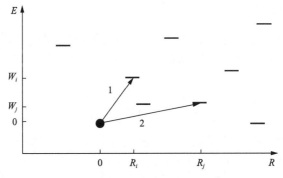

图 2-17　载流子在定域态间的跳跃电导
1.固程跳跃；2.变程跳跃

跳跃电导的平均活化能）又较大时，邻近态间的跳跃概率变小，反而使跳跃到更远处但需要更低活化能的定域态内成为可能。因此，除了最邻近态间的固程（fixed range）跳跃电导外，还会出现一种新的变程（variable range）跳跃电导（图 2-17）。

为了简化分析，忽略极化子的影响，只考察单声子促进的跳跃过程，假定两个特定定域态的位矢和能量分别为 R_i、R_j 与 E_i、E_j 且 $E_i > E_j$。首先，当电子通过隧道效应穿过距离 $R=|R_i-R_j|$，其隧穿几率与两个定域态波函数的交叠程度有关，因为定域态的波函数是缺陷中心距离 r 的指数衰减函数，$\Psi \propto \exp(-\alpha|r-R_i|)$，故 α^{-1} 为定域态长度。如果两个态的 α 是相同的，则遂穿几率正比于 $\exp(-2\alpha R)$。其次，电子跳跃时需要由声子供给能差 $W=E_i-E_j>0$，当然，W 不能超过声子谱的最高能量。由于本书只研究单声子促进的跳跃过程，因此载流子的跳跃概率应与热平衡时能量为 W 的平均声子数有关。如果温度相当低且满足 $kT \ll W$，那么平均声子数由玻尔兹曼系数 $\exp(-W/kT)$ 决定。最后，跳跃概率还与声子频率 ν_{ph} 有关。由上面三个因素所决定的跳跃概率为

$$P = \nu_{ph} \exp(-2\alpha R - W/kT) \tag{2-93}$$

因此，当能差 W 一定时，跳跃概率 P 随温度 T 的下降及定域态间距离 R 的增加而呈指数降低。根据爱因斯坦关系 $(\mu=De/kT)$ 及扩散系数 $D=R^2 P$，很容易得出电子跳跃迁移率：

$$\mu_1 = (eR^2/kT)\,\nu_{ph} \exp(-2\alpha R - W/kT) \tag{2-94}$$

式中，$\nu_{ph} \approx 10^{12} \mathrm{s}^{-1}$。将有关参数代入式（2-94），可以估计电子在定域态内的跳跃迁移率的范围是 $10^{-7} > \mu_4 > 10^{-14} [\mathrm{m}^2/(\mathrm{V \cdot s})]$。应当指出，当变程电导占优势时，可由 μ_4 推导出著名的莫特 $T^{1/4}$ 定律，即 $\ln\gamma \propto T^{-1/4}$。

4. 扩展态尾电子的迁移率

由于非晶态固体存在带尾，故电子在定域态间的运动是跳跃式的，与定域态内的电导相类似，载流子在带尾具有较低的布朗迁移率，此时

$$\mu_2 = \frac{ea^2}{kT} P \tag{2-95}$$

式中，a 为原子间距离（相当于载流子的平均自由程）；P 为电子跳跃频率，一般 μ_2 的数值范围是 $10^{-8} > \mu_2 > 10^{-6} [\mathrm{m}^2/(\mathrm{V \cdot s})]$。

5. 定域态(陷阱)迁移率 μ_1 与 μ_2 的调制-漂移迁移率

缺陷晶体或非晶体常包含大量的定域态，其会对载流子迁移率 μ_1 与 μ_2 起调

制作用。如果高聚物中存在浅缺陷(一般陷阱深度 $H_t=E_c-E_t<0.5eV$)，载流子在电极间的渡越时间 t_t 将变成 $t_t=t_s+t_p$，这里 t_p 为载流子在陷阱中的停留时间，t_s 为它们在扩展态中自由运动的时间。按照测量载流子漂移迁移率的方法，即在外电场作用下，通过测量介质内光激发薄层中的电子-空穴对向对面电极渡越时间 t_t，从而确定漂移迁移率的方法，得出漂移迁移率：

$$\mu_t = \frac{d}{Et_t} \tag{2-96}$$

扩展态的迁移率：

$$\mu = \frac{d}{Et_s}$$

式中，d 为电极距离；E 为电场强度。若将上面分析的 μ_1 和 μ_2 赋予扩展态迁移率的意义，则可分别得出相应的陷阱调制的迁移率-漂移迁移率：

$$\mu_{1t} = \frac{t_s}{t_s+t_p}\mu_1, \quad \mu_{2t} = \frac{t_s}{t_s+t_p}\mu_2 \tag{2-97}$$

为了简单，假设浅陷阱具有单一能级 E_t，当浅陷阱与导带之间处于热平衡时，则得到

$$t_s/t_p=(N_c/N_t)\exp[-(E_c-E_t)/kT]=(N_c/N_t)\exp(-H_t/kT) \tag{2-98}$$

式中，N_t 为浅陷阱密度；N_c 为导带的有效态密度；$H_t=E_c-E_t$ 为陷阱深度。将式(2-98)代入式(2-97)，并考虑到 $t_s \ll t_p$，易得到

$$\begin{cases} \mu_{1t} \approx \mu_1 \dfrac{N_c}{N_t}\exp(-H_t/kT) \\ \mu_{2t} \approx \mu_2 \dfrac{N_c}{N_t}\exp(-H_t/kT) \end{cases} \tag{2-99}$$

显然，陷阱的存在使 $\mu_{1t} \ll \mu_1$，$\mu_{2t} \ll \mu_2$，有时将它们称为陷阱能带控制迁移率，又称有效迁移率。将式(2-99)简写成

$$\mu_e = \frac{t_s}{t_s+t_p}\mu \approx \mu\theta \tag{2-100}$$

式中，$\theta \equiv (N_c/N_t)\exp(-H_t/kT)$ 为陷阱控制参数；μ 为自由载流子迁移率；μ_e 数值很小且受热活化的影响。一些材料在 20℃时电子与空穴的迁移率如表 2-3 所示。

表 2-3　一些电介质的电子(e)与空穴(h)迁移率

材料	迁移率/[cm²/(V·s)]	材料	迁移率/[cm²/(V·s)]
KCl 单晶	10(e)	PET	3×10^{-5}(e) 1×10^{-4}(h)
硫单晶	7.5×10^{-4}(e) 0.1(h)	PS	1×10^{-4}(e) 7×10^{-5}(h)
蒽单晶	0.23, 0.40(e) 0.65, 1.0(h)	PVK	10^{-5}(e) 10^{-3}(h)

6. 小极化子的迁移率

前面讨论了由杂质或缺陷在能隙中产生的陷阱中心(在介质中它的位置固定)通过俘获过程对载流子输运特性的显著作用。然而这种载流子俘获过程(相当于能量降低的过程)原则上也可由载流子自身造成的周围环境(邻近原子)的局部畸变形成,它甚至会发生在根本没有杂质或缺陷的晶体中。因此,载流子运输不仅依赖于缺陷能级的存在,而且还依赖于它与周围原子的相互作用,如在离子晶体中电子与晶格振动的能量子(声子)的相互作用。

为了便于理解极化子形成的物理概念,现以离子晶体为例来说明。电子诱导的晶格极化(畸变)将反作用于电子自身,而使它的能量降低,这就是电子的自陷过程(self-trapping)(图 2-18)。当电子通过极性(离子)晶体运动时,将与其诱导的极化场(晶格畸变)一起运动。因此,将电子与伴随其产生的极化场视为一个准粒子,称为极化子(polaron)。

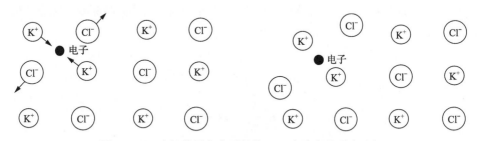

图 2-18　一个极化子在离子晶体 KCl 点阵中的形成过程

极化子不仅出现在离子晶体内,而且也可出现在共价晶体中。在离子晶体中,因为离子与电子之间强的库仑相互作用,所以电子畸变晶格的效应大,形变尺寸大(数个晶格周期),故称在离子晶体中形成的极化子为大极化子,因这里涉及晶体的介电极化,所以又称介电(dielectric)极化子。与此对应,在共价晶体中,因为中性原子与电子仅发生微弱的相互作用,电子畸变晶格的效应较弱,形变尺度小(约一个晶格周期),故称在共价晶体中形成的极化子为小极化子。又因涉及邻近原子形成某种类型的键，所以又称分子(molecular)极化子。小极化子又称 Holstein 极化子，大极化子又称 Frohlioh 极化子。

　　下面讨论极化子是如何通过晶格运动的。与一个大极化子相联系的电子在一个能带中运动，极化子的有效质量相对于无畸变晶格中电子的有效质量仅增加少许。与一个小极化子相联系的电子，其大部分时间停留在被一单个分子所捕获的组态内(定域态)。在高温下，电子借助于热激活而跳跃，从一个点阵位置运动到另一个位置，称为热跳跃；在低温下，电子借助隧道而缓慢地通过晶格，称为隧道跳跃。因此，小极化子的有效质量是很大的。小极化子为了完成一次跳跃必须要有原子的畸变，借此瞬时地使占据位置的电子能级与邻近未占据位置的电子能级相一致(即两个极化子的势阱出现瞬时一致)，这种原子的热畸变能就是极化子跳跃活化能 W。因此，小极化子跳跃迁移概率 P_H 应是一致性事件的概率 P_1 与电荷转移概率 P_2 之积：

$$P_H = \nu_{ph} \exp(-W_H/kT) \tag{2-101}$$

式中，ν_{ph} 为声子频率；k 为玻尔兹曼常数；T 为绝对温度。在绝热近似条件下，电荷转移概率最大，$P_2=1$；而在非绝热近似下，电荷转移概率为

$$P_2 = \frac{1}{h\nu_{ph}} \left(\frac{\pi}{WkT} \right)^{\frac{1}{2}} J^2 \tag{2-102}$$

式中，J 为电子重叠积分。因此，根据式(2-94)可类似得出小极化子在非绝热近似下的跳跃迁移率：

$$\mu_3 = \frac{ea^2}{kT} P_H = \frac{ea^2}{hkT} \left(\frac{\pi}{WkT} \right)^{\frac{1}{2}} J^2 \exp(-W/kT) \tag{2-103}$$

　　式(2-103)说明 μ_3 具有热激活的特性，数值范围为 $10^{-4} \sim 10^{-7} \mathrm{m^2/(V \cdot s)}$。

2.4　电流密度与场强的关系

　　电介质中电流密度 j 与电场强度 E 的典型曲线通常包含三个区域，如图 2-19 所示。线性区(Ⅰ)——欧姆区，此区域内的电场强度 E 很低，载流子浓度与其迁移率均与 E 无关，j 与 E 成正比，符合欧姆定律，是电介质在低电场下的典型特性，为任何电介质所具有的特性。饱和区(Ⅱ)，当电场 $E>E_1$ 时，单位时间、单位体积内产生的载流子全部移至电极中和，电流密度 j 与电场强度 E 无关，所以

容易在气体及某些液体电介质中观察到此特性。气体中的载流子在由复合而消失前容易全部到达电极上中和，而高聚物却不存在此区域。非线性区（Ⅲ），当电场 E 超过某一临界值 E_c（大于 10^5V/cm）后，电流密度迅速（按 E 的幂函数或指数函数）增加，这种特性为任何电介质所具有。

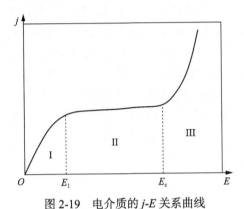

图 2-19　电介质的 j-E 关系曲线

2.4.1　空间电荷限制电流区——平方律区

空间电荷通常是指某一区域内存在净的正、负电荷。对于宽能带隙、低迁移率的绝缘体或半导体，当电压超过某一特定值时，容易形成空间电荷限制电流。这时电流受材料本身控制，换句话说，其受材料内载流子的迁移率控制而不受注入载流子的电极（假设电极是无限载流子源）控制。为了简单起见，做出如下假设：讨论一维平板电介质有稳态直流电导的情况；载流子浓度 n 和局部电场 E_1 是样品内位置的函数；迁移率 μ 与位置 x 无关。

根据电流连续性原理，稳态电流密度与位置无关，即

$$j = en(x)\mu E_1(x) \neq f(x) \tag{2-104}$$

根据泊松方程

$$\frac{\mathrm{d}E_1(x)}{\mathrm{d}x} = \frac{en(x)}{\varepsilon\varepsilon_0} \tag{2-105}$$

式中，ε 为电介质的介电系数。再根据局部电场对样品厚度的积分应等于外加电压的边界条件，即

$$V = \int_0^d E(x)\mathrm{d}x \tag{2-106}$$

由式(2-104)～式(2-106)三个方程再加上其他的边界条件，就能决定电介质的电流-电压特性。

如果电极之一与电介质构成欧姆接触，即电极为无限载流子源，这意味着欧姆电极附近的电场为零。因此，电极的边界条件为

$$n(0) = \infty, \quad E(0) = 0 \tag{2-107}$$

将泊松方程中的 $n(x)$ 代入式(2-104)后得出

$$j = \varepsilon_0 \varepsilon \mu E_1(x) \frac{\mathrm{d}E_1(x)}{\mathrm{d}x} \tag{2-108}$$

对式(2-108)积分，并将所得 $E(x)$ 代入式(2-106)后得到

$$V = \int_0^d (2j / \varepsilon\varepsilon_0\mu)^{1/2} x^{1/2}\mathrm{d}x = \left(\frac{8jd^3}{9\varepsilon_0\varepsilon\mu} \right)^{1/2}$$

通常写成

$$j = \frac{9}{8} \varepsilon_0 \varepsilon \mu \frac{V^2}{d^3} \tag{2-109}$$

即为无陷阱电介质的卡尔德定律，又称为无陷阱空间电荷限制电流的平方律定律。因为低迁移率的电介质不能够输运全部的注入电荷，所以在欧姆电极附近将形成同号空间电荷，从而使其偏离欧姆定律，称这种情况的电流为空间电荷限制电流(SCLC)。将式(2-109)代入式(2-108)积分后可得 $E_1(x)$，将其代入式(2-105)容易得出 $n(x)$：

$$E_1(x) = 3Vx^{1/2} / 2d^{3/2} \tag{2-110}$$

$$n(x) = 3\varepsilon_0\varepsilon V / 4ed^{3/2}x^{1/2} \tag{2-111}$$

当 $x=0$ 时，由式(2-110)得出 $E(0)=0$，由式(2-111)得出 $n(0)=\infty$，这一结果与式(2-107)给出的边界条件一致。

如果外电压很低，电导为欧姆型。当电压增加到 V_Ω 时，若伏安特性变为平方律，则很容易求出最小过渡电压 V_Ω。显然在 V_Ω 时应满足

$$j_\Omega = en\mu V_\Omega \Big/ d = \frac{9}{8} \varepsilon_0 \varepsilon \mu \frac{V_\Omega^2}{d^3} \tag{2-112}$$

式中，n 为热平衡自由载流子浓度。由式 (2-112) 可知，只要精确测量出宏观量 V_Ω 与 j_Ω，按下式：

$$n = 9V_\Omega \varepsilon_0 \varepsilon \big/ \varepsilon e d^2$$

$$\mu = 8 j_\Omega d^3 \big/ 9V_\Omega^2 \varepsilon_0 \varepsilon \tag{2-113}$$

就可算出微观量 n 与 μ。

如果电介质内有陷阱，虽然可以证明俘获过程不会改变空间电荷密度与电场分布，但会对自由载流子的输运进行调制，按照方程式 (2-100) 可得空间电荷限制电流为

$$j = (9\varepsilon_0 \varepsilon \mu V^2 \big/ 8d^3)\theta \tag{2-114}$$

式中，陷阱控制参数 $\theta = n/(n+n_t)$（或 $=t_s/(t_s+t_p)$）为自由载流子浓度与总载流子浓度之比；n_t 为受俘获载流子浓度，由于 $n_t \gg n$，故 $\theta \approx n/n_t \ll 1$，通常 $\theta \leqslant 10^{-7}$。因此，计及陷阱的调制作用，空间电荷限制电流将极大地（几个数量级）下降，称式 (2-114) 为有浅陷阱的绝缘体的卡尔德定律。若绝缘体仅含有单一能级 E_t 的浅陷阱，则式 (2-114) 变为

$$j = 9N_c \exp(-H_t / kT)\varepsilon_0 \varepsilon \mu V^2 / 8d^3 N_t \tag{2-115}$$

当绝缘体含有陷阱时，泊松方程式 (2-105) 应为

$$\frac{\mathrm{d}E_1(x)}{\mathrm{d}x} = \frac{e[n(x) + n_t(x)]}{\varepsilon_0 \varepsilon} \tag{2-116}$$

故此时的过渡电压为

$$V_\Omega = 8end^2 \big/ 9\varepsilon_0 \varepsilon \theta \tag{2-117}$$

由于 $\theta \ll 1$，所以 V_Ω 随陷阱密度 N_t 增加（θ 下降）而上升。由于 N_t 增加，因此需要注入更多的载流子（即增加外电压）才能过渡到空间电荷限制电流的情况。

如果电压不断增加，那么注入载流子将不断填充陷阱，电流可能达到在电流-电压曲线中陷阱限制卡尔德定律区的陷阱填充极限 (trap-filled limit) 的情况，如图 2-20 所示。当最后的陷阱被填充时，电流将急剧地增加，而转变成符合无陷阱时的卡尔德定律。应指出，当电压增加到使注入载流子全部填充陷阱时，常会发生电介质击穿。将过渡到 TFL 电流的电压记为 V_{TFL}，可利用它计算陷阱密度 N_t。因为平均载流子密度

$$\langle n \rangle = \frac{1}{d} \int_0^d n(x)\mathrm{d}x = 3\varepsilon_0 \varepsilon V / 2ed^2 \tag{2-118}$$

在满足 TFL 的条件下，陷阱密度 N_t 为

$$N_t = 3\varepsilon_0 \varepsilon V_{\mathrm{TFL}} / 2ed^2 \tag{2-119}$$

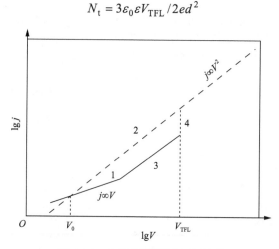

图 2-20　空间电荷限制电流图形

1.欧姆定律区；2.无陷阱时的 Child 定律区；3.有陷阱时的卡尔德定律区；4.陷阱填充极限区

　　若陷阱在禁带内呈分立或连续分布，则空间电荷限制电流理论将更为复杂。原则上，通过空间电荷限制电流-电压关系曲线，可以求得自由载流子迁移率 μ、有效迁移率 μ_e、陷阱深度 H_t、平衡载流子密度 n 及受俘获载流子密度 n_t。因此，可以通过研究高聚物中空间电荷限制电流来了解陷阱深度和陷阱密度与高聚物的预处理及分子结构及形态间的关系。无疑这对理解高聚物的电性能是十分重要的。例如，根据 SCLC 理论分析聚乙烯的电流-电压特性曲线可以导出具有活化能为 1.02～1.12eV 的有效迁移率。这表明在禁带内存在陷阱深度约为 1.1eV 的单一能级，它可能是由微量的杂质或氧化产物引起的。

2.4.2　电流密度与场强的非线性关系

　　根据在本章讨论的因跳跃产生的离子迁移(也可将它用于电子或空穴的跳跃电导)、载流子注入与体内载流子生成等有关内容，现将电流密度与场强关系的几种主要机理总结于表 2-4 内。

　　上述高场电导机理可用于广泛研究的典型高聚物——聚乙烯。例如，它的 β_{PF} 实验值约为 $3\times10^{-5}\mathrm{eV}(\mathrm{m/V})^{1/2}$，与理论值 $5\times10^{-5}\mathrm{eV}(\mathrm{m/V})^{1/2}$ 相近。但是，由于理论模型简单，加上高分子化学与物理结构的复杂性、金属-高聚物界面现象、杂质及载流子陷阱的影响，使得上述理论在应用上受到许多限制。

表 2-4 高场电导的几种主要机理

机理		电流密度与场强的关系
电极限制电导	肖特基发射	$j = j_0 \exp(\beta_s E^{1/2}/kT)$, $\beta_s = \sqrt{\dfrac{e^3}{4\pi\varepsilon_0^3}}$
	诺德海姆发射	$j = AE^2 \exp(-B/E)$
整体限制电导	普尔-弗兰凯尔效应	$j = j_0 \exp(\beta_{PF} E^{1/2}/kT)$, $\beta_{PF} = \sqrt{\dfrac{e^3}{\pi\varepsilon_0^3}}$
	普尔效应	$j = j_0 \exp(eEa/2kT)$
	昂萨格效应	$j = j_0 \left[\dfrac{J_1(ia)}{ia/2}\right]^{1/2}$, $a = \beta_{PF} E^{1/2}/kT$
	跳跃电导	$j = j_0 \sinh(eEa/2kT)$
	空间电荷限制电流	$j = \dfrac{9}{8}\varepsilon_0 \varepsilon \mu \dfrac{V^2}{d^3}$
雪崩电导		$j = j_0 e^{\beta d}$, $\beta = A\exp(-H/E)$

在电场约为 10^7V/m 时，电流密度开始出现非线性效应且急剧增加，其数值范围是 $10^{-10} \sim 10^{-8}$A/m²。在整体限制电导时，高聚物的大量测量数据服从普尔-弗仑凯尔方程或其改进方程，由它确定的陷阱中载流子的活化能 ϕ 约为 1eV。一般，普尔-弗仑凯尔系数的测量值 β_m 的正确范围是

$$\frac{1}{2}\beta_{PF} = \beta_s \leqslant \beta_m \leqslant \beta_{PF} \tag{2-120}$$

例如，聚对苯二甲酸乙二醇酯的 β_m 就近似等于 β_s，说明其中仅存在非补偿的施主(或受主)。同时活化能 ϕ 远低于注入势垒，这就排除了肖特基效应。虽然如此，一些材料的实验数据仍可用肖特基注入、改进势垒型肖特基注入、普尔-弗仑凯尔电导及空间电荷畸变的联合作用来解释。显然，为了使高场电导的实验数据更好地与理论预示相符合，可将某些机理进行适当适合或采用计及载流子扩散作用的昂萨格方程(表 2-4)来分析。

2.5 电流密度与时间的关系

前面几节讨论的是电介质的稳态电导，这里将讨论电介质中电流的时间关系(即瞬态电流)。包括：在等温条件下，由注入的受俘载流子的热释放产生的衰减电流；在非等温条件下，由这些载流子热释放产生的热激电流(thermally stimulated

current，TSC)或其他类似的热激松弛过程；以及陷阱对载流子输运机理的影响
(Scher-Montroll 理论)。

2.5.1　受俘获载流子的等温衰减

为了简单起见，假设高聚物含有单一能级的电子陷阱(对空穴陷阱也一样)，
其陷阱深度 $H_t = E_c - E_t$。在温度 T 时，预先注入的受俘获电子从陷阱中逃逸到导
带的概率为

$$P = \frac{1}{\tau_p} = \nu_0 \exp(-H_t / kT) \tag{2-121}$$

式中，ν_0 为电子企图逃逸频率；τ_p 为载流子在陷阱中的停留时间或陷阱中载流子
的寿命。显然，温度越高，陷阱中载流子消失得越快。按照一级反应动力学理论，
单位时间内受俘获载流子浓度 n_t 化为

$$-dn_t / dt = Pn_t = n_t / \tau_p \tag{2-122}$$

这里忽略了自由载流子的再俘获过程。式(2-122)与第 3 章将讨论的偶极子取
向退极化过程相似。如果忽略自由电子的复合过程，那么单位时间内自由载流子
浓度 n 的变化为

$$dn / dt = -dn_t / dt = nt / \tau_p \tag{2-123}$$

从样品内 $x \sim x+dx$ 区域中的陷阱逃逸的电子，在外电路中形成的电流密度为

$$dj(t) = e \frac{dn}{dt} \frac{x}{d} dx = \frac{en_t}{\tau_p} \frac{x}{d} dx \tag{2-124}$$

解式(2-124)得出衰减电流的时间关系，即

$$j(t) = \frac{en_{t_0} d}{2\tau_p} \exp(-t / \tau_p) \tag{2-125}$$

式中，n_{t_0} 为 $t=0$ 时陷阱中的载流子浓度；d 为样品厚度。显然，根据式(2-125)可
得出在不同温度下测量衰减电流的时间图形，作出 $\ln P(T) - 1/T$ 或 $\ln \tau_p(T) = 1/T$ 的
图形，由其直线的斜率就可以算出陷阱深度 H_t，再将直线外推至 $1/T=0$ 就可得出。
例如，实验求得熔融生长的蒽晶体的 $H_t=0.7\text{eV}$，$\nu_0 = 6.5 \times 10^{-14} \text{s}^{-1}$。

2.5.2　热激电流

本节讨论电介质中受俘获的载流子在线性升温条件下的热释放过程。显然，

等温电流衰减相当于线性升温速率时热激电流的极限情况。反之，根据等温松弛过程也容易建立热激松弛过程。

单一能级陷阱中载流子的热释放概率为

$$P = \nu_0 \exp(-H_t / kT)$$

假设电子陷阱态的简并因子 $g_n = 1$，则

$$\nu_0 = N_c \langle v\sigma_n \rangle \tag{2-126}$$

式中，N_c 为导带的有效态密度；v 为载流子的热速度；σ_n 为载流子的俘获截面。为了测量热激电流，首先将试样冷却至低温 T_0，然后利用外界因素使其极化(带电)，在样品内建立起 n_{t_0} 的起始受俘获载流子浓度。假定注入水平低且满足 $n_{t_0} \ll N_t$(陷阱浓度 N_t)。最后使试样以恒定的速率升温。在加热开始后的某一时刻 t，自由载流子浓度的变化速率为

$$\mathrm{d}n / \mathrm{d}t = -n / \tau - \mathrm{d}n_t / \mathrm{d}t \tag{2-127}$$

式中，τ 为自由载流子的寿命，其由复合过程决定。式(2-127)右端第一项为自由载流子的复合速率，第二项为受俘载流子的变化速率。

$$\mathrm{d}n_t / \mathrm{d}t = -n_t \nu_0 \exp(-H_t / kT) + (N_t - n_t)\langle \sigma_n v \rangle \tag{2-128}$$

式(2-128)右端第一项为受俘获载流子的热释放速率，第二项为自由载流子的再俘获速率。由此构成外电路中的电流密度为

$$j(T) = en\mu E \tag{2-129}$$

式中，E 为电介质中的电场，它可能为偏压电场、空间电荷电场或由两者共同决定的电场。

只有在下面的一些极限情况下，才能由方程式(2-129)得出热激电流密度 $j(T)$ 的解析解。

(1) 快再俘获情况：此时满足 $(N_t - n_t)\langle v\sigma_s \rangle \gg 1/\tau$(相当于再俘获概率远大于复合概率)，将式(2-121)和式((2-128)代入式(2-127)，经过某种近似处理，积分后得

$$j(T) = \frac{en_{t0}N_c\mu E}{N_t} \exp\left[-\frac{H_t}{kT} - \frac{N_c}{\beta\tau N_t} \times \int_{T_0}^{T} \exp\left(-\frac{H_t}{kT}\right)\mathrm{d}T\right] \tag{2-130}$$

(2) 慢再俘获情况：此时满足 $(N_t - n_t)\langle v\sigma_s \rangle \ll 1/\tau$(相当于再俘获概率远小于复合概率)，类似得出

$$j(T) = en_{t_0} v_0 \tau \mu E \exp\left[-\frac{H_t}{kT} - \frac{v_0}{\beta} \times \int_{T_0}^{T} \exp\left(-\frac{H_t}{kT} \right) dT \right] \tag{2-131}$$

(3)高电场情况：陷阱中的载流子在退俘获后，在高电场作用下将迅速到达电极，而不会存在再俘获及复合过程，故热激电流仅由退俘获过程决定。如果忽略电极注入过程，则得出

$$\begin{aligned} j(T) &= \int_0^d e\left(-\frac{dn_t}{dt} \right) \frac{x}{d} dx \\ &= \frac{edn_{t_0} v_0}{2} \exp\left[-\frac{H_t}{kT} - \frac{v_0}{\beta} \times \int_{T_0}^{T} \exp\left(-\frac{H_t}{kT} \right) dT \right] \end{aligned} \tag{2-132}$$

式(2-132)与方程式(2-125)是十分类似的，只是由于升温过程中 τ_p 不断变化，故需将后者中的指数项 $\exp(-t/\tau_p)$ 改用积分 $\exp(-\int(1/\tau_p)dt)$ 表示。此外，它还表明 $j(T)$ 与电场 E 无关，这与 2.4 节中讨论的在饱和区 j 与 E 无关的结论是一致的。积分式(2-132)可求得总的释放电荷 Q_t(也就是注入的全部电荷)：

$$Q_t = \int_0^{\infty} j(T)dT = edn_{t_0} / 2 \tag{2-133}$$

将上述三种情况下的结果表示为统一的形式：

$$j(T) = A \exp\left[-\frac{H_t}{kT} - \frac{B}{\beta} \int_{T_0}^{T} \exp\left(-\frac{H_t}{kT} \right) dT \right] \tag{2-134}$$

式中，A 和 B 为常数，其意义如表 2-5 所示。由微分式(2-134)可得电流密度 j 到极大值的峰温 T_m，它由下式确定：

$$\beta / B = kT_m^2 / H_t \exp\left(H_t / kT_m \right) \tag{2-135}$$

将式(2-135)代入式(2-134)，经过近似计算后得到峰值电流密度：

$$j_m = \frac{A}{2.72} \exp\left(-\frac{H_t}{kT_m} \right) = \frac{A}{2.72} \frac{\beta H_t}{B k T_m^2} \tag{2-136}$$

表 2-5 方程式(2-134)中的常数 A 和 B

	快再俘获	慢再俘获	高电场
A	$en_{t_0} N_c \mu E / N_t$	$en_{t_0} v_0 \tau \mu E$	$edn_{t_0} v_0 / 2$
B	$N_c / \tau N_t$	v_0	v_0
A/B	$en_{t_0} \mu E$	$en_{t_0} \tau \mu E$	$edn_{t_0} / 2$

图 2-21 为低密度聚乙烯通过高电场注入电子后得到的 TSC 谱。在相同数值及相同极性的极化电压作用下样品测得 TSC 曲线，与用同一样品在相同数值但相反极性的偏压（比极化电压低得多）作用下测得的 TSC 曲线几乎互为镜像，（曲线 1 与 1'），这种 j_{TSC} 极性反转的机理是十分复杂的，但它至少反映了载流子从陷阱中释放产生的 TSC 的一个特点。其另一个特点是在偏压为零（即短路测量）时，j_{TSC} 几乎为零（曲线 2），说明流向两个电极的载流子几乎相等，在样品内的电流相互抵消，故由外电路测得的 j_{TSC} 几乎为零。由式（2-134）可知，热激电流的低温尾可以表示成

$$j(T) = A\exp(-H_t / kT) \tag{2-137}$$

将实验值按 $\ln j(T)$-$1/T$ 作图，由其直线的斜率可以求出陷阱深度 H_t，从直线与 $\ln j(T)$ 轴的交点就可得到 A 值，这就是所谓的起始上升法。

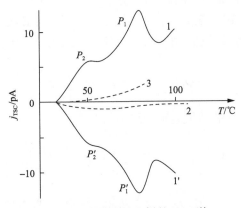

图 2-21　低密度聚乙烯的 TSC 谱

利用式（2-135）与式（2-136）及由起始上升法求出的 A 与 H_t，并从 TSC 谱的峰电流 j_m 与峰温 T_m 就可以确定 B 和 A/B。如果已知复合动力学特性，由 A 和 B 及高电场下的 TSC 谱得到的起始受俘获载流子浓度 n_{t_0} 就可得出一些陷阱参数 N_t、σ_n、v_0 与 τ_0。图 2-22（a）与（b）分别给出在快和慢再俘获条件下确定陷阱参数的典

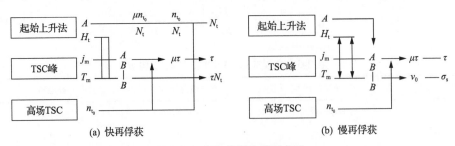

图 2-22　确定陷阱参数的方法

型方法。由热激电流技术得到聚乙烯中载流子陷阱的来源及性质，并综合表示在表 2-6 中。

表 2-6　聚乙烯中的载流子陷阱

TSC		相应于 TSC 峰的陷阱		
峰	峰温/K	陷阱深度/eV	区域	来源
C_1	约 130	0.1~0.3		
C_2	约 200(HDPE)	0.3	结晶层片表面(HDPE)	
	约 180(LDPE)	0.24	非晶区(LDPE)	
C_3	约 250	0.8~1.0	非晶区	缺陷
C_4	230~310	1.0~1.4	非晶区-晶区界面	
C_5	约 330	1.2~1.4	晶区	
C_5'	约 350(HDPE)	1.7		
C_3'	约 280(HDPE)		非晶区	非稳定的氧化产物
C_5''	约 360(HDPE)		非晶区-晶区界面	稳定氧化产物
	约 310(LDPE)	1.4	非晶区	
C_7	约 390(HDPE)	1.0	非晶区	交联
	约 320(LDPE)			
C_8	340~350	1.2	非晶区	防静电剂

2.5.3　载流子的弥散输运

禁带内的定域态在很大程度上控制着载流子的输运过程。因为大多数高聚物具有明显的无序性，当载流子通过这种材料时，它们将受到局部密度、侧基和偶极子的取向及能量在空间与时间上的起伏等作用。因此，在用渡越时间(time of flight)法测量载流子的漂移迁移率时发现，跳跃时间与停留时间的分布使载流子构成的波包发生弥散，即一些载流子比正常的到达要早，而另一些则到达晚，故在电流的时间关系曲线上存在着一个长尾。应指出，在 i-t 曲线上，时间虽然变化了 4 个数量级左右，但最长时间是短于 1s 的，这比等温电流衰减测量的时间要短得多。

1975 年，Scher 与 Montroll 提出了分析弥散瞬态电流的一个普遍性的理论公式。他们的基本论据是：载流子跳跃距离与跳跃位置能量的相当小的起伏就可能导致输运特性发生巨大变化，因为它们可引起式(2-93)右端指数项的变化。

为了讨论 Scher-Montroll 理论，简单介绍一下无规(随机)行走问题。可以设想一个做布朗运动的载流子的跳跃，是因为它受到四周无规则跳动的粒子的碰撞（也可认为电子-声子碰撞）。如果碰撞次数每秒约 10^{14} 次，则 10^{-2}s 就是十分长的一段时间，并在 10^{-2}s 中就发生 10^{12} 次碰撞，这是一个巨大的数字。因此，在经过 10^{-2}s 后，粒子就不再记得先前发生过什么，换句话说，碰撞全部是无规的；"下一步"与"前一步"之间无任何联系，这很像著名的一个醉汉"三维空间无规行走"的问题，经过数学分析得到其统计分布函数是高斯函数。如果所用变量为时间 t，那么成为时间随机行走问题。他们利用连续时间随机行走(continous time random walk, CTRW)模型导出跳跃时间分布函数 $\Psi(t)$，并用 $\Psi(t)$ 确定 i-t 曲线的结果。例如，若 $\Psi(t) \propto \exp(-t/\tau)$，当 $t > \tau$ 时，它具有普通高斯型的特性。可是，若 $\Psi(t) \propto t^{-\alpha}$，它代表非高斯型输运的结果。他们所利用的分布函数公式是，$\Psi(t) \propto t^{-(1+\alpha_d)}$，此处无序参数 $\alpha_d (0 < \alpha_d < 1)$ 与某些微观参数有着复杂的相关性，如陷阱深度、定域态半径等，且随着体系的无序度增加而下降。分布函数 $\Psi(t) \propto t^{-(1+\alpha_d)}$ 代表一个载流子在时刻 $t=0$ 到达一个原始位置，在经过时间 t 后能够跳跃到它邻近位置的概率，它不像高斯概率 $\exp(-t/\tau)$ 随时间增加出现急剧变化。注意，由 CTRW 模型导出的 $\Psi(t) \propto t^{-(1+\alpha_d)}$ 与高斯输运 $\Psi(t) \propto \exp(-t/\tau)$ 的差别在于后者与单一偶然事件时间 τ 有关。

由连续时间随机行走模型导出的电流-时间关系的一般结果为

$$\begin{cases} i(t) \propto t^{-(1+\alpha_d)}, & t > t_t \\ i(t) \propto t^{-(1-\alpha_d)}, & t < t_t \end{cases} \tag{2-138}$$

式中，t_t 为载流子分布前沿的渡越时间。由上式可知，在 t_t 两侧 $\ln i(t)$-$\ln t$ 的两条直线斜率之和应等于–2。由于载流子片的平均位移与时间有关，并按照 t^{α_d} 的关系，故当样品厚度为 L 时，可以求出渡越时间 t_t 应正比于 L^{1/α_d}。再假定，载流子正向与逆向跳跃之间是非对称的，且这种非对称性随电场 E 的变化呈线性增加，因此 t_t 正比于 E^{-1/α_d}。根据上面讨论的渡越时间 t_t 与样品厚度和场强的关系，在一级近似下，便可得出

$$t_t \propto (L/E)^{1/\alpha_d} \tag{2-139}$$

由于 $\alpha_d < 1$ 及漂移迁移率

$$\mu_d = L/Et_t \tag{2-140}$$

可知，μ_d 为电场与样品厚度两者的超线性函数。体系越无序，α_d 就越小，运输过程的弥散性就越强，与厚度和电场的关系就越密切。

非晶硒的瞬态电流和时间关系的对数图形如图 2-23 所示。在 $t=t_t$ 处，图形具有明显的转折点，且在 t_t 两侧两条直线斜率之和为 -1.93，十分接近 Scher-Montroll 的理论预示值 -2。该图代表在不同电压下测量非晶硒的 i-t 曲线经相对于 t_t 归一化后得到"普遍"的 $\lg i$-$\lg(t/t_t)$ 曲线，作图时已将在不同电压下得到的数据(i-t)沿坐标轴做了移动，以使这些曲线构成最好叠合。

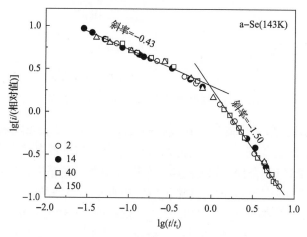

图 2-23　非晶硒的"普遍"的 $\lg i$-$\lg(t/t_t)$ 曲线

聚苯乙烯在低于玻璃化转变温度时具有由单一深陷阱表征的输运；而当超过玻璃化转变温度时它处于橡胶态，弥散模式似乎很好地描述了载流子的输运。此外，弥散输运还可以解释分子掺杂的聚碳酸酯的输运特性。载流子这种弥散输运通常发生在高聚物被光脉冲激发后的短暂时间内，故这对理解高聚物的光电子性质是十分重要的。

2.6　高聚物的光电子特性

绝缘体或半导体由于光吸收而产生的自由载流子会引起光电导、复合、俘获及有关的现象，总称为光电子效应。讨论这些过程对理解用于光指示器、光发射器与能量转换器的材料特性是十分重要的。

在 2.3 节中已经讨论了电极的光电子发射及体内载流子的光激发，这节将补充讨论由其他过程决定的光激发载流子生成。

2.6.1　光激发载流子生成

高聚物中光电载流子(photocarrier)的生成过程综合表示在图 2-24 中。下面分别讨论各个过程的物理意义。

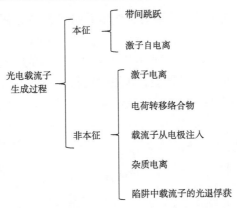

图 2-24　高聚物中光电载流子的生成过程

(1)带间跃迁：价带中的电子在吸收一定能量($hv \geqslant E_g$，E_g 为禁带宽度)的光子后跃迁至导带的过程属于本征光激发，同时在导带与价带内产生自由电子与自由空穴。对于饱和碳氢化合物，如聚乙烯，实验测量的 E_g 的范围是 7.9～9.0eV，而理论计算的范围是 7.7～18.96eV，其波长应短于真空紫外线的波长(小于 190nm)。在芳香高聚物中，如聚苯乙烯，产生本征光电导的激发波长应短于 140nm。因此，在紫外和可见光区，对高聚物绝缘体一般只能观测到非本征光电导。在大多数芳香高聚物(如聚苯乙烯、聚对苯二甲酸乙二酯和聚 N-乙烯咔唑)中已观察到非本征光电导。

(2)激子电离：在反射光谱与吸收光谱中，光子能量恰好低于 E_g 之处可表现出某些结构，这种结构是由于吸收一个光子，通过直接或间接过程产生一个激子造成的，它代表激子吸收谱线。一个电子与一个空穴可能由于其静电吸引相互作用而束缚在一起，正如一个电子被一个质子束缚一样，束缚的电子-空穴系统被称为一个激子。它能通过高聚物运动并传输激发能量，不过激子是电中性的。某些类型的激子本身是不稳定的，会自身电离成为自由电子和自由空穴，称为激子自电离，属于本征型；另一些则在运动过程中通过与杂质或结构缺陷碰撞，以及在电极-高聚物界面处相互碰撞而电离，属于非本征型。因此，激子电离构成对高聚物电导的贡献。通过两种不同的极限可近似将激子分为两类：一种是弗仑凯尔紧束缚小激子，电子-空穴之间的平均距离约等于原子的尺度；另一种是莫特-旺尼耳弱束缚大激子，其尺度约几纳米。

(3)电荷转移络合物：当一种光敏剂或掺杂剂与基体高聚物发生强烈的相互作用时，就会形成电荷转移(charge transfer，CT)络合物，并在可见光或更长波长范围内观察到一种新的光吸收。CT 络合物的常例是 PVK-TNF(聚 N-乙烯咔唑-2,4,7-三硝基芴酮)，在可见光下 PVK 为绝缘体(当λ=550nm 时，$\gamma=10^{-16}\Omega^{-1}cm^{-1}$)，但经电子接受体 TNF 增敏时,形成电荷转移态,使吸收区移到可见光区而呈现光电导(当 λ =550nm 时,γ=$10^{-13}\Omega^{-1}\cdot cm^{-1}$)。因此,这类 CT 络合物是光电导体。

(4)载流子从电极注入(2.3.1 节):在高聚物不能吸收光的波长范围内,仍可能观察到从金属电极产生的光电子或光空穴的注入现象。从福勒光电流图形可以确定注入空穴到 PPX(聚对亚二甲苯基)的势垒高度与金属功函数的关系。在不计表面态时,随着金属功函数 ϕ_m 增加,空穴注入的势垒高度 ϕ_{eh} 将下降,但是 ϕ_m+ϕ_{eh}=6.9eV 仍为固定值,它就是 PPX 的电离能。

(5)杂质电离:高聚物中不可避免地含有各种添加剂等杂质,从吸收光谱图可以发现,对应于在禁带中杂质能级(通常为浅杂质能级)上的载流子从基态至各相应激发态的跃迁。当电子(或空穴)脱离杂质原子的束缚变成自由电子(或自由空穴)时,称为杂质电离,所需要的能量称为杂质电离能。此过程对应于电子(或空穴)从杂质原子跃迁到导带(或价带)的过程。

(6)陷阱中载流子的光退俘获:高聚物中的化学和物理缺陷会在禁带内形成大量的定域态(或陷阱中心)。所渭光退俘获就是由陷阱中载流子的光致电离而引起自由载流子数目增加的过程。通过等温光激退俘获电流(PSDC)与热激电流(TSC)的对比研究来考察高分子运动对陷阱中载流子释放过程的影响。例如,聚对苯二甲酸乙二醇酯(PET)光驻极体的 TSC 谱和等温 PSDC 谱表明,同类陷阱的能级存在着极大差异,从而定性地解释了分子运动对陷阱中心造成的腐蚀与破坏而带来的增强载流子退俘获的作用。因此,由非等温 TSC 谱分析估计的活化能并不等于在-185℃下由等温 PSDC 谱估计的陷阱深度,因为在-185℃时 COO 基团的运动并未开始。

2.6.2 光电导

光电子效应通常与杂质能级的多变性有关,因此要得出对此问题的完整数学解是相当困难的。为了能够用半定量的方法描述一些临界过程,通常采用一个描述平衡电子系统统计性质的参量——费米能级 E_F 与一个推论性的划分能级 E_D(demarcation 1evel),例如,电子的划分能级 E_{Dn} 定义为在此能级上一个受俘获的电子被激发至导带的概率等于它与价带中空穴复合的概率。

在光照射下材料的电导率相对于暗电导率的增加称为光电导,这可用许多模型来解释它。一个由光激发产生的自由载流子的寿命(即它能保持自由的时间)可借助它与一个相反类型载流子复合的概率来确定。在复合过程中,载流子的过剩能量将通过放出声子(非辐射跃迁)、光子(辐射跃迁)及激发其他载流子(俄歇复合)而耗散。

当电介质吸收光时会产生附加的自由载流子,因此在光电导现象中,材料的

电导率就会增加。假设电介质的暗电导率为

$$\gamma_0 = en_0\mu_0 \tag{2-141}$$

为了简单起见,认为被研究材料在暗处或光照时均以电子电导为主(即陷阱中心对光激发在价带产生的自由空穴俘获的速率比对自由电子的大得多),这就等价于载流子单注入,当然所得结果也容易推广到载流子双注入的情形。光激发电导

$$\lambda = en\mu \tag{2-142}$$

假设 $\gamma=\gamma_0+\Delta\gamma$, $n=n_0+\Delta n$, $\mu=\mu_0+\Delta\mu$,这说明光激发同时使载流子浓度与其迁移率增加,将其代入式(2-142)可得光电导率:

$$\Delta\gamma = en_0\Delta\mu + e\mu_0\Delta n \tag{2-143}$$

这里忽略了二级小项 $e\Delta n\Delta\mu_0$。

通常载流子浓度的增量 Δn 与每秒内单位体积的激发强度 f 成正比,其比例系数就是自由载流子的寿命。因此

$$\Delta n = f\tau_n \tag{2-144}$$

这是一种逻辑表述,也就是说,稳态载流子浓度等于产生速率与载流子平均寿命之积。显然,f 或 τ_n 的改变会使 Δn 发生变化,于是有

$$\delta(\Delta n) = \tau_n\delta f + f\delta\tau_n \tag{2-145}$$

将 Δn 随 f 的改变所构成的电导称为"正常"光电导。一些控制复合速率的机理也可能使 τ_n 随激发强度 f 而发生改变,通常可以分成三个范围:

$$\begin{cases} \Delta n \propto f, & \tau_n \text{为常数且与} f \text{无关} \\ \Delta n \propto f < 1, & \tau_n \propto f^{-a} (0 < a < 1) \\ \Delta n \propto f > 1, & \tau_n \propto f^a (a > 0) \end{cases} \tag{2-146}$$

上式分别代表 Δn 与 f 呈线性、亚线性与超线性关系。将式(2-144)代入式(2-143)后得出

$$\Delta\gamma = e\tau_n\mu_0 f + n_0 e\Delta\mu \tag{2-147}$$

对于大多数实际材料,上式右端的第一项始终占优势,故当 f 一定时,光电导与 $\mu_0\tau_n$ 之积成正比。

下面用三个简单的物理过程,阐明上式右端第二项贡献的迁移率与光激发

有关。

(1)光激发移走了杂质带电中心上的电荷，成为杂质中性中心，减弱了对自由载流子的散射，在使高阻半导体或绝缘体内自由载流子浓度提高几个数量级的高强度激发光的照射下，迁移率可提高近两倍。

(2)按照本章 2.3.3 节中讨论的迁移率与载流子所处能级位置的关系，当光照射使载流子由低能态跃迁至高能态时，相当于使载流子由低迁移率态跃迁至高迁移率态，因此即使此时$\Delta n=0$，也会出现光电导。

(3)光激发使自由载流子在非均质材料中通过的势垒高度ϕ_b下降，故迁移率μ增加。定义载流子穿过势垒ϕ_b区的迁移率为

$$\mu_b = \mu_0 \exp\left(-\phi_b / kT\right) \tag{2-148}$$

式中，μ_0为零势垒区的迁移率。由于光激发使ϕ_b降低，故μ_b增加。

由上面的讨论可知，高聚物在暗时是电绝缘体，但它们可以运输光生非平衡载流子，故宜于用作光接受器。高聚物如聚 N-乙烯咔唑或分子掺杂的材料仅在紫外区发生强烈的本征光吸收，若加入光敏剂，如在 PYK 中加入 TNF 形成电荷转移络合物，从而能在可见光区使用，这种 CT 络合物的形成机理是：$D+A \rightleftharpoons D^+ + A^-$，PVK 为电子给予体，TNF 为电子接受体，其广泛应用于电子照相技术。

2.6.3　光生伏打效应

光生伏打效应是光激发产生的电子-空穴对在被各种因素引起的静电势垒分离而在光照面与暗面之间产生电动势的现象。静电势垒包括 p-n 结、大多数固-液、液-液、有机体系中的电化学势垒及金属-半导体(绝缘体)接触势垒(耗尽层)。

静电势的存在有助于光生载流子的产生、分离与徙动。正是这个自建场使光生伏打效应不同于光电导，光电导的情况需要外加电场时才能产生电流，因为当不存在外电场时，光电导体中的光生载流子就会发生复合，故不引起净电流。因此，任何一种光生伏打材料必然是光电导体，反之，并非必然。

光生伏打过程可用下面简单的四步描述：①带电或中性载流子类(如激子)的光致生成；②中性载流子类的电荷分离与产生；③电荷输运；④电荷聚集产生电流。为了研究光生伏打效应，必须讨论暗时产生的各类静电势垒及光照对势垒的影响。

1. 接触势垒

当两个具有不同功函数的半导体相互接触时，少数载流子与多数载流子将穿过界面区扩散，直到体系内出现单一(即统一)的费米能级为止。平衡时，在 p-n

结的两侧不存在净暗电流，因为平衡时净暗电流等于产生电流 I_g 与复合电流 I_τ 的代数和。产生电流是由 p-n 结两侧的热生成少数载流子(p 区中的电子，n 区中的空穴)向其对侧运动而造成的，若以 p-n 结正向偏压的方向为电流的正方向，由于 p 区电子向 n 区及 n 区空穴向 p 区运动(图 2-25)，故产生电流为负。复合电流是由邻近区内的多数载流子扩散造成的，这时 p 区空穴向 n 区及 n 区电子向 p 区运动(图 2-25)，故复合电流为正。产生电流基本上由温度 T 确定，与器件两端的偏压 V 无关。可是，复合电流将受到偏压的影响。平衡时净电流密度

$$j_d = j_r - j_g = 0 \tag{2-149}$$

载流子扩散使界面两侧的多数载流子耗尽，致使导带 E_c 与价带 E_v 以扩散电势能 $|e|V_d$ 大小发生弯曲，如图 2-25 所示。图中，j_{ng} 为电子在 p 型材料中的产生电流密度；j_{pr} 为电子从 n 型材料扩散到 p 型材料的复合电流密度；j_{nr} 为空穴从 p 型材料到 n 型材料中的复合电流密度；j_{pg} 为电子在 n 型材料中的产生电流密度；V_d 为扩散电压；F_e 与 F_h 分别为电子与空穴的电势跃变。

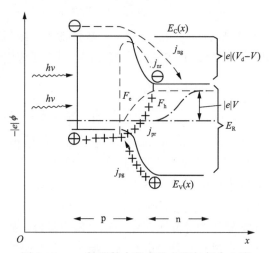

图 2-25　p-n 结器件中的产生电流与复合电流

　　n 型和 p 型半导体与金属接触的类似情况如图 2-26 所示。平衡时的净暗电流仍符合式(2-149)，但是，由于涉及半导体，j_g 与 j_τ 会发生明显变化。当金属与半导体接触时，暗时的扩散过程依赖于金属功函数 ϕ_m 与半导体功函数 ϕ_{ns}(n 型)或 ϕ_{ps}(p 型)的相对值。根据图 2-26，可导出如下的规则：

$$\begin{cases} \phi_{ps} > \phi_m 或 \phi_{ns} < \phi_m，阻挡接触 \\ \phi_{ps} < \phi_m 或 \phi_{ns} > \phi_m，欧姆接触 \end{cases} \tag{2-150}$$

在肖特基光生伏打器件中，要完成光生载流子的分离与聚集最有效的方式是：阻挡接触或完全欧姆接触，以收集来自阻挡接触的载流子。但是对于有机材料，在"收集"电极处并不是真正的欧姆接触，甚至于它会变成阻挡接触。净光生电压的符号取决于占优势接触的势垒，其数值为两个接触势垒高度之差，故任何附加接触势垒将使总的有效势垒电压降低，从而使器件的最高可能光生电压降低。收集电极处的任何非欧姆特性将使光生载流子流出器件的速率低于其产生速率，而产生空间电荷限制效应。这一点对体电阻率高的高聚物材料而言是十分重要的。

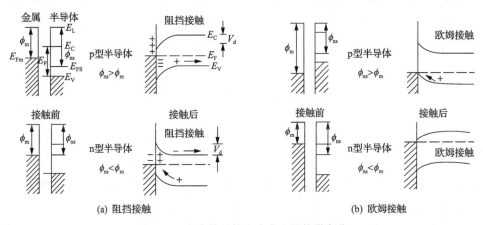

(a) 阻挡接触　　　　　　　　　　　　　　　(b) 欧姆接触

图 2-26　在肖特基势垒中产生的能带弯曲

根据半导体的电子统计学，重掺杂将使费米能级 E_F 向导带底或价带顶移动，从而钉札(pinning)在 E_c 或 E_v 处，使光生电压产生最大值。

2. 光对接触势垒的影响

当光照到势垒或结区时所出现的现象如图 2-27 所示。光的作用当然依赖于准

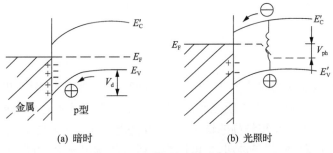

(a) 暗时　　　　　　　　　　(b) 光照时

图 2-27　光对肖特基势垒的影响

确的载流子生成机理及实际器件的构型。以 p 型有机材料制成的肖特基势垒电池为例进行分析，这时光电流明显大于暗电流，即 $j_{ph} \gg j_d$。为了讨论简单，假设吸收单个光子时产生的每一电子-空穴对被分开在势垒区内，则观察的光电流将是光生载流子产生的电流与复合产生的电流之差（因电流符号相反）。虽然，价带中的空穴（多数载流子）浓度不会明显变化，可是，导带中电子（少数载流子）浓度的变化是明显的，通常可增加五个数量级。因此，观测的光电流仅由少数载流子产生。

由于暗时在靠近界面的有机材料内出现负电荷，光照时在耗尽区内产生的过剩空穴就与这些净电荷复合，因此在势垒的作用下光生电子流向表面，金属内费米能级上移，在势垒区的净变化可由所观察到的光生电压 V_{ph} 代表。假设电流不会因复合或俘获而损失，则肖特基势垒器件中的光生电压方程为

$$
\begin{aligned}
V_{ph} &= \frac{kT}{e} \ln\left(1 + \frac{j_{ph}}{j_d} \right) \\
&= \frac{kT}{e} \ln\left[1 + \frac{j_{ph}}{j_0}\left(\exp\frac{eV}{BkT} \right) - 1 \right]
\end{aligned}
\tag{2-151}
$$

式中，j_0 为反偏压下的饱和电流密度；通常将 B 的值取为 2。从理论上讲，V_{ph} 不会大于 V，因为电势能 eV 的最大值等于 E_g。若 $j_{ph} \gg j_d$，则最大的可能光电压约等于 $E_g/2$，若 $j_{ph} \approx j_d$，则

$$
V_{ph} = \left(\frac{kT}{e} \right)\left(\frac{j_{ph}}{j_0} \right)\exp\left(\frac{V}{BkT} \right)
\tag{2-152}
$$

因此，要得到最大的理论光电压就需减少 j_0、增加 $V(E_g)$ 及 j_{ph}/j_d 的数值。

开路光电压 V_{oc} 与短路光电流密度 j_{sc} 之间的关系满足下式（参看半导体物理学中的 p-n 结章节）：

$$
V_{oc} = \frac{kT}{e} \ln\left(\frac{j_{sc}}{j_0} + 1 \right)
\tag{2-153}
$$

作为太阳电池使用时希望 V_{oc} 与 j_{sc} 尽可能地大。当负载电阻 R_L 比串联电阻 R_S（为材料的体电阻与接触电阻之和）大得多时，在几乎没有电流通过电路的情况（开路条件）下，可以获得最高的输出电压（开路电压 V_{oc}）。反之，若 $R_L \ll R_S$，当全部电流通过电路（短路条件）时，可以获得最大的输出电流（短路电流密度 j_{sc}）。

2.7　高聚物中的光物理过程及能量转移

任何分子在吸收一个电磁辐射的光子后，视其光子能量的大小，分子或者被电离，或者它当中的电子被激发到高能态成为激发分子（又称富能分子）。光物理过程就是指受紫外光或可见光低能辐射而激发的分子，由于其具有较高的能量而不稳定，所以会发生一系列的弛豫过程，即将富余的能量以各种形式释放，分子本身又回到稳定的基态的过程。简而言之，光物理过程包括激发分子所发生的各种弛豫过程。

光化学过程是指光造成的一个分子的持久性化学老化或分子间化学反应的过程。从化学反应的观点看，又可将光物理过程称为光化学一次（原初）过程，将激发分子还向其他分子转移能量或产生各种激发体（自由基、自由离子等中间体）而发生各种各样反应的过程称为光化学二次过程。

因此讨论上述内容不仅对研究聚合物的电子过程及发光、聚合物辐射及光老化、开发感光性高分子有意义，而且对研究材料中原子的本性、结构及激发态等都具有极大价值。

所有光化学及光物理过程既可产生在小分子体系中，又可在大分子体系中，因此，我们采用在小分子中的光物理过程来分析高聚物中的同类过程。

2.7.1　弗兰克-康登原理

根据弗兰克-康登原理，建立双原子分子的位形图可以解释非辐射跃迁过程。在玻恩-奥本海默（绝热）近似中，振动电子态（vibronic state）的总波函数可以表示成电子波函数 ϕ_e 与振动波函数 ϕ_v，因此可以将 1_i 振动电子态的总波函数写成

$$\psi_{1_i} = \phi_{1_e}(q,r)\phi_{1_i}(r) \tag{2-154}$$

式中，下标 i 为较低电子态 1 的第 i 振动态。同理 m_j 振动电子态的总波函数为

$$\psi_{m_j} = \phi_{m_e}(q,r)\phi_{m_j}(r) \tag{2-155}$$

式中，下标 j 为较高电子态 m 的第 j 振动态；q 与 r 分别为电子及核的坐标。按照夫兰克-康登原理，在电子跃迁期间核坐标没有变化，故最可几振动电子跃迁是竖直的。这是由于电子跃迁所需时间短于 3×10^{-14} s，与核振动的周期相比是可以忽略的。

双原子分子的势能曲线和电子跃迁如图 2-28 所示。图中 1 代表电子在振动能级间的最可几跃迁。2 代表内转换，是指变为激发态的分子失去振动能量并改变

原子间的相对位置而变成稳定的激发态的过程。

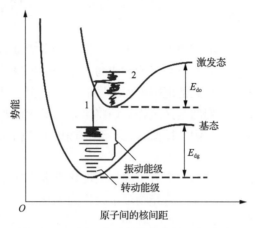

图 2-28　双原子分子的势能曲线和电子跃迁

2.7.2　分子的激发单重态和激发三重态

一个给定分子轨道上的电子可以与一个入射光子相互作用，而被激发到更高能量的分子轨道上。一个给定轨道上的电子可以处于自旋量子数为 +1/2 或 −1/2 的状态，填充一个给定分子轨道上的两个电子可以呈现自旋反方向或自旋同方向。在一个轨道上仅有单个电子的体系是自由基，通常它的活性很大。

电子激发态的多重度是 $2s+1$，这里 s 是自旋量子数的代数和。如果 $s=0$，且有一个电子升到高能(反键)轨道时，就称这时分子所处的状态为激发单重态，用 S_n 表示，n 表示反键轨道有 n 个。如果两个自旋相反的电子全部填入成键轨道，此时分子处于单重态基态(S_0)，如果一个电子升到高能轨道，但其自旋量子数的代数和 $s=1$，因此 $2s+1=3$，将处于这种状态的分子称为激发三重态，用 T_n 表示，符号 n 的数值越大，代表激发单重态与激发三重态的能量越高。当然，如果原子或分子中含有奇数电子，那么 $s=1/2$，称为二重态，自由基就属于二重态。

2.7.3　电子激发状态图与光物理过程

电子跃迁与激发态的行为可由 Jablonsky 图来进行浅显易懂的解释，这个图是以基态处于单重态的模式图(图 2-29)，基态一般是单重态，个别的是三重态(如氧分子 O_2 的基态)。分子一旦吸收光，就产生对应于该能态 $S_j(1 \leqslant j \leqslant n)$ 的某一振动能级(图 2-29 中的细横线)的电子跃迁，这种具有相同多重度的电子态间的跃迁并不改变电子的自旋，故是自旋允许的。反之，向 T_j 的直接跃迁由于其多重度(电子自旋)而发生改变，故是自旋禁戒的。自旋禁戒意味着产生的概率低，而不是根

本不产生。自旋允许的吸收过程可记为

$$S_0 + h\nu_j \rightarrow S_j, \quad j = 1, 2, \cdots, n$$

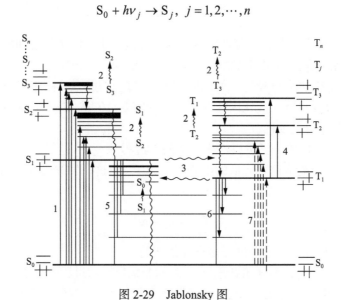

图 2-29　Jablonsky 图

1. 吸收；2. 内转换；3. 系间窜跃；4. T-T 吸收；5. 荧光；6. 磷光；7. 禁戒吸收

光吸收过程或电子跃迁过程是十分迅速的，发生在 $10^{-15} \sim 10^{-13}$ s。通过多次内转换（一次内转换相当于失去多余振动能量并从 S_j 降到 S_{j-1} 的过程）而最后降到 S_1，内转换的时间为 $10^{-12} \sim 10^{-9}$ s，因此较高能量的单重态寿命很短（$10^{-10} \sim 10^{-7}$ s）。

　　只要一个分子在吸收一个光子后被激发到更高的电子能态，它就会经历不同的光物理过程。此外，任何不同的电子激发态都会涉及导致分子化学性质发生持久性变化的某些光化学反应。首先，考察光物理过程，因为振动跃迁产生的时间极短，并且 $S_j(j \geqslant 2)$ 与第一激发单重态 S_1 之间的电子跃迁是量子力学上允许的，大多数有机分子从起始的较高单重线激发态减活到 S_1 的时间比光化学反应的时间要短。因此，本节将集中讨论涉及最低激发单重态（S_1）与三重态（T_1）的性质及其跃迁。

　　从 S_1 出发可以分为以下三个过程。

　　(1) 发光而回到 S_0 的过程（荧光），发射光子的波长等于或长于原始吸收光子的波长：

$$S_1 \rightarrow S_0 + h\nu'$$

　　(2) 通过失去振动能量的内转换过程而回到 S_0，为非辐射跃迁过程。

　　(3) 与内转换一样，通过与 S_1 的某一振动能级的窜跃点向 T_1 移动的系间窜跃

(intersystem crossing)过程。把这种多重态朝着不同状态的变化称为系间窜跃：

$$S_1 \rightarrow T_1$$

为自旋跃迁，从量子力学上看它是禁戒的。可是，由于两个状态间的能差小，在许多情况下此过程仍是相当有效的，属于非辐射跃迁过程。

过程(1)和(2)与化学反应无关，也称为减活过程。过程(1)的速率是$10^{-9} \sim 10^{-5}$s。过程(3)因需改变自旋，故比内转换慢，大约需要 10^{-8}s。$T_1 \rightarrow S_0$ 的系间窜跃对于光化学反应是十分重要的。

处于三重态 T_1 的分子可以产生如下两个过程。

(1)辐射一个能量比荧光低的电磁辐射光子，将这一发光过程称为磷光，其过程是

$$T_1 \rightarrow S_0 + h\nu''$$

因需改变电子自旋，故这一过程是自旋禁戒的。

(2)经过 $T_1 \rightarrow S_0$，系间窜跃返回至 S_0 的非辐射减活过程也是自旋禁戒的。

由于磷光是自旋禁戒的，所以产生光辐射过程的时间比短波长的荧光长得多，磷光的套减时间范围为 10^{-4} 至几小时。

通过上面的讨论可知：T_1 比 S_1 的能量低，T_1 比 S_1 的寿命长，T_1 的双自由基性质强，S_1 的离子性强。

如果两个激发三重态分子相互靠近，那么它们可能相互诱导一个电子自旋跃迁，从而使一个分子变为激发单重态，另一个落到单重态基态，是非辐射过程，称为三重态-三重态湮灭：

$$T_1 + T_1 \rightarrow S_0 + S_1$$

虽然，产生在每个分子上的过程是量子力学上禁戒的，但整个过程是允许的，因为净电子自旋是守恒的。如果按上面过程产生的 S_1 分子发出荧光，与正常荧光有相同的电磁辐射谱分布，由于 S_1 是由长寿命的 T_1 产生的，故这种荧光的衰减速率极慢，并将它称为缓发荧光，它的出现证实了 T-T 湮灭的存在。另外，当 T_1 与 S_1 能量差并不大时，T_1 经热激发反向系间窜跃而升到 S_1，再从 S_1 回到 S_0 也产生缓发荧光，产生缓发荧光的两个过程为

$$(1) \begin{cases} S_0 \rightarrow S_1 \rightarrow T_1 \\ T_1 + T_1 \rightarrow S_0 + S_1 \\ S_1 \rightarrow S_0 + h\nu' \end{cases}, \quad (2) \begin{cases} S_0 \rightarrow S_1 \rightarrow T_1 \\ T_1 \xrightarrow{\text{热激发}} S_1 \rightarrow S_0 + h\nu' \end{cases}$$

当两个相互靠近的相同分子或相同分子的两个发色团之一处于单重态基态，

而另一个处于激发单重态时，它们可能耦合形成一个激发二聚物(excimer)，其行为类似一个激发物的单元。二聚物有一个离解的基态，故具有无结构发射谱，但没有吸收谱。激发体的形成与发射过程为

$$S_0 + h\nu \rightarrow S_1$$
$$S_1 + S_0 \Leftrightarrow (S_0S_1)^*$$
$$(S_1S_0)^* \rightarrow S_0 + S_0 + h\nu'''$$

如果 S_1 由 T-T 湮灭生成，即激发体发射是级发的，$h\nu'''$ 比荧光的 $h\nu'$ 低且经对比可知 $h\nu'$ 是无结构的。如果在激发体中的两个单重态发色团并不是相同的物质，则将这种特殊类型的体系称为激发复合体(exciplex)。

如果一个激发单重态或三重态分子与另外一个处于基态的分子接近，它就将其电子激发能转移至基态体系，使后者成为新的激发体，这种能量转移过程可写成

$$D^* + A \rightarrow D + A^*$$

这里，D 与 A 分别为能量给予体分子与能量接受体分子(或发色团)；＊为电子激发体。为了使这种能量转移过程是允许且有效的，必须保持总电子自旋不变。能量转移过程可以在相当大的距离(直到 10～20nm)内发生。

2.7.4　能量转移过程

能量转移是一个一步性的非辐射跃迁过程(不涉及任何光子)，过程中同时发生 $D^* \rightarrow D$ 与 $A \rightarrow A^*$ 的跃迁，这需要给予体与接受体之间存在某种相互作用。

激发能的转移是一种共振过程，给予体($D^* \rightarrow D$)与接受体($A \rightarrow A^*$)内的总跃迁能量的变化是相同的。因此，给予体内跃迁所涉及的电子能量改变必须等于或大于接受体内的改变，其能量变化上的任何差别都可以由给予体与接受体中包含的振动能级所引起(图 2-30)。转移的能量对应于相应的给予体发射谱与接受体吸收谱上共同具有的一个频率，它是这两个谱重叠区域的一个频率(或波长 λ)(图 2-30)，随着光谱重叠区的增大，可能的偶联跃迁的数目也不断增加，从而使转移概率增加。

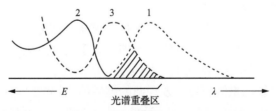

图 2-30　给予体与接受体的发射谱与吸收谱
1. 给予体发射谱；2. 给予体吸收谱；3. 接受体吸收谱

通常将始态与终态联系起来的给予体与接受体之间的电子相互作用分成库仑作用与交换作用。可以证明库仑相互作用正比于给予体与接受体相应的跃迁偶极矩（M_D 和 M_A）的乘积，跃迁矩的平方正比于在孤立的给予体与接受体中发生光学跃迁的强度。于是，根据适当的光谱可以很好地算出库仑作用。库仑作用的能量转移是通过参予此过程的两个分子间的偶极-偶极相互作用在量子力学上的耦合完成的，它与分子间距离的立方成反比。如果接受能量的分子 A 的跃迁是自旋允许的，那么可以在直到 5～15nm 的长距离内发生能量转移。反之，如果接受体的跃迁是自旋禁戒的（如从 S→T 或 T→S），那么库仑作用的能量转移效率是很低的。这时通过交换作用产生的能量转移是一个近程现象，通常其距离小于 2nm，当库仑作用弱时，它将变得重要。

2.7.5　高聚物中能量转移过程的重要性

高聚物体系中，能量非辐射转移现象对理解与控制其光老化是十分重要的。在乙烯基芳香聚合物中，单重态与三重态能量的高迁移率使得徙动能量能够在激发态的辐射寿命内沿聚合物找到一些反应位置，因此并入聚合物链中的"弱键合"将起重要的作用。反之，可以通过沿高分子链引入适当的能量陷阱以从光化学角度来保护高分子体系，这类陷阱大多构成端基，端基辐射能量但不产生化学老化。

将分子内能量转移理论应用于生物体系也日益变得重要。生物过程（如视觉、光合成）在脱氧核糖核酸内的能量转移等是生命体系内要求能量从一个分子的位置转移到另一个的许多过程中的三个基本过程。

分子内及分子间的能量转移对高聚物的光电导也十分重要，因为它使能量移动到可以产生电子与空穴的适当的陷阱位置，因此载流子的迁移率类似于激子的迁移率。

2.8　导电聚合物

长期以来，已发现的有机材料是电绝缘的或最多是半导电的，其理由是这些系统通常含有完全分离的分子。在石墨中，由于它的单个分子包含整个碳原子层，故导电率至少在平行层内接近金属。

为了增加聚合物的导电性，可以通过如下方式：增加分子尺度；使其含有导致价电子沿整个分子离域的不饱和键；增加 π 轨道与邻近碳原子的 π 轨道的适当叠加；附加强施主（简单金属）或强受主（卤素）附加剂等。

研究导电聚合物的最终目标是发现新的超导体，特别是室温超导体（这似乎不可能）。1964 年 Little 首次提出了这一设想，他认为在一维有机聚合物中也有可能存在超导且其超导转变温度比室温高得多，其超导机制也不像元素金属通过交换声子形成库柏(Cooper)电子对，而是通过电子极化而形成电子对(激子模型)。考察一个由高导电主链(称为"脊骨")及其有较低电子激发能级、有较大极化率的侧链所组成的体系。当"脊骨"上有导电电子(此时为π电子)运动时，与之邻近的起局部激子作用的侧链由于库仑力的作用而发生板化，在靠近"脊骨"的一端激发出正电荷。当一个导电电子通过时，各侧链相继被激发，侧链间的偶极子-偶极子相互作用而发生集体运动，由于其振动特性所激发的正电荷的极大值略迟于电子通过此侧链的时刻(延迟效应)，因此下一个导电电子将被此激发的正电荷吸引而与前一个电子接近。其结果是克服了两个导电电子间的库仑斥力而产生极大的引力相互作用，形成了电子对。如果同时在多数电子间形成这样的电子对，那么体系将出现超导态。他还提出了具体的化学结构并计算出其超导转变温度可达 $T_c=2200K$，目前存在着两类被广泛研究的高暗电导率化合物，高暗电导率依赖于化合物中存在的电子施主(D)与电子受主(A)。由 D-A 对构成的固体可分成：电荷转移(CT)络合物与基-离子盐。由闭壳层分子构成的电荷转移络合物在基态时呈中性，并由弱范德华相互作用表征。在结晶的 CT 络合物中，如与 TCNE(四氰基乙烯)形成的络合物，施主与受主分子按照 DA DA DA 沿 c 轴交替成柱(alternating stack)，其电阻率随压力上升而呈明显下降。例如，当压力从常压增至 3×10^9Pa 时，电阻率降低约 7 个数量级。

另一类 D-A 络合物是基-离子盐，它们具有显著的离子特性，也就是基态由正、负离子构成。例如，碱金属-TCNQ 盐与 TTF-TCNQ 盐(四硫富瓦烯-四氰代对二亚甲基苯醌盐)，它们中的大多数按照施主与受主分列成柱(segregated stack)的方式排列。所有基-离子盐的一个共同特点是同类分子的共面性。一般将 TTF-TCNQ 称为有机金属导体。60K 时电导率的最高峰约为 $10^5\Omega^{-1}cm^{-1}$。

2.8.1　基-离子盐晶体

电子施主 D 与电子受主 A 的结合可用符号表示成：$D(S)+A(S)\leftrightarrow[D^+\cdots A^{-1}](S)$，$\Delta E\equiv E_{BF}$，其代表当电荷完全转移时，发生能量变化为 E_{CF} 的固态化学反应。当然，不需要这种结合是完全的，当在全部施主部分氧化及全部受主部分还原时，能量变化应为 E。事实上，部分电荷转移(即混合价态)应是高电导率的必要条件，高导电性也要求在各个分列成柱内分子间距离相等。由于离子 CT 盐具有有机施主 D 和受主 A 分子的分列柱，所以从 D 至 A 的电荷转移程度及晶体的化学计量学不仅依赖于施主的电离能 I_g 与受主的电子亲合势 A_g，还依赖于离子间感应的稳定库仑力。对于许多具有分列柱的 TCNQ 盐，已经估计出马德隆能 E_M。当电荷完全转移时，将 E_M 与测量值 I_g-A_g 进行比较就可以看出，Na-TCNQ 是稳定的，因为 E_M 比 I_g-A_g 约高 3eV/分子，它应是强束缚离子固体。因此，对这些盐，静电马德隆能有利于电荷完全转移。但是,对于 TTF-TCNQ 可以预示完全电荷转移时离子的基态是不稳定的,即 $E_M < I_g - A_g$。在计算碱金属-TCNQ 与 TTF-TCNQ 束缚能时,出现巨大差异的两个主要理由是: TTF 的电离能为 1.5～2.5eV,比碱金属施主的高;在碱金属化合物中,带异号电荷柱之间的库仑吸引作用,几乎完全被沿某一给定柱的同号电荷间的强大斥力抵消。

电导率 γ 的温度关系由载流子浓度 n 与其迁移率的温度关系决定,因此可将其表示成

$$\gamma = \gamma_0 T^{-\alpha} \exp(-\Delta E / T) \tag{2-156}$$

式中, T 为迁移率的温度关系; $\exp(-\Delta E/T)$ 为载流子浓度的温度关系,式(2-156)在 $T_m = \Delta E/\alpha$ 时具有极大值。对于碱金属-TCNQ, $T_m \gg 300K$;对于 TTF-TCNQ, $T_m \approx 0K$。

2.8.2　电荷转移络合物

第一个显示相当高的电子暗电导的有机化合物是由普通多环芳香化合物掺卤素(最好是 I_2)后制成的络合物,如芘-I_2络合物(在 1：3 时)的电导率为 $0.5\Omega^{-1}cm^{-1}$,蒽烯紫-I_2络合物(在 1：1 时)为 $0.1\Omega^{-1}cm^{-1}$。

CT 络合物的一个典型例子是蒽-PMDA(蒽、均苯四甲酸二酐),在基态时,蒽(施主)与 PMDA(受主)之间的 CT 反应很弱(可从光电发射研究证实)通过比较蒽、蒽-PMDA 以及 PMDA 的发射电子的能量分布曲线可以证实,CT 络合物与纯蒽是十分类似的。因为能量分布曲线反映了价态的结构,这种类似性表明,络合物的基态是类蒽的。但是,在光激发态时,由于电子从最高占据的 D 的分子轨道转移到最低空着的 A 的分子轨道上,引起了更强的 CT 相互作用。由于光跃迁产生的时间短于 10^{-15}s,这时分子再排布的贡献不大,依据与基离子盐的许多相同性质,可将跃迁能写成

$$h\nu_{CT} = I_D - E_A - C - P \tag{2-157}$$

式中, C 为两个电荷间的库仑能; P 为 CT 偶极子的极化能; I_D 为 D 的电离能; E_A 为 A 的电子亲合势。对于蒽-PMDA,按上式计算的跃迁能位于可见光区;对其他 CT 络合物,跃迁能发生在可见光区外。

2.8.3　一维聚合物的一般性质

为了讨论因失稳性对基-离子盐金属导电性带来的限制,需要研究一维体系的一般性质。

1. 一维体系的定义

严格的一维体系与准一维体系之间的重要差别：前者在非零度(开氏温度)时不会发生相变，而后者在 $T \neq 0K$ 时显示相变。具有短程力的纯一维体系不存在相变是涨落占主导的直接结果。对于一维体系，改变在给定位置上分子的位置或状态所需的自由能是通过增加在该温度下的熵来适当供给的。可是，二维及三维体系就不是这种情况，这时可能产生相变，出现较低自由能的有序态。当将准一维这个术语用于导电性时，也需对此进行定义。Heeger 与 Garito 最先对准一维体系做了定义：若沿特定方向电子平均自由程 $\lambda_{//}$ 与该方向的晶格常数可以相比拟或大于它，而对垂直于该选择方向运动的 $\lambda_\perp$ 比该方向的晶格常数小得多,也就是说，横向电导率是扩散型而不是波状的。但是，只根据电导率的各向异性对一维体系做定义是不够的，因为三维体系也显示电导率的高度各向异性。对于准二维体系，在平面内的自由程应约等于或大于该平面上的晶格常数，但比在垂直于这个平面方向上的面间距离小。尽管由平均自由程构成了准一维体系的判据，但是反射、偏振、磁学及力学性质的各向异性也是与这个定义一致的，例如，基-离子盐 TTF-TCNQ 满足一维金属的判据，根据单电子能带理论得出电子平均自由程：

$$\lambda_{//} \approx v_F \tau_{//} \approx \frac{\pi \hbar}{e^2} A \gamma_{//} \tag{2-158}$$

式中，v_F 为电子的费米速度(在费米能级上电子的速度)；$\tau_{//}$ 为电子的平均自由时间；A 为每个柱的截面积；$\gamma_{//}$ 为平行于柱的电导率。当 $A \approx 6 \times 10^{-15} cm^{-2}$ 与 $\gamma_{//} \approx 10^3 \Omega^{-1} \cdot cm^{-1}$ 时，可得 $\lambda_{//} \approx 0.38nm$(一个晶格常数)，而当 $T < 100K$ 时，$\lambda_{//} \approx 380nm$(约 1000 个晶格常数)。当电子运动的方向与 TTF-TCNQ 链垂直时，由核磁共振测量得到的跳跃时间约 $3.7 \times 10^{-12}s$，这比在链内的跳跃时间长 1000 倍，因此 $\lambda_\perp \approx 10^{-3}nm$，比链间距离小得多，所以证明可将 TTF-TCNQ 当作一维金属。

2. 失稳性的类型

下面讨论与维度性有关的失稳性问题。在某一温度 T_m 下，大多数准一维体系会产生从金属态至绝缘态的转变，现在讨论引起这种转变的理由。

1) Peierls 转变

一维体系的各种失稳性将影响电导率的温度关系及其他性质。Peierls 首先指出，一维金属相对于静态晶格畸变是不稳的，这一点可由考察各自具有一个价电子的 N 个分子的线性排列来解释。在最邻近的紧束缚近似下，能带 $E(k) = E_0 + 2t \cos k\alpha$ (式中，$t < 0$，代表最邻近分子的相互作用能；α 为未受微扰的晶格常数)将是半填

充的，因此体系具有金属性，这时费米动量为 $\pi/2\alpha$，因为波矢 $|k| \leqslant |k_F|=\pi/2\alpha$ 的状态全部被占据(图 2-31)。然而，如果发生如图 2-31(a)所示的静态周期性畸变，此体系可视为 $N/2$ 个相互作用的二聚体的线性排列(为了简单，设 N 为偶数，这并不失其普遍性)。对于给定的二聚体，由单体分子轨道混合产生的低成键轨道被填充，能隙 2Δ 将占据(成键)轨道与未占据的反键态分开；二聚体间的相互作用仅将填充的二聚体能级展宽。在这种情况下，静态周期性晶格畸变将造成晶格周期为 2α 的绝缘态，只要成键与反键能带不相互叠合。在二聚体情况下的费米动量 k_F 仍为 $\pi/2\alpha$，因为晶格尺度加倍，使填充带顶位于 $\pi/2\alpha$，即布里渊区边缘。将这种类型的失稳性称为 Peierls(或 Peierlε-Fröhlich)失稳性，它是由静态晶格畸变感应的电子定域化造成的，它完全不同于莫特失稳性，后者起源于电子-电子的强烈排斥互作用。

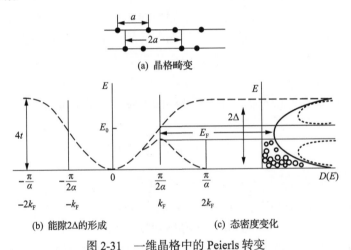

(a) 晶格畸变

(b) 能隙2Δ的形成　　　　　　(c) 态密度变化

图 2-31　一维晶格中的 Peierls 转变

2) 莫特转变

在讨论 Peierls 转变时曾假设：存在标准的单电子能带图形；忽略电子间的排斥作用；一个给定分子位置被一个或两个电子占据的概率相等，也就是说，Peierls 转变是在扩展态电子与晶格相互作用的情况下产生的。应指出，晶体中的电子运动偏离能带理论的一个明显现象是莫特转变。虽然能带理论曾成功地解释了许多晶体的电学及光学性质，但在讨论狭能带强关联下的电子态却是无能为力的。这时单电子或独立粒子的图像不能再使用，而电子间的相互作用也变得十分重要。为了说明莫特转变，考查如图 2-32 所示的两种电子占据的组态(a)与(b)。组态(a)代表在每一个位置上由一个有未成对电子的自由基构成的有序排列，组态(b)代表某一个位置出现由两个自旋方向相反的电子占据的情况。莫特认为，如果考虑电子间的库仑排斥作用，那么就会在组态(a)与(b)间引入一活化能，从而使基态(半填充带)成为绝缘态。这说明一个未完全填充的能带并不一定显示金属导电性,也就是说能带理论并不适用具有狭能带结构的材料。如果一个对电子的静电排斥能 U(称为 Hubbard 势)变得可与带宽 W 相比较,那么两个电子处于相同原子上的概率必然降低。当 U/W 约等于某一临界值时,会发生突然向电子具有相反自旋方向的非金属态的转变。可以预示,带隙会从零非连续地变到某一正的数值。一般有机高聚物导体的带宽为 $0.1\sim0.2\text{eV}$,而未屏蔽的有效库仑斥力约为 1eV。由此可见,在有机导体体系中电子的库仑相互作用也可能导致金属-绝缘体转变(图 2-32 组态(b))。

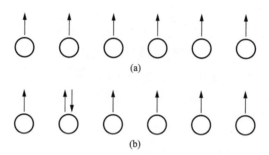

图 2-32　电子组态导致莫特转变的示意图

3. 聚乙炔的结构

在低于室温时通过聚合得到的是一种富顺式(cis-rich)材料,而高于室温时将得到富反式(trans-rich)材科(图 2-33)。富顺式聚乙炔的差示扫描量热图在 140℃ 左右呈现一个放热峰,代表顺式至反式的异构化。因此,顺式—$(\text{CH})_x$ 借热处理可变成反式—$(\text{CH})_x$。

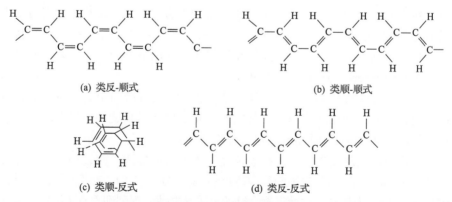

(a) 类反-顺式　　　　　　　　　　(b) 类顺-顺式

(c) 类顺-反式　　　　(d) 类反-反式

图 2-33　聚乙炔的四种异构体

借红外光谱与拉曼光谱的特征吸收,可以区分顺式与反式异构体及它们的含量。理论上，聚乙炔可能有四种不同的异构体(图 2-33)，其中富反式主要包含类反-反式(trans-transoidal)异构体。通过将 C_2H_2 和 C_2D_2 的共聚物振动模的计算值与红外光谱的观测结果进行对比得出：顺式—$(CH)_x$ 包含类反-顺式(cis-transoidal)异构体；而类顺-反式(trans-cisoidal)异构体可以排除。由于几何原因，类顺-顺式(ci-cisoidal)异构体是可以忽略的。应指出，类反-反式异构体又称为全反式(all-trans)异构体。

类反-反式—$(CH)_x$ 可以存在互为镜像的 A 相与 B 相，因镜像关系，A 相与 B 相的能量相同，因此，全反式—$(CH)_x$ 有两个在能量上简并的基态(A 相和 B 相)，它将产生孤子激发态。

顺式—$(CH)_x$ 的 A 与 B 相代表结构不同的两种分子。A 相中双键两端的两个 H 在同一侧，而单键上的 H 在反侧，构成类反-顺式。B 相却为类顺-反式(图 2-33)。显然，顺式—$(CH)_x$ 的 A 与 B 相的能量不同，A 相每个结构单元的能量比 B 相低零点几电子伏，因此顺式—$(CH)_x$ 的基态是非简并的，不能形成孤子激发态，而只能出现极化子激发态。

4. 聚氮化硫——$(SN)_x$

聚氮化硫$(SN)_x$ 虽不是有机体系，但它是一种无限 π 键合的体系，是第一个由非金属元素组成的超导体，也是第一个高分子超导体，邻近原子间的键具有共价的特性，而且十分强。上述特点与高分子有机体系的性质密切有关，讨论它的特性对研究有机材料是有价值的。

聚氮化硫是由大致上无限长的 SN 链束借范德瓦尔斯力保持在一起，可以预示，$(SN)_x$ 具有准一维体系的特性。可是，$(SN)_x$ 不仅在温度下降时明显地保持了金属的导电性，而且在 $T≈0.3K$ 时将变成超导体。为什么$(SN)_x$ 不会出现准一维导电高聚物的 Peierls 转变呢？主要是由于这类聚合物借共价键构成，它们对压缩的阻力比 TTF-TCNQ 分列成柱中的分子的阻力强得多。此外，$(SN)_x$ 并不满足准一维特性的判据，因为材料内链间的互作用强，但也不能用它作为共价健聚合物分子不能产生 Peierls 转变的理论根据。

$(SN)_x$ 具有单斜晶体结构，其分子是链状的，全部链间距离明显长于最短的链内距离，说明链间相互作用弱，其电学及光学性质是高度各向异性的。因此，$(SN)_x$ 晶体可视为$(SN)_x$ 链构成的定向纤维束。

一些作者不仅从简单的一维扩展休克尔紧束缚近似法，而且还用三维正交化平面波法对$(SN)_x$ 的能带结构进行了精确的计算。在对$(SN)_x$ 能带进行计算时，应考虑没有 Peilerls 失稳性；估计沿聚合链的金属导电性及观测到垂直于链轴的电导率的数值；估计费米面上电子状态密度及最低带隙的数值。由一维计算得出导带宽约 2eV，但不能合理地预示最高价带与最低未占据的 σ 带间存在着宽能隙($≈8eV$)。

应指出，三维正交化平面波法是计算 $(SN)_x$ 能带结构的最好方法。

2.8.4　聚合物中的缺陷及其输运

导电聚合物的许多理论研究工作集中在聚合物的中性缺陷及带电缺陷上面。以聚乙炔等为例，讨论聚合物中的孤子、极化子与双极化子及有关的输运特性，当然这些概念与特性在一定条件下也可以用在其他导电聚合物上面。

1. 孤子、极化子与导电性

研究聚乙炔的导电性时需要引入一个新的概念——孤子，一个没有弥散而传播的波称为孤波(或孤子)。在流体动力学情况下，波在传播过程中正常的能量弥散过程得到了非线性过程的补偿，故波能孤立地向前传播。在反式—$(CH)_x$ 这种线性共轭聚合物的情况下，由于交换 $(CH)_x$ 的单键与双键会得到两个简并的基态 A 与 B，一个由扭折或相互邻近的两个单键构成的缺陷是可移动的，并且像一个孤波沿链运动，在分子两端容易产生反射。

孤子存在的必要条件是至少要有两个简并的基态，它的例子是：这里将孤子视为一个将 A 相及 B 相分开的畴壁。因为形成孤子时没有电荷附加于链或从链抽出，故孤子呈中性，其空间尺度约有 14 个点阵间隔，其质量约为电子质量的 6 倍。因为中性孤子有自旋，故可借核磁共振证实其扩散。也可以使孤子带电，例如，当一种施主杂质(如钠原子)加入在聚乙炔时，它将电子给予聚合物链。如果一个中性孤子出现在其附近，那么电子将被这个中性孤子俘获，形成一个无自旋的带负电的孤子。类似地，也可以借加入受主杂质(如 AsF_5)而产生一个无自旋的带正电的孤子，这时受主杂质从链的 π 键接受一个电子，相当于它给予链的 π 键一个空穴。带正、负电的孤子如果不受到原始的带相反电荷的施主(或受主)的库仑吸引作用，那么在电场作用下将产生电流，甚至当带电孤子受到库仑吸引时，电导仍然会借电子在带电与中性孤子间跳跃运动而产生，也就是说，带电孤子会通过跳跃而传递电流。

当一个施主(或受主)杂质提供一个电子(或空穴)到一个没有中性孤子的链上时，过剩电子(或空穴)将形成键以降低它的能量，将电子(或空穴)加上分布在链上的、含若干(约 20)个位置的特征键合形成的带电整体称为极化子。与带电的孤子不同，极化子有自旋。除了具有自旋与不同键合形变外，极化子与孤子不同，前者存在于全部导电聚合物中，而后者仅产生于聚乙炔中。如果杂质浓度很高，极化子可能成对，形成双极化子。因双极化子含有两个电子或空穴，故其无自旋，类似于带电的孤子。极化子与双极化子两者在电场中可以运动而形成电流，这时它们不受原始施主或受主杂质的库仑吸引而成为束缚态。

2. 光导电性

产生不被杂质束缚的孤子与极化子的方法之一是用光子能量大于带隙的射线照射导电高聚合物，如聚乙炔等。光子使电子激发至导带，从而形成电子-空穴对。不仅从理论上可以预示，而且从实验上可以证明，电子-空穴对在零点几皮秒内就可以极迅速地使分子链形变，形成带正、负电的孤子对。如果孤子对中的电子和空穴处在隔开的分子链上，各自将形成一个极化子而不是孤子。在极短的辐照后，借此产生的孤子与极化子通过自由运动而导致强的光电流。

3. 无自旋输运

在聚对苯撑(PPP)的情况下，只能归结为双极化子输运；在聚乙炔的情况下，可能为带电孤子输运，但是这种输运用在链间输运时却要受到限制，因为聚乙炔体系具有无序性，只有那些对载流子迁移有利的分子链结构才能产生链间输运。图 2-34 为了含一个带电孤子的无限聚乙炔链与邻近无缺陷链的链间输运情况，这个孤子不能跳跃到邻近链上，因为在这种跳跃后将发生键长的重新排列，这时需要无限大的活化能。因此，双极化子输运提供了聚乙炔与聚对苯撑的无自旋输运的合理解释。

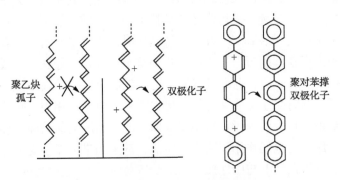

图 2-34　聚乙炔及聚对苯撑的链间输运

第3章 高聚物的极化与损耗

3.1 电介质在静电场中的极化

3.1.1 电介质与绝缘体

金属、半导体与绝缘体的分类主要是依据衡量它们宏观的导电能力——电导率或电阻率进行划分的。因此，绝缘体是指一类在外电场作用下仅能通过极微弱电流的物质，或者说绝缘体是一类导电能力极低的物质。由于绝缘体因种类千差万别，所以其电导率范围大；在一定条件下会发生 Peierls 与 Mott 转变(金属-绝缘体或半导体转变)；金属、半导体与绝缘体并不存在严格的划分界限，因此，笼统地说某种物质是导体、半导体或绝缘体是不很确切的。在电气与电子工程上对绝缘体的基本要求是：尽可能低的电导率及在强电场中有最高的承受破坏性击穿的能力，此外，还要求它们寿命长、价格低、化学惰性大并耐高温、耐气候等。

电介质系指在电场作用下能在其中建立极化的一切物质，广义地说来，它不仅包括绝缘材料，而且还包括能够将力、热、光、温度、湿度、射线、离子等物理、化学及生物等非电量转化成电信息的各种功能材料，甚至还包括电解液和金属材料。

为了研究电介质在电场中的宏观电性能参数与其微观结构的关系，必须讨论它在外电场作用下所产生的两个基本物理过程：导电过程与极化过程。前者在第 2 章已讨论过，它是指载流子在静电场中沿电场方向平均迁移的物理过程；后者将在本章讨论，它是指电荷(包括束缚电荷及自由电荷)在静电场中做微小的广义位移(如束缚电荷的位移，偶极子取向)或受限的大尺度位移(如自由电荷移至界面与电极表面)而在电介质表面(或界面)产生束缚电荷的物理过程。本章将讨论电介质在弱静电场与交变电场下的线性响应，即被激发量与外电场成正比的特性。

3.1.2 分子极化率

根据静电学定律，在各向同性电介质中，有

$$D = \varepsilon_0 \varepsilon E = \varepsilon_0 E + P \tag{3-1}$$

式中，D 为电位移矢量；E 为电介质中的平均宏观电场；P 为介质的极化强度(或单位体积内电偶极矩的矢量和)。电位移通量总是从自由电荷发出而终止于自由电荷，处处连续，与电介质的存在无关，由于不同电介质的极化强度不同，故电场 E 在不同电介质的界面上是不连续的。

介质极化的微观过程是，外电场的作用使每个单独的分子感应出电矩 m，在一级近似下，分子感应电矩可写成

$$m = \alpha E_1 \tag{3-2}$$

式中，E_1 为作用在分子上的局部电场；比例系数 α 为分子极化率。除各向异性电介质外，分子感应电矩的平均方向与外电场方向一致，由于局部电场正比于外电场，故 $m \propto E_1$。按介质极化强度的定义可得

$$P = N\alpha E_1 \tag{3-3}$$

式中，N 为单位体积的分子数。

分子极化的微观过程。对小的极性分子，其极化率含有三个分量。

1. 电子极化

在外电场作用下，构成原子外围的电子云相对于原子核发生位移的极化称为电子极化。由于任何原子中的电子与原子核的相互作用极强，电子受核作用的电场约为 5×10^{11}V/m，比极少超过 10^8V/m 的外电场强得多，故外电场仅使电子相对核发生微小的弹性位移，计算得出电子的位移约 10^{-17}m，这比核的半径还小。建立电子极化所需的时间为 $10^{-15} \sim 10^{-16}$s，故在极高频下仍能产生，它决定着电介质在光频下的色散与吸收(复折射系数)的特性。因为阻止电子位移的弹性回复力是静电力，故电子极化率 α_e 与温度无关，电子极化为一切介质所共有。

2. 原子极化

在外电场作用下，构成分子的原子(或原子基团)或离子之间发生相对移动而形成的极化称为原子极化。由于重核的惯性比电子的大得多，所以原子极化的时间比电子的长得多，约为 10^{-18}s，它决定着电介质在红外频段下的色散与吸收的特性。从分子固体的红外振动谱可知，当键角变化时，分子弯曲与扭曲的力常数通常比键伸缩的低得多，故弯曲振动模式将对原子极化起主导作用。一般分子固体的原子极化率 α_a 较小，所以多与它的电子极化率合并考虑。

离子极化只可能在离子晶体或一些具有离子键的固体(如具有微晶结构的玻璃)中建立，液体或气体介质中不可能有离子极化。计算得出离子晶体中的 $\alpha_a \approx 10^{-40}$Fm^2，比电子极化率 α_e 约高一个数量级。在忽略离子晶体热膨胀的条件下，可以认为原子(或离子)极化率 α_a 与温度无关。

3. 偶极子取向极化

极性电介质分子在无外电场作用时，就有一定的偶极矩(称为固有偶极矩)。由于分子热运动，偶极矩沿各方向取向的概率是相等的，因此，就整个介质来看，偶极矩等于零。当极性分子受外电场作用时，偶极子就受到电场产生的转矩作用而企图沿电场方向取向，同时在热运动的作用下，偶极子将随机(混乱)分布。在平衡态时，就电介质整体来看，偶极矩不再等于零，而出现沿外电场方向的宏观偶极矩，这种极化现象称为偶极子取向极化。

对凝聚态物质必须考虑粒子间的相互作用特性，通常将相互作用分为长程与短程两类。例如，价键作用、范德华作用与排斥作用都是短程的，而偶极矩间的相互作用是长程的。为了简化分析，忽略偶极子间的长程作用，只讨论自由旋转偶极子的取向极化。

假定每个分子的固有偶极矩 μ_0，它在电场 E(视具体情况，可为平均宏观电场或局部电场)中的势能为

$$U = -\mu_0 \cdot E = -\mu_0 E \cos\theta \tag{3-4}$$

式中，θ 为 μ_0 与 E 间的夹角；E 为作用在分子上的电场。根据经典统计力学，一个偶极子的方向处在与电场夹角为 $\theta \sim \theta+\mathrm{d}\theta$ 的概率应正比于

$$(2\pi\sin\theta)\exp(\mu_0 \cdot E_1 / kT)\mathrm{d}\theta$$

式中，k 为玻尔兹曼常数；T 为绝对温度；$2\pi\sin\theta\,\mathrm{d}\theta$ 为 θ 与 $\theta+\mathrm{d}\theta$ 的立体角。于是，在电场 E 方向的平均偶极矩应为

$$\mu_0\langle\cos\theta\rangle = \frac{\int_0^\pi \mu_0 \sin\theta\cos\theta \exp(\mu_0 E\cos\theta / kT)\mathrm{d}\theta}{\int_0^\pi \sin\theta \exp(\mu_0 E\cos\theta / kT)\mathrm{d}\theta} \tag{3-5}$$

为了计算这个积分，令 $x=(\mu_0 E/kT)\cos\theta$，代入式(3-5)可得

$$\mu_0\langle\cos\theta\rangle = \frac{\mu_0}{a}\frac{\int_{-a}^a xe^x\mathrm{d}x}{\int_{-a}^a e^x\mathrm{d}x} = \mu_0\left(\frac{e^a + e^{-a}}{e^a - e^{-a}} - \frac{1}{a}\right) = \mu_0 L(a) \tag{3-6}$$

式中，$L(a)$ 称为朗之万函数，如图 3-1 所示。从图中可以看出，在原点附近，$a = \mu_0 E_1/kT \ll 1$，$L(a) \approx a/3$，此时电场不太强且温度又不太低，由热运动导致的分子无序分布占优势。

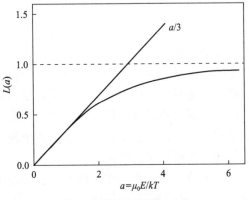

图 3-1　朗之万函数 $L(a)$

由式(3-6)可得，沿电场方向的平均偶极矩：

$$\mu_0 \langle \cos\theta \rangle = \frac{\mu_0^2}{3kT} E \qquad\qquad (3\text{-}7)$$

可见，它与电场 E 成正比，其比例系数即为偶极子的取向极化率：

$$a_d = \frac{\mu_0^2}{3kT} \qquad\qquad (3\text{-}8)$$

温度上升，热运动干扰增强，α_d 下降。如果电场很强，使 $a \gg 1$，那么 $L(a) \to 1$，平均偶极矩增至饱和值 μ_0，此时电场的有序化作用远超过热运动的无序化作用，所以几乎全部偶极子都沿电场取向。当然，这仅是一个逻辑推测，在实验上很难证实，因为电场太强电介质会发生击穿。在大多数实验条件下，满足 $a \ll 1$，例如，当 $E=10^6$V/m，$\mu_0=10^{-29}$C·m，T=300K 时，得出 $a=10^{-3}$，相当于平均 10^3 个偶极子中仅一个沿电场取向。应指出，分子固有偶极矩 μ_0 也用德拜(D)为单位进行度量，1D=3.33×10^{-30}C·m。分子的热运动阻碍了偶极子取向，故建立这类极化需要较长时间(10^{-10}s 或更长)，这类极化具有下面讨论的松弛特性，因此又称为松弛极化。

对于极性电介质，分子的总极化率等于各种粒子极化率之和，即

$$\alpha = \alpha_e + \alpha_a + \alpha_d \qquad\qquad (3\text{-}9)$$

对于非极性电介质

$$\alpha = \alpha_e + \alpha_a \qquad\qquad (3\text{-}10)$$

当然对于一种具体的电介质，通常有一种极化占主导地位。例如，惰性气体占主导地位的极化是电子极化，离子晶体占主导地位的是离子(原子)极化，而强极性介质占主导地位的是极性分子或偶极子的取向极化。

4. 载流子游动极化

Pohl 将载流子游动(nomadic)极化作为分子极化的第四种基本形式。一般有机高分子材料的介电系数在 6～40。但是，他发现像多省并醌基(polyacene quinone radical，PAQR)这类聚合物的介电系数高达 10^5。他将这些材料具有极高介电系数的原因归结为自由载流子可能沿巨大共轭(eka-conjugated)聚合物中 π 轨道提供的大区域移动，从而形成极大的分子偶极矩(图 3-2)。

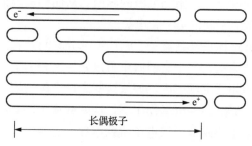

图 3-2　自由电荷产生游动极化的示意图

游动极化不仅限于电子型，还可为质子型。也就是说，质子或电子可能是长区域内的自由载流子。硅在低频时具有异常高的介电系数(81)、某些氢化锂盐有极高介电系数就可归结为质子游动极化。

产生游动极化应具备如下先决条件。首先，必须有大量的自由载流子，如电子或空穴，它们既可以本征地由巨大共轭高分子的自然离解产生，也可以由掺杂产生。例如，由附加金属锂、钠、钾等产生的氧化还原反应，或由强电子施主，如碘与溴直接提供。其次，必需存在适合于电子轨道离域的长分子轨道区域，以便自由载流子在长距离范围内移动。普通的高分子材料在外电场为 100V/m 时，电子对于核的平均位移约为 10^{-9}nm，而电子在巨大共轭高分子的长程离域轨道内相对于空穴移动可达 100～1000nm。若按电子极化率与其位移成正比，则电子游动极化率将比电子极化率高 11～12 个数量级。但是，由于介质的极化强度与电子的浓度成正比，有机高分子固体中电子浓度约 10^{24}cm^{-3}，如果游动电子浓度为 10^{17}cm^{-3}，根据下面讨论的克劳修斯方程(3-21)做一简单估计得出，具有游动极化的高聚物的介电系数(或极化强度)要比普通高聚物的大 10^3～10^4 倍。

参加游动极化的载流子虽然移动范围极大，甚至接近薄膜介质的厚度，但它们只能在巨大的共轭高分子的长程离域轨道内移动，故仍应归为分子极化的一种形式。当然，它与在不同材料组成的混合体系中发生的界面极化不同，后者虽出现自由载流子的长程位移，但它应属宏观极化。

5. 载流子跳跃极化

感应偶极子及固有偶极子均代表可极化类(polarisable species)的一种极端形式,它们当中的两种电荷系呈现相互紧密的联系,在没有极强的外界应力作用时,通常不会离解成为两种分离的电荷,另外一种极端形式当然是完全自由的电荷,如金属中的电子,晶态半导体中的电子与空穴,它们在通过整个固体运动时是自由的,构成对直流电导的贡献。但是,在一定的边界条件下,自由载流子会运动到异种介质间的界面或介质与阻挡电极的界面,从而构成界面极化。下面将讨论处在偶极子与自由载流子间的另一带电类。

在电介质内还有这样一类载流子。它们大部分时间处在定域态内且在平衡位置附近做极微小的热振动,但是它们偶尔可以做一次较大的跳跃而过渡到离开一个或数个原子间距的邻近定域态内。如果这些定域态的密度相当高,以致形成一种连续连接的网络,那么在外电场作用下,这种载流子能够顺利地通过样品而构成第 2 章所讨论的离子跳跃电导或电子跳跃电导。定域电子跳跃电导与自由电子能带电导的主要差异在于:前者的迁移率比后者的低好几个数量级。聚合物或非晶态电介质由于其结构的不完整性,故可能在定域态间存在着高度极为悬殊的势垒,因此,赋予载流子做所谓"较容易"或"更困难"的跳跃。在外电场作用下,载流子在做一次更困难的向前跳跃之前,必然在较容易跃迁的位置做许多次往返的跳跃,使电荷呈不均匀分布,构成载流子跳跃(hopping)极化。在一些非晶无机电介质(如无机玻璃及陶瓷)中,也存在类似的势垒分布,从而构成离子跳跃极化,因其与热运动有关,故有时称它为热离子极化。

应指出,虽然电子(或空穴)跳跃与离子跳跃在某些条件下对电导或极化的贡献存在一些类似性,但是,由于电子具有波粒二象性,通常它可以通过隧道效应或热助(吸收单个或多个声子的能量)隧道效应而穿过势垒,故分析电子跳跃要比分析离子跳跃复杂得多。

用图 3-3 的双势阱模型来分析载流子跳跃极化。假设两个势阱由有限高的势垒分隔,势阱的外壁为无限高,因此可以忽略载流子向外壁逃逸的概率。同时,假定双势阱中的任何一个势阱都被一个电荷占据,另一个符号相反的补偿电荷位于它的附近,也可能在双势阱之间,但认为补偿电荷是刚性固定的,这类似于掺杂半导体或绝缘体内同时存在施主及受主能级的情况。如果载流子占据两个势阱(i 与 j)的概率服从玻尔兹曼分布,即

$$f_j^\circ / f_i^\circ = \exp(W_{ij}^\circ / kT) \tag{3-11}$$

式中,$W_{ij}^\circ = W_i^\circ - W_j^\circ$,$W_i^\circ$ 和 W_j° 分别为不存在外电场时载流子在势阱 i 与势阱 j

的能量；k 为玻尔兹曼常数；T 为绝对温度。在所有条件下，甚至在有外电场时，根据电荷为 e 的质点一定会在两个势阱之一的条件，则有

$$f_i + f_j = f_i^o + f_j^o = 1 \tag{3-12}$$

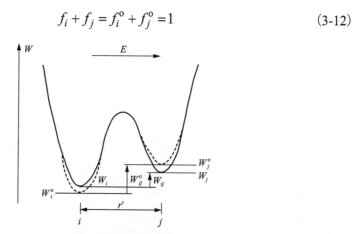

图 3-3　载流子占据双势阱的示意图

当存在外电场时，势阱间的能量差将变成

$$W_{ij} = W_{ij}^o + eEr' \tag{3-13}$$

式中，r' 为连接两个势阱的矢量 r 沿电场方向的投影。因此，电场将导致载流子占据两个势阱概率的重新分布，按照式 (3-12) 得出

$$\Delta f = f_i^o - f_i = f_j - f_j^o \tag{3-14}$$

上式说明当有电场时，带正电的载流子占据位置 i 的概率下降，而占据位置 j 的概率增加，其概率差值应保持不变。当然，有外电场时，$f_j/f_i = \exp(W_{ij}/kT)$。为了简单起见，设 $eEr'/kT = a$，经过简单运算后得到

$$\Delta f = f_i^o f_j^o \frac{e^\alpha - 1}{1 + f_j(e^\alpha - 1)} \tag{3-15}$$

在弱电场中，满足 $eEr'/kT = a \ll 1$，故 $\Delta f \approx f_i^o f_j^o a$。当单位体积内存在 N 个相同的无相互作用的势阱时，则介质的极化强度为

$$P = N\langle e\Delta f r \rangle = eN\langle \Delta f r \rangle \tag{3-16}$$

式中，$\langle e\Delta f r \rangle$ 为在 r 及势阱能量都不相同时载流子跳跃极化产生电矩的统计平均值。假设 r 相同，势阱能量不同，且 $a \ll 1$ 时，得到：

$$P = \frac{Ne^2r^2}{3kT}E\langle f_i^{\circ} f_j^{\circ} \rangle \tag{3-17}$$

式中，系数 1/3 来自随机矢量 r 沿电场方向投影的统计平均；$\langle f_i^{\circ} f_j^{\circ} \rangle$ 为当势阱不同时对不同占据概率的统计平均。

如果将 e、r 定义为正、负跳跃载流子构成的偶极矩，由上式可得跳跃极化率

$$\alpha_h = \frac{e^2r^2}{3kT}\langle f_i^{\circ} f_j^{\circ} \rangle, \quad \alpha \ll 1 \tag{3-18}$$

它与偶极子取向极化率 α_d(式(3-8))相类似，但两者也存在某些差异：偶极子是通过自由旋转而平滑地改变其取向的，而跳跃载流子构成的偶极子取向是由电介质的结构特性所支配并由势阱表示的允许定域位置的空间排布决定。如果 W_i° 与 W_j° 的数值全部相同，那么系数 $\langle f_i^{\circ} f_j^{\circ} \rangle = 1/4$，这时 $\alpha_h = e^2r^2/12kT$。对比式(3-8)可知，由双势阱限定的跳跃载流子的偶极矩为 $er/2$。这里讨论的跳跃极化过程常发生在含有电离施主与电离受主的固体内，因为每对 D^+A^- 构成一个偶极子，它们在外电场中的运动行为决定了非晶固体的介电特性。

3.1.3 麦克斯韦-瓦格纳界面极化

工程电介质经常存在宏观或微观上的不均匀性，在外电场作用下，由于组分的介电特性参数不同，会导致自由载流子(正、负离子、电子或空穴)在不同组分界面上的不断积聚，形成界面空间电荷，称为界面极化。在双层电介质的特定情况下，称麦克斯韦-瓦格纳界面极化，其形成的条件是

$$\varepsilon_1 \gamma_2 \neq \varepsilon_2 \gamma_1 \tag{3-19}$$

式(3-19)说明为建立界面极化，两层电介质的(电路)松弛时间应不等，式中，ε_1、ε_2 及 γ_1、γ_2 分别为第一层、第二层电介质的介电系数及电导率。通过对双层电介质的等值电路(图 3-4)的分析，容易得出建立界面极化的松弛时间：

$$\tau = \varepsilon_0(\varepsilon_1 d_2 + \varepsilon_2 d_1)/(\gamma_1 d_2 + \gamma_2 d_1) \tag{3-20}$$

式中，d_1 与 d_2 分别为介质层 1 与层 2 的厚度。由式(3-20)可见，τ 不仅与各层的介电特性 ε、γ 有关，还与它们的几何尺寸有关。因 τ 依赖于一些宏观电性参数，故界面极化是一种宏观极化。由于电导率随温度上升其指数增加，因此 τ 显著依赖于温度。界面极化的松弛时间较长，短则数秒，长达数天或更长。

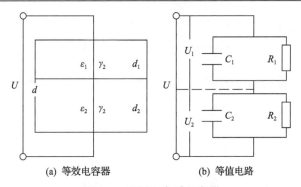

(a) 等效电容器　　　　　　(b) 等值电路

图 3-4　双层电介质电容器

　　工程电介质总是含有多种组分，例如，为了防止高聚物热及光老化，通常加入防老化稳定剂；填料与染料也会形成分散相；杂质如痕量的单体、溶剂及水份等，也会使高聚物体系是非均匀的。此外，样品与电极接触构成的边界条件也是极复杂的。因此，界面极化还应包含：在阻挡接触时由电极附近的空间电荷引起的电极极化、高聚物中晶区-非晶区界面上的极化等。

　　经常掺入导电粒子(如碳黑、石墨、金属粉末等)对绝缘聚合物改性以制成导电或半导电高分子材料。例如，加碳黑的硫化橡胶不仅有高达 $10^{-1}\Omega^{-1}\mathrm{m}^{-1}$ 的电导率，而且由于碳黑粒子被分散在高聚物基体内，当碳黑浓度达 30%～40%时，通过显著的碳粒-高分子间的界面极化，可使复合物体系的介电系数超过 100。因此，通过界面极化可从某些材料中获得极高的介电系数。

3.1.4　极化的微观量与宏观量间的关系

　　本节将讨论极化的微观量(分子极化率、分子浓度及分子上的局部电场)与宏观量(介质极化系数或介电系数)间的联系。

　　1. 克劳修斯-莫索谛方程

　　如果作用在原子或分子上的局部电场为 E_1，根据式(3-1)与式(3-3)可得克劳修斯方程，即

$$P = \varepsilon_0(\varepsilon-1)E = N\alpha E_1 \tag{3-21}$$

式中，α 为分子极化率。克劳修斯方程建立了电介质极化的宏观量(ε, E)与其微观量(N, α, E_1)间的联系，如能找到 E_1 与 E 之间的关系，就能建立 ε 与 N、α 的显函数关系。通常，E_1 与 E 不相等，求 E_1 过程的复杂性随电介质的特性而异。气体介质的分子间作用弱，$E_1 \approx E$，而某些离子晶体介质(如 TiO_2)的 E_1 将明显大于 E。气体介质，因 $E_1 = E$，按式(3-21)容易得出

$$\varepsilon - 1 = N\alpha / \varepsilon_0, \quad \text{非极性气体}$$

$$\varepsilon - 1 = N(\alpha + \mu_0^2 / 3kT) / \varepsilon_0, \quad \text{极性气体} \tag{3-22}$$

对于非极性或弱极性的液体、高聚物、立方对称的离子晶体，可以采用洛仑兹局部电场，即

$$E_1 = \frac{\varepsilon + 2}{3} E \tag{3-23}$$

将式(3-23)代入式(3-21)后可得出克劳修斯-莫索谛方程：

$$\frac{\varepsilon - 1}{\varepsilon + 2} = \frac{N\alpha}{3\varepsilon_0} \tag{3-24}$$

从式(3-24)可知，$N\alpha$ 增加，ε 增加，而当 $N\alpha \to 3\varepsilon_0$ 或 $\alpha \to 3\varepsilon_0/N$ 时，介电常数 ε 将趋于无穷大，称为莫索谛灾难。当主要考虑偶极子取向极化时，可以预示随着温度降低，在达到某一临界温度 $T_c = N\mu_0^2/9k\varepsilon_0$ 时，根据

$$\varepsilon - 1 = \frac{3T_c}{T - T_c} \tag{3-25}$$

可知，ε 将趋于无穷大。这意味着降低温度甚至在不存在外电场的情况下，总可以使极化强度增加到分子偶极子发生相互平行排列的程度，这与铁磁学中的有关现象相似，将它称为铁电效应。式(3-25)类似于居里-外斯定律。的确只有少数晶体材料显示铁电性，这表明克劳修斯-莫索谛方程不适用具有高局部电场的材料。

2. 昂萨格方程

昂萨格提出了一个更合理的计算极性液体分子局部电场的模型，导出了其介电系数与分子极化率的关系。他假定被研究的分子可视为一个电偶极子，位于一个与其尺度相当的半径为 a 的真正空腔的中心，且空腔外的电介质可视为宏观均匀且连续的。因此，分子的总偶极矩为

$$\mu = \mu_0 + \alpha E_1 \tag{3-26}$$

式中，E_1 为分子上的局部电场；μ_0 为极性分子在其空腔中的固有偶极矩；α 为分子极化率。昂萨格认为，作用在空腔中心处偶极子上的局部电场是空腔电场 G 与反作用电场 R 之和，即

$$E_1 = G + R \tag{3-27}$$

空腔电场定义为存在外电场 E 时，在真正空腔中心上的电场。通过静电场计算可得出

$$G = \frac{3\varepsilon}{2\varepsilon + 1} E \tag{3-28}$$

其方向与 E 平行，将使 μ 取向。

反作用电场定义为不存在外电场时，一个位于球中心的电偶极子将使周围的电介质极化，在腔壁产生感应电荷，从而建立一个反作用于点偶极子自身的电场。通过静电场计算可得出

$$R = \frac{2(\varepsilon - 1)}{4\pi\varepsilon_0(2\varepsilon + 1)a^3} \mu \tag{3-29}$$

由于 R 与 μ 同方向，它不会使 μ 取向，而只能使点偶极子伸长从而发生极化。利用上面的局部电场最后可得到昂萨格方程，即

$$\frac{(\varepsilon - n^2)(2\varepsilon + n^2)}{\varepsilon(n^2 + 2)^2} = \frac{N}{3\varepsilon_0} \frac{\mu 0^2}{3kT} \tag{3-30}$$

式中，n 为介质的折光率；N 为单位体积偶极子数。昂萨格理论不仅十分成功地描述了许多液体电介质的稳态极化特性，改进了克劳修斯-莫索谛方程，而且避免了人为预示的铁电效应（常称为克劳修斯灾难）。但昂萨格理论忽略了邻近分子的强局部力，故不能用它解释像水这类强极液体与许多固体电介质的极化特性。

在非极性溶剂中测量极性溶质偶极矩的实验时，发现了局部有序效应。因此，甚至将实验结果外推到无限稀释的溶液时，从简单模型得出的偶极矩也与纯溶质在气相时的不同。这种所谓的溶剂效应是由昂萨格反作用电场产生的，如果局部取向不强，昂萨格方程仍适用，溶液有效偶极矩与孤立分子或气相偶极矩的关系为

$$\mu_{\text{eff}} = \frac{(2\varepsilon + 1)(n^2 + 2)}{3(2\varepsilon + n^2)} \mu_0 \tag{3-31}$$

高聚物的有序效应主要产生在分子间。

3.1.5　如何获得高介电系数的材料

为了制作广泛应用于电容器的高介电系数的高聚物，不仅要考虑一般的介

电方程以找到如何选择高极化率介质结构的方法，而且要分析介质的分子极化率，以得到具有高极化率的分子结构。由于极性高聚物的电子及原子极化率常比偶极子的取向极化率低。因此，将详细讨论决定取向极化强弱的一个分子的偶极矩。此外，也可利用载流子游动极化及特定的界面极化以得到高介电系数的电介质。

1. 偶极矩

偶极矩产生于体系中正、负电荷密度的非对称分布。正电荷来自核且是定域的，正电荷密度的改变可归因于分子的结构转变；负电荷密度取决于离域的电子体系，而离域的程度依赖于化学结构。

从原则上看，可以计算一个分子中电子电荷的分数分布。如果已知核的平衡位置，即也知道正电荷分布，就可以计算这个分子的偶极矩。然而，实际上这种计算是极困难的，因此经常采用下式：

$$\mu_{\mathrm{mol}} = \sum_{i=1}^{n} \mu_i \tag{3-32}$$

来计算一个分子的总偶极矩 μ_{mol}。式中，μ_i 为分子中第 i 键的偶极矩。将偶极矩的绝对值近似地表示为

$$\mu_i = 4.8 R_{\mathrm{b}} I \tag{3-33}$$

式中，R_{b} 为键长；I 为键的离子性。分子中 A 原子与 B 原子之间化学键的离子性可借鲍林电负性 $(\chi_{\mathrm{A}} - \chi_{\mathrm{B}})$ 表示为

$$I(\mathrm{A,B}) = 1 - \exp\left[-\frac{(\chi_{\mathrm{A}} - \chi_{\mathrm{B}})^2}{4}\right] \tag{3-34}$$

鲍林电负性定义为

$$\chi_{\mathrm{A}} - \chi_{\mathrm{B}} = [0.18 E_{\mathrm{AB}} - (E_{\mathrm{AB}} E_{\mathrm{BB}})^{1/2}]^{1/2} \tag{3-35}$$

式中，E_{AB} 为键的总束缚能；E_{AA} 和 E_{BB} 分别为相应原子间的束缚能。根据电子组态的类型，可将键偶极矩分为以下三类：σ-矩，由 σ 键本征函数的离子部分决定；π-矩，由 π 电子密度变形引起；弧对矩，来自非键合电子。表 3-1 为大多数普通键偶极矩的数值。

表 3-1　键偶极矩

键	偶极矩/10^{-30}C · m	键	偶极矩/10^{-30}C · m
C—F	4.63	C≡N	4.66
C—Cl	4.90	C≡O	8.00
C—N	1.45	C≡S	6.66
C—O	2.33	C≡N	10.32
C—S	3.00	H—O	4.99
C(sp³)—C(sp²)	2.30	H—N	4.33
C(sp³)—C(sp)	4.93	H—S	2.33
C(sp²)—C(sp)	3.83	Si—C	4.00
		Si—H	3.33
		Si—N	5.16

2. 有效偶极矩

高聚物分子的形状及分子的总偶极矩都随热运动而变化，故不能将分子完全视为刚性构型。可是，在处理高聚物分子体系中偶极子取向极化时，则可认为分子中某些部分的构型不受热运动的影响。在计算刚性部分偶极矩时，应对键偶极矩作矢量和。如果分子含有 n 个不随热运动改变构型的极性基，则有效偶极矩为

$$\mu_{\mathrm{eff}} = \left(\sum_{i=1}^{n} \mu_{xi}^2 + \sum_{i=1}^{n} \mu_{yi}^2 + \sum_{i=1}^{n} \mu_{zi}^2 \right)^{1/2} \tag{3-36}$$

式中，μ_{xi}、μ_{yi}、μ_{zi} 分别为沿 x、y、z 轴键偶极矩的分量。热运动对高聚物分子的影响是因为有效偶极矩依赖于温度。

在研究有效偶极矩时，用基团偶极矩比用键偶极矩更加方便。基团偶极矩是在热运动时有稳定结构的化学基团的偶极矩。它的两种主要形式是：极性基连于苯环上和极性基连于甲基上。

高分子有效偶极矩也与它们的立体化学结构有关。可以预示：等规高分子的有效偶极矩最高，因为其中的单体单元以相同的偶极矩按相同方式做规则的取向（图 3-5(a)）；在无规高分子中，取代基是无规排列的，各取代基的偶极矩趋于相互抵消，有效偶极矩小（图 3-5(c)）。当然等规高分子的有效偶极矩比无规或间规（图 3-5(b)）的有效偶极矩高。

在凝聚相或不是很稀的溶液中，分子或基团的偶极矩之间发生强烈的相互作用，它导致总有效偶极矩减小，寇克伍德将降低因子 g_r 定义为

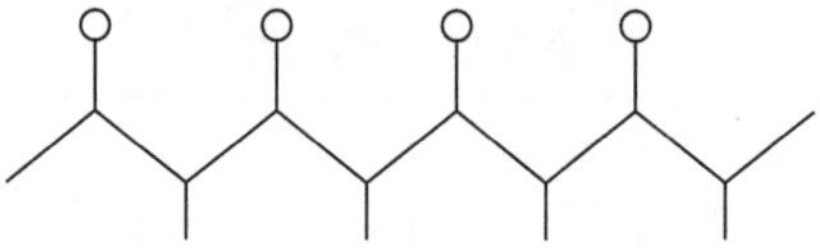

(a) 等规

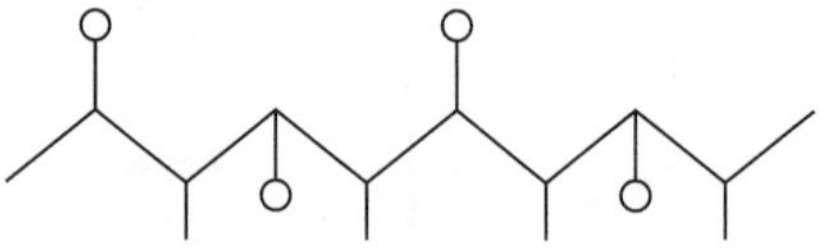

(b) 间规

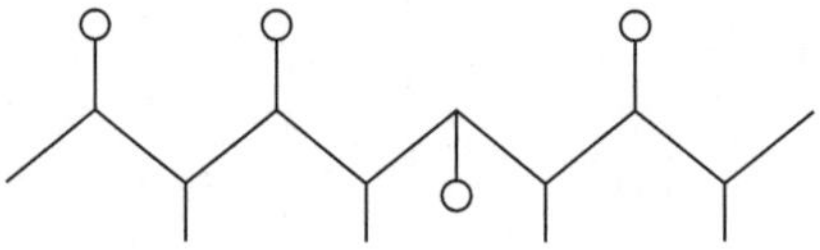

(c) 无规

图 3-5　α-烯烃聚合物的立体化学结构

$$g_r = \frac{\mu_{eff}^2(\text{凝聚相})}{\mu_0^2(\text{气相})} \tag{3-37}$$

式中，μ_0 为基团或分子的总偶极矩；μ_{eff} 为凝聚态下测量的有效偶极矩。降低因子的大小是由最邻近的极性基与被考虑基团之间的距离和数目决定的，对于聚合物，寇克伍德降低因子明显偏离 1，即使在稀溶液中也是这样，这是由于大分子中极性单元分子内相互作用的结果。对于固态高分子材料，分子内的相互作用显然是很大的，但是却未能确定它们相应的降低因子。由于聚合物分子的构型尚不清楚，因此要确定在给定温度范围内分子哪部分在热运动过程中呈刚性是十分困难的。

3. 均方偶极矩

高聚物的实际分子结构因其链的构象而复杂化，故在考查它的偶极矩时必须研究链的构象。仅在极少数场合，例如，在聚四氟乙烯的刚性分子键中，因构象被冻结成唯一的一种构型，故可对重复单元应用矢量求和规则以估计整个聚合物分子的偶极矩。通常，因为聚合物决不会固定于一种构型，所以聚合物分子的极性大小必须借助其均方偶极矩表征。在任一时刻，整个分子的总偶极矩 M 为所有链段偶极矩 m_k 的矢量和：

$$M = \sum_{k=1}^{n} m_k$$

将聚合物分子的均方偶极矩定义为

$$\bar{M}^2 = \overline{\sum_{i=1}^{n} m_i \sum_{j=1}^{n} m_j} = m^2\left(n + \sum_{i=1}^{n}\sum_{j=1}^{n}\overline{\cos\theta_{ij}}\right), \quad i \neq j \tag{3-38}$$

式中，$\overline{\cos\theta_{ij}}$ 为两个重复单元 i 和 j 的偶极子间夹角 θ_{ij} 的余弦对整个聚合物分子的平均值。利用上式可将每个重复单元的有效均方偶极矩表示成

$$\frac{\bar{M}^2}{n} = m^2\left(1 + \frac{1}{n}\sum_{i=1}^{n}\sum_{j=1}^{n}\overline{\cos\theta_{ij}}\right) = g_r m^2, \quad i \neq j \tag{3-39}$$

式中，g_r 为聚合物分子链段的相关因子，它表征链的邻近部分的空间位阻、不同链段间化学键取向的限制及沿链偶极子-偶极子间的相互作用。

3.2　电介质在交变电场中的极化与损耗

本节主要讨论介电松弛及在交变电场中由介电松弛引起的介质色散与介质损失及其温谱与频谱特性。

3.2.1　介电松弛

松弛（或弛豫）这个概念是从宏观热力学唯象理论抽象出来的。它的定义是：一个宏观系统由于周围环境变化或其经受一个外界的作用而变成非热平衡状态，这个系统经过一定时间由非热平衡状态过渡到新的热平衡状态的整个过程就称为松弛。

松弛过程有的是通过粒子间各种复杂的、完全混乱的作用或碰撞来实现，故在弱电场情形下，可以用松弛时间近似方法进行处理，即认为碰撞引起的分布函数 f 的变化速率正比于分布函数相对其平衡值 f_0 的偏差 $(f-f_0)$。下面就用松弛时间近似来处理介电松弛。

例如，若时间 $t=0$，介质的极化强度 $P=0$，在此瞬时突然加上一个恒定电场，则电介质建立热平衡极化强度 P_s 的松弛过程的规律为

$$dP(t) / dt = (P_s - P(t)) / \tau \tag{3-40}$$

式中，$P(t)$ 为 t 时刻的极化强度；τ 为松弛时间，代表 P 从一个稳定状态（始态）至另一个新的稳定状态（终态）随时间建立过程的快慢，τ 小，建立快，τ 大，建立慢，$1/\tau$ 代表松弛频率。

类似地，如果在时间 $t<0$，介质受外电场极化产生极化强度 P_0，在 $t=0$ 时突然除去外电场，则在 t 充分卡之后，系统的极化强度将逐渐下降而趋向热平衡态

的零值。在此过程中极化强度 P 的减小速率与 P 成正比，即

$$\mathrm{d}P(t)\,/\,\mathrm{d}t = -P(t)\,/\,\tau \tag{3-41}$$

如果 τ 仅与温度及电介质的特性有关，与时间无关，那么根据初始条件得出式(3-40)与式(3-41)的解分别为

$$P(t) = P_\mathrm{s}[1 - \exp(-t\,/\,\tau)] \tag{3-42}$$

$$P(t) = P_0[\exp(-t\,/\,\tau)] \tag{3-43}$$

对于极性电介质，还需要考虑其中瞬时极化(电子位移极化或原子位移极化)对极化强度的贡献，则电介质在静电场中的总极化强度应为

$$P(t) = P_\infty + P_\mathrm{d}(t) = P_\infty + (P_\mathrm{s} - P_\infty)[1 - \exp(-t\,/\,\tau)] \tag{3-44}$$

式中，P_∞ 为快速极化强度，因建立时间比松弛极化短得多，故可近似视为不需要时间；$P_\mathrm{d}(t)$ 为 t 时刻的松弛极化强度；P_s 为稳态极化强度。总极化强度 $P(t)$ 的时间特性如图 3-6 所示。

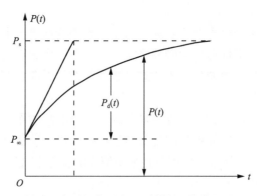

图 3-6　介质极化强度 P 随时间 t 的建立过程

含有极性分子或基团的液体与聚合物、具有载流子(电子或离子)跳跃极化的材料及麦克斯韦-瓦格纳双层介质都具有松弛极化的特性，所以它们对交变电场的响应必然有共同之处。按照极性液体介质松弛的德拜模型及描述载流子跳跃极化的弗列利赫双势阱模型可得到松弛时间 τ 为

$$\tau = \tau_0 \exp(U\,/\,kT) \tag{3-45}$$

式中，τ_0 为温度趋于无限高或粒子旋转(或跳跃)所需克服的势垒 U 趋近于零时的松弛时间，显然 τ 大于 τ_0 且随 U 增加与 T 下降而剧增。

3.2.2 复介电系数

对于理想(不导电)的非极性电介质,若外电场 $E=E_0\exp(\mathrm{i}\omega t)$,当电场的角频率不高,以致快速极化完全能跟上电场时,其极化强度 $P_\infty=P_{\infty 0}\exp(\mathrm{i}\omega t)$,因不存在松弛极化,故介质电位移

$$
\begin{aligned}
D_\infty &= \varepsilon_0 E + P_\infty = \varepsilon_0 E\left(1+\frac{P_{\infty 0}}{\varepsilon_0 E_0}\right) \\
&= \varepsilon_0 E(1+\chi_\infty) = \varepsilon_0 \varepsilon_\infty E
\end{aligned}
\tag{3-46}
$$

式中,$\chi_\infty = P_{\infty 0}/\varepsilon_0 E_0$ 为快速极化决定的介质极化系数;ε_∞ 为相应 χ_∞ 的介电系数。由于没有电导电流,所以外电路的电流密度

$$
j=\frac{\mathrm{d}D_\infty}{\mathrm{d}t}=\mathrm{i}\varepsilon_0\varepsilon_\infty E
\tag{3-47}
$$

其相位超前电场 $\pi/2$,为纯电容电流。

对于非理想(有电流)的极性电介质,由于偶极取向极化在一定频率范围内滞后于外电场,故其极化强度 $P_\mathrm{d}=P_{\mathrm{d}0}\exp[\mathrm{i}(\omega t-\varphi)]$,其中 φ 为 P_d 滞后电场 E 的相位角,交流稳态时的电位移为

$$
\begin{aligned}
D^* &= \varepsilon_0 E + P_\infty + P_\mathrm{d} = \varepsilon_0 E(1+\chi^*) \\
&= \varepsilon_0 \varepsilon^* E = D_0 \exp[\mathrm{i}(\omega t-\delta')]
\end{aligned}
\tag{3-48}
$$

式中,δ' 为电位移 D^* 滞后外电场的相位角;ε^* 为复介电系数;χ^* 为复极化系数。按式(3-48),$\varepsilon^*=1+\chi^*=\varepsilon'-\mathrm{i}\varepsilon''$。在交变电场中的位移电流为

$$
\frac{\mathrm{d}D^*}{\mathrm{d}t}=\mathrm{i}\omega\varepsilon_0\varepsilon^* E=\mathrm{i}\omega\varepsilon_0\varepsilon' E+\omega\varepsilon_0\varepsilon'' E
\tag{3-49}
$$

式(3-49)右端第一项是由介电系数 ε'(ε^*的实部)决定的电容电流分量,第二项是由损耗因数 ε''(ε^*的虚部)决定的有功电流分量。交变电场中电介质内的总电流密度

$$
j=\gamma E+\frac{\mathrm{d}D^*}{\mathrm{d}t}=(\gamma+\mathrm{i}\omega\varepsilon_0\varepsilon^*)E=\gamma^* E
\tag{3-50}
$$

式中,γ^* 为复电导率,由式(3-50)可得

$$
\gamma^*=\gamma+\mathrm{i}\omega\varepsilon_0\varepsilon^*=\gamma+\omega\varepsilon_0\varepsilon''+\mathrm{i}\omega\varepsilon_0\varepsilon'=\gamma'+\mathrm{i}\gamma''
$$

其虚部决定电容电流分量，实部决定有功电流分量。当计及电介质电导率γ时，其介质损耗角正切(图 3-7)由下式定义：

$$\tan\delta = \gamma'/\gamma'' = (\gamma + \omega\varepsilon_0\varepsilon'')/\omega\varepsilon_0\varepsilon' \qquad (3\text{-}51)$$

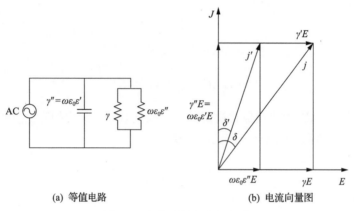

(a) 等值电路　　　　　　　　　　　(b) 电流向量图

图 3-7　电介质的复介电常数

通常 $\gamma \ll \omega\varepsilon_0\varepsilon''$，这时 $\delta = \delta'$，故

$$\tan\delta = \varepsilon''/\varepsilon' = \frac{每周期内耗能}{每周期内储能} \qquad (3\text{-}52)$$

在交变电场中电介质的行为比静电场中要复杂得多，因此需要考虑分子动力学特性。

3.2.3　原始德拜方程

德拜最先研究线性介质在交变电场下的介电响应，并假设介质具有单一的松弛时间且可以应用叠加原理。

对比式(3-42)与式(3-43)就会发现，两个时间函数$(1-\mathrm{e}^{-t/\tau})$与$\mathrm{e}^{-t/\tau}$在形式上是不同的，若 $P(t)$对时间 t 微分且不考虑 $P(t)$随 t 增加或降低时，就可得出相同的时间函数，将它称为介质对电场激发的响应函数(或衰减函数)，记为

$$\alpha(t) = \alpha(0)\mathrm{e}^{-t/\tau} \qquad (3\text{-}53)$$

假如在 $t = -\infty$时施加交变电场 $E(t) = E_0\mathrm{e}^{\mathrm{i}\omega t}$，计及快速(电子与原子)极化，应用叠加原理可得在$t$时刻介质的极化强度，即

$$P(t) = P_\infty(t) + P_\mathrm{d}(t) = \varepsilon_0\chi_\infty E(t) + \varepsilon_0\int_{-\infty}^{t} E(u)\alpha(t-u)\mathrm{d}u \qquad (3\text{-}54)$$

如果加电压时间长，极化达到稳态，则

$$P(t) = P_\infty(t) + P_d(t) = \varepsilon_0 \chi^* E(t) \tag{3-55}$$

对比上两式可得介质的复极化率：

$$\chi^* = \chi_\infty + \int_{-\infty}^t e^{i\omega(u-t)} \alpha(t-u) du \tag{3-56}$$

由于 $\chi^* = \varepsilon^* - 1$，$\chi_\infty = \varepsilon_\infty - 1$，则上式变为

$$\varepsilon^* = \varepsilon_\infty + \int_{-\infty}^t e^{i\omega(u-t)} \alpha(t-u) du \tag{3-57}$$

设 $v = t-u$，则有

$$\varepsilon^* = \varepsilon_\infty + \int_0^\infty e^{-i\omega v} \alpha(u) du \tag{3-58}$$

为了确定式(3-53)中的 $\alpha(0)$，如果外加静电场，这时 $\omega=0$，在极化达到稳态时，式(3-58)中的 ε^* 应等于 ε_s，由该式可算出

$$\alpha(0) = (\varepsilon_s - \varepsilon_\infty)/\tau \tag{3-59}$$

将上式代入式(3-58)积分后得到

$$\varepsilon^* = \varepsilon_\infty + \frac{\varepsilon_s - \varepsilon_\infty}{\tau} \int_0^\infty e^{-i\omega v} e^{-u/\tau} du = \varepsilon_\infty + \frac{\varepsilon_s - \varepsilon_\infty}{1 + i\omega\tau} \tag{3-60}$$

将复介电系数 ε^* 的实部与虚部分开后得出

$$\varepsilon'(\omega) = \varepsilon_\infty + \frac{\varepsilon_s - \varepsilon_\infty}{1 + \omega^2\tau^2} \tag{3-61}$$

$$\varepsilon''(\omega) = \frac{(\varepsilon_s - \varepsilon_\infty)\omega\tau}{1 + \omega^2\tau^2} \tag{3-62}$$

及介质损耗角正切：

$$\tan\delta = \varepsilon''/\varepsilon' = (\varepsilon_s - \varepsilon_\infty)\omega\tau / \varepsilon_s + \varepsilon_\infty\omega^2\tau^2 \tag{3-63}$$

式(3-60)～式(3-63)称为原始德拜方程。它是在电导率 $\gamma=0$、松弛过程具有单一松弛时间以及局部电场等于外加宏观平均电场条件下得到的。ε^*、ε'、ε'' 和 $\tan\delta$ 各量都与 ω 和 τ 有关。将 ε' 与 ω 的关系曲线称为色散曲线，ε'' 与 ω 的关系曲线称

为吸收曲线，如图 3-8 所示。由式 (3-61) 与式 (3-62) 可知，ω 增加，ε' 单调减小，当 $\omega = 0$ 时，$\varepsilon' = \varepsilon_s$；$\omega \rightarrow \infty$，$\varepsilon' = \varepsilon_\infty$；当 $\omega_m \tau = 1$（即 $\omega_m = 1/\tau = f_\tau$，外电场角频率等于介质的松弛频率）时，$\varepsilon' = \varepsilon_\infty + (\varepsilon_s - \varepsilon_\infty)/2$。$\omega$ 增加，当 $\omega \tau \ll 1$，ε'' 增加；当 $\omega \tau \gg 1$，ε'' 下降。

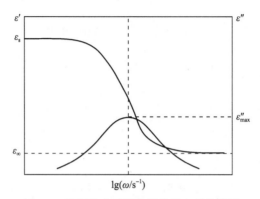

图 3-8　德拜电介质的色散曲线和吸收曲线

将 ε'' 对 ω 微分，可得 ε'' 极大值对应的 ω_m，其关系式为

$$\omega_m \tau = 1 \left(或 \omega_m = \frac{1}{\tau} = f_\tau \right) \tag{3-64}$$

将其代入式 (3-62) 得出

$$\varepsilon''_{\max} = \frac{1}{2}(\varepsilon_s - \varepsilon_\infty) \tag{3-65}$$

同样，可求得 $\tan\delta$ 极大值对应的角频率 ω'_m 的公式：

$$\omega'_m \tau = (\varepsilon_s / \varepsilon_\infty)^{1/2} \tag{3-66}$$

$\omega'_m > \omega_m$，将 ω'_m 代入式 (3-63) 得到

$$\tan\delta_{\max} = \frac{\varepsilon_s - \varepsilon_\infty}{2}(1 / \varepsilon_s \varepsilon_\infty)^{1/2} \tag{3-67}$$

由于 τ 与温度关系密切，温度升高，τ 急剧下降，故 $\varepsilon''_{\max}$ 或 $\tan\delta_{\max}$ 将移向高频方向；反之，温度下降，它们将移向低频方向。

为了验证实验数据所得曲线与德拜理论曲线的符合程度，Cole KS 与 Cole RH 建立了 ε' 和 ε'' 之间的关系，后来称这种关系为柯尔-柯尔图。对于具有单一松弛时间 τ 的材料，从式 (3-61) 与式 (3-62) 中消去 $\omega\tau$，可得 ε' 与 ε'' 的关系为

$$\left(\varepsilon' - \frac{\varepsilon_{\mathrm{s}} + \varepsilon_{\infty}}{2} \right)^2 + (\varepsilon'')^2 = \left(\frac{\varepsilon_{\mathrm{s}} - \varepsilon_{\infty}}{2} \right)^2 \tag{3-68}$$

式(3-68)代表一个半圆，因为 ε'' 不会为负值。若以 ε' 为横轴，ε'' 为纵轴，则半圆的圆心坐标为$((\varepsilon_{\mathrm{s}} + \varepsilon_{\infty})/2,0)$，半径为$(\varepsilon_{\mathrm{s}} - \varepsilon_{\infty})/2$。图 3-9 为单一松弛时间的柯尔-柯尔图。因为 ε' 和 ε'' 皆为频率和温度的函数，所以可作在不同温度或频率下的柯尔-柯尔图。半圆与 ε' 轴的交点分别代表 $\omega\tau=0$，$\varepsilon'=\varepsilon_{\mathrm{s}}$；$\omega\tau\to\infty$，$\varepsilon'=\varepsilon_{\infty}$。圆心横坐标代表 $\omega\tau=1$，$\varepsilon''=(\varepsilon_{\mathrm{s}} + \varepsilon_{\infty})/2$。此时，由方程式(3-68)可知，$\varepsilon''=\varepsilon''_{\max}=(\varepsilon_{\mathrm{s}} - \varepsilon_{\infty})/2$。

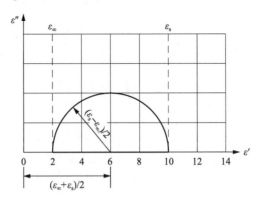

图 3-9　单一松弛时间下 ε'' 与 ε' 的柯尔-柯尔图（$\varepsilon_{\mathrm{s}}=10$，$\varepsilon_{\infty}=2$）

3.2.4　松弛时间分布

一般电介质中的松弛时间并不是单一的，若按照德拜的偶极子理论，把极性分子看作在黏性媒质中旋转的小球，当圆球的半径 a 不同时，介质系统的松弛时间就不是单一的；同时分子也可呈椭球状，沿三个轴应有不同的摩擦系数，一般可有三个不同的松弛时间；对于高分子电介质，如结构简单的聚氯乙烯，由于其可以绕 c-c 轴自由旋转，松弛时间也呈现某种分布等。

假定松弛时间为间断型且为有限个，则

$$\varepsilon^* = \varepsilon_{\infty} + (\varepsilon_{\mathrm{s}} - \varepsilon_{\infty})\sum_i \frac{1}{1 + i\omega\tau_i} \tag{3-69}$$

将实部和虚部分开可得

$$\varepsilon' = \varepsilon_{\infty} + (\varepsilon_{\mathrm{s}} - \varepsilon_{\infty})\sum_i \frac{1}{1 + \omega^2\tau_i^2} \tag{3-70}$$

$$\varepsilon'' = (\varepsilon_{\mathrm{s}} - \varepsilon_{\infty})\sum_i \frac{\omega\tau_i}{1 + \omega^2\tau_i^2} \tag{3-71}$$

在极限情况下，可以认为松弛时间在 $0\sim\infty$ 连续取值。设 $f(\tau)$ 是松弛时间为 τ 的概率密度，$f(\tau)\mathrm{d}\tau$ 代表松弛时间从 $\tau\sim\tau+\mathrm{d}\tau$ 的概率，显然

$$\int_0^\infty f(\tau)\mathrm{d}\tau = 1 \tag{3-72}$$

根据式(3-60)得出

$$\varepsilon^* = \varepsilon_\infty + (\varepsilon_\mathrm{s} - \varepsilon_\infty)\int_0^\infty \frac{f(\tau)\mathrm{d}\tau}{1+\mathrm{i}\omega\tau} \tag{3-73}$$

$$\varepsilon' = \varepsilon_0 + (\varepsilon_\mathrm{s} - \varepsilon_\infty)\int_0^\infty \frac{f(\tau)\mathrm{d}\tau}{1+\omega^2\tau^2} \tag{3-74}$$

$$\varepsilon'' = (\varepsilon_\mathrm{s} - \varepsilon_\infty)\int_0^\infty \frac{\omega\tau f(\tau)\mathrm{d}\tau}{1+\omega^2\tau^2} \tag{3-75}$$

$$\tan\delta = \frac{\varepsilon''}{\varepsilon'} = \frac{(\varepsilon_\mathrm{s} - \varepsilon_\infty)\displaystyle\int_0^\infty \frac{\omega\tau f(\tau)\mathrm{d}\tau}{1+\omega^2\tau^2}}{\varepsilon_0 + (\varepsilon_\mathrm{s} - \varepsilon_\infty)\displaystyle\int_0^\infty \frac{f(\tau)\mathrm{d}\tau}{1+\omega^2\tau^2}} \tag{3-76}$$

最简单的介质松弛时间的分布函数是高斯分布，它可导出 ε'、ε'' 和 $\tan\delta$ 三者与温度或频率的复杂关系曲线，在某些情况下，它与实验曲线是相当一致的。当选定一定分布函数后，必须考虑到 ε' 随频率增加而出现的下降要缓慢些，ε'' 的极大值(或吸收峰)要降低且吸收曲线变得平坦，如图 3-10 所示。

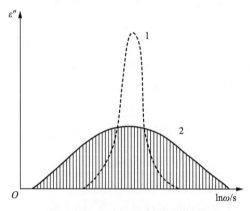

图 3-10　ε'' 与 $\ln\omega$ 的关系曲线

1. 单一松弛时间；2. 连续分布松弛时间

图 3-10 表明，ε'' 与 $\ln\omega$ 所包围的面积 S 为

$$S = \int_{-\infty}^{+\infty} \varepsilon'' \mathrm{d}(\ln\omega) = \int_0^{+\infty} \varepsilon'' \frac{\mathrm{d}\omega}{\omega} = (\varepsilon_s - \varepsilon_\infty) \int_0^\infty \frac{\mathrm{d}\omega}{\omega} \int_0^\infty \frac{\omega\tau f(\tau)\mathrm{d}\tau}{1 + \omega^2\tau^2} \tag{3-77}$$

因为 $\int_0^\infty f(\tau)\mathrm{d}\tau = 1$，所以式(3-77)积分后得

$$S = \int_{-\infty}^{+\infty} \varepsilon'' \mathrm{d}(\ln\omega) = \frac{\pi}{2}(\varepsilon_s - \varepsilon_\infty) \tag{3-78}$$

可写为

$$\Delta\varepsilon = \varepsilon_s - \varepsilon_\infty = \frac{2}{\pi}\int_{-\infty}^{+\infty} \varepsilon'' \mathrm{d}(\ln\omega) = \frac{2}{\pi}\int_{-\infty}^{+\infty} \varepsilon'' \mathrm{d}(\ln f) \tag{3-79}$$

称 $\Delta\varepsilon = \varepsilon_s - \varepsilon_\infty$ 为松弛强度，它是研究松弛过程重要物理量。

3.2.5　圆弧度

针对高聚物的松弛过程，实际观察到，有比德拜方程所预示的更宽的色散曲线、更低的损耗极大值，再加上 ε'' 与 ε' 关系曲线落到了半圆的内部，因此 Cole KS 与 Cole RH 将德拜方程(式(3-60))改写成

$$\varepsilon^* = \varepsilon_\infty + \frac{\varepsilon_s - \varepsilon_\infty}{1 + (\mathrm{i}\omega\tau_\beta)^{1-\alpha'}} \tag{3-80}$$

式中，$0 \leqslant \alpha' < 1$；τ_β 为最可几松弛时间。对于单一松弛时间，$\alpha'=0$，故 α' 越大，松弛时间的分布越广。将上式的虚部与实部分开并变换后得出 ε' 与 ε'' 的联系方程，即

$$\left(\varepsilon' - \frac{\varepsilon_s + \varepsilon_\infty}{2}\right)^2 + \left(\varepsilon'' + \frac{\varepsilon_s - \varepsilon_\infty}{2}\tan\frac{\pi\alpha'}{2}\right)^2 = \left(\frac{\varepsilon_s - \varepsilon_\infty}{2}\sec\frac{\pi\alpha'}{2}\right)^2 \tag{3-81}$$

此为圆的方程，如以 ε' 为横轴，ε'' 为纵轴，则圆心的坐标为 $((\varepsilon_s+\varepsilon_\infty), (\varepsilon_\infty-\varepsilon_s)\tan(\pi\alpha'/2)/2)$，直径为 $(\varepsilon_s-\varepsilon_\infty)\sec(\pi\alpha'/2)$，如图 3-11 所示。圆心向 ε_∞ 与 ε_s 所引的两条直线与 ε' 轴的夹角皆为 $\pi\alpha'/2$ 且 $\varepsilon_c'' = (\varepsilon_s-\varepsilon_\infty)\tan(\pi\alpha'/2)/2$。

聚合物的主链较长、结构复杂、取代基不同、分子量分散性及邻近链的协同运动会使松弛时间发生展宽，因此可用柯尔-柯尔图来推断聚合物结构的差异。Davidson 和 Cole 根据甘油松弛的实验结果，把德拜方程式(3-60)改写成

$$\varepsilon^* = \varepsilon_\infty + \frac{\varepsilon_s - \varepsilon_\infty}{(1 + \mathrm{i}\omega\tau_\beta)^{\beta'}} \tag{3-82}$$

式中，$0<\beta'\leqslant1$，把此式应用到具有高频展宽的损耗曲线会得到非对称的弧形 ε' 和 ε'' 的关系曲线，如图 3-12 所示。这种类型曲线是由多种松弛机理所致。

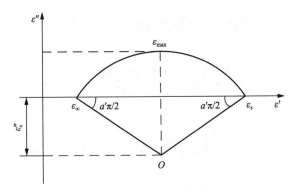

图 3-11 具有松弛时间组的柯尔-柯尔图

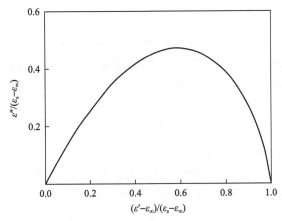

图 3-12 松弛时间分布不对称时 ($\beta'=0.5$) 的 Cole-Davidson 图

Havriliak-Nagami 将原始德拜式 (3-60) 一般化为

$$\varepsilon^* = \varepsilon_\infty + \frac{\varepsilon_s - \varepsilon_\infty}{\left[1 + (i\omega\tau_\beta)^{1-\alpha'}\right]^{\beta'}} \tag{3-83}$$

当 $\beta'=1$ 时可退化成柯尔-柯尔式 (3-80)，当 $\alpha=0$ 时退化成如式 (3-82) 所示的 Cole-Davidson，故式 (3-83) 为 Cole-Cole 与 Cole-Davidson 方程的一般化形式。

3.3 高聚物的介电松弛

人们常采用介电和力学等方法研究聚合物分子运动，如表 3-2 所示，从中获得聚合物松弛与结构的关系。

表 3-2　一些与分子运动相关的松弛现象

现象	变化量	宏观性质	涉及的运动
动力学松弛	应力、应变	应变、应力、模量	分子及链段的平移与旋转
黏弹松弛	切应力、切变速率	切黏度、切模量	分子及链段的平移与旋转
超声松弛	压力、温度	声吸收、速度	分子构象变化
介电松弛	电场	电极化、电容损失	电荷的受限位移与偶极子旋转
荧光退极化	偏振电磁场	偏振荧光	电子跃迁偶极矩旋转
核磁与电子自旋松弛	磁场	核与电子自旋磁偏振	粒子自旋跃迁矩旋转

　　分子运动与聚合物的化学结构与组成、链节的构造、链的形态和超分子结构有关，还受外界因素温度的影响。因此，聚合物的介电性能与它的链节和整个聚合物的结构特点有关。

　　应指出，在复介电系数公式中，ε' 为介电系数，ε'' 为损耗因数，它是由取向极化和离子电导引起的损耗。当电导损耗所占的比重大于或甚至极大地超过松弛损耗时，对于高温或非极性与弱极性介质，介质损耗的温度或频率关系曲线中松弛损耗的极大值可局部被展平、掩盖甚至消失。

　　在聚合物电介质中，偶极子在广泛温度范围内所产生的松弛极化过程(对应不同的吸收峰)通常分为三类：无定形区域中聚合物链本身和链段的微观布朗运动产生的松弛称为 α 松弛，发生的温度最高，一般在玻璃化温度 T_g 以上，又称对应的色散为主色散；极性基团和侧链或主链中某个别部分的运动和转动产生的松弛称为 β 松弛，又称对应的色散为副色散，发生在玻璃化温度 T_g 以下。为强调 β 松弛的多重性或复杂性，把在更低温度下只需要很小能量就能参与松弛过程的极性分子的运动，称为 γ 松弛，属于副色散。例如，聚乙烯在-100℃，10^4Hz 时，γ 松弛大概是主链中非晶区域由四个以上甲撑的曲轴(crankshaft)运动所致(图 3-13)；聚四氟乙烯在-80℃，10^3Hz 时，γ 松弛多半是由无定形区域内短链运动所致(图 3-14)。

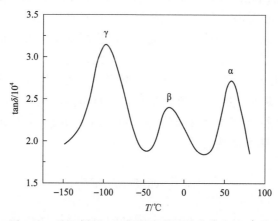

图 3-13　聚乙烯的 tanδ 与温度的关系曲线(f=10^4Hz)

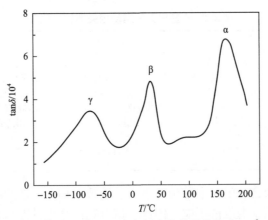

图 3-14　聚四氟乙烯的 $\tan\delta$ 与温度的关系曲线（$f=10^3$Hz）

α 松弛的吸收峰对应在高温（或低频），β 松弛的吸收峰对应在低温（或高频），γ 松弛的吸收峰对应的温度比 β 的更低一些（或对应的频率比 β 的更高些）。

当大分子链、链段、侧基、极性基团和链节作为独立的单元参加热运动时，就称为运动单元。由于运动单元的多样性，故高聚物分子常有一组松弛时间或某种分布（如高斯分布等）的松弛时间，在研究极性聚合物的介电松弛时，除关心松弛时间分布外，更重要的是研究松弛时间的温度关系，以求取分子松弛过程的活化能。

3.3.1　松弛活化能的温度关系

在经典力学的基础上，德拜建立了极性液体分子松弛模型，弗列利赫提出了双势阱模型，用这两种模型分析载流子跳跃极化并导出了松弛时间公式(3-45)。除此之外，许多研究者还采用化学反应中的碰撞理论及 Eyring 的绝对反应速度理论来研究分子运动引起的介电松弛。由碰撞理论导出了与式(3-45)相类似的公式，通常称为阿仑尼乌兹定律。绝对反应速度理论是建立在统计力学及量子力学基础上的，认为化学反应不只是通过简单的分子碰撞就变成产物，而是要经过一个中间过渡状态，这个状态就是活化的络合物。因此，反应速度决定着活化络合物的分解速度，在活化络合物中，必须有一个键容易破裂。根据量子力学，如果分子振动的频率为 ν，那么其振动的能量等于 $h\nu$，再按照能量均分原理，一个振动自由度的能量 ε_e=动能+势能= $h\nu/2+kT/2=kT$，所以 $\nu=kT/h$，这里 h 为普朗克常数，经过分析得出反应速度常数 K 为

$$K = \frac{kT}{h}\exp(-\Delta F / RT) \tag{3-84}$$

式中，R 为气体常数；ΔF 为一摩尔物质的活化自由能（活化状态自正常状态自由

能之差)；T 为绝对温度；k 为玻尔兹曼常数。

　　根据热力学方程

$$\Delta H = \Delta F + T\Delta S \tag{3-85}$$

式中，ΔH 为总活化能；ΔS 为活化熵。将式(3-85)代入式(3-84)后得

$$K = \frac{kT}{h}\exp(\Delta S/R)\exp(-\Delta H/RT) \tag{3-86}$$

　　若反应速度 K 大，则从开始至反应结束的时间就短，相当于从始态至终态的极化建立过程的时间短，因此松弛时间 τ 应与 K 成反比，故

$$\tau = \frac{1}{K} = \frac{h}{kT}\exp(-\Delta S/R)\exp(\Delta H/RT) \tag{3-87}$$

　　令 $A' = (h/k)\exp(-\Delta S/R)$，则上式变成

$$\tau = \frac{A'}{T}\exp(\Delta H/RT) \tag{3-88}$$

两端取对数得

$$\ln\tau = \ln\left(\frac{A'}{T}\right) + \frac{\Delta H}{RT} \tag{3-89}$$

将式(3-89)的两端对 $1/T$ 求导后，可得

$$\Delta H = R\frac{\mathrm{d}(\ln\tau)}{\mathrm{d}\left(\dfrac{1}{T}\right)} + \frac{\Delta H}{RT} \tag{3-90}$$

　　ε'' 的极大值频率 ω_{m} 可近似认为与 $\tan\delta$ 的极大值频率 ω'_{m} (式(3-64))与式(3-66))相等，$\omega_{\mathrm{m}} = 2\pi f_{\mathrm{m}} = 1/\tau$，将它代入式(3-90)。化简后得

$$\Delta H = -R\frac{\mathrm{d}(\ln f_{\mathrm{m}})}{\mathrm{d}\left(\dfrac{1}{T}\right)} - RT \tag{3-91}$$

或

$$\Delta H = -2.303R\frac{\mathrm{d}(\lg f_{\mathrm{m}})}{\mathrm{d}\left(\dfrac{1}{T}\right)} - RT \tag{3-92}$$

式(3-91)与(3-92)表明，可由测量不同温度下 ε'' 或 $\tan\delta$ 的极值频率 $\omega_{\mathrm{m}}=2\pi f_{\mathrm{m}}$，按 $\ln f_{\mathrm{m}}$（或 $\lg f_{\mathrm{m}}$）与 $1/T$ 关系曲线的斜率计算出分子的总活化能 ΔH。上两式中右端第一项前的负号表示 $\ln f_{\mathrm{m}}$ 与 $1/T$ 曲线的斜率为负。

应指出，式(3-88)中指数前的系数 A'/T 相对于指数项尽管随温度变化弱，但却导致 $\ln f_{\mathrm{m}}$-$1/T$ 呈非直线关系。如果忽略 A'/T 的影响，用与温度无关的常数 A 代替，则式(3-88)可变为阿仑尼乌兹公式，即

$$\tau = A\exp(\Delta H/RT) \tag{3-93}$$

这表明 $\ln f_{\mathrm{m}}$-$1/T$ 为一直线。当然，由于高聚物分子松弛的复杂性及多重性，通常 $\ln f_{\mathrm{m}}$-$1/T$ 呈非线性关系，直线关系只能发生在某一限定的较窄的温度范围内。通过介电特性测量，求出 α 峰的活化能为 $170\sim550$kJ/mol，β 峰为 $40\sim170$kJ/mol，γ 峰在 40kJ/mol 以下，与力学谱测量求出的值是一致的。现将一些高聚物的 α、β 及 γ 吸收对应的活化能列于表 3-3。

表 3-3　一些聚合物的介电松弛活化能

聚合物	$\Delta H/$(kJ/mol)		
	α峰	β峰	γ 峰
聚甲基丙烯酸酯	180	60	
聚甲基丙烯酸甲酯	460	80	
聚氯丙烯酸甲酯	540	110	
聚乙基丙烯酸酯	190	30	
聚丁基丙烯酸甲酯		130	
聚乙基丙烯酸甲酯		100	40
聚环己基甲基丙烯酸酯	220		
聚氯乙烯	500	60	

许多研究者用介电测量详细地研究了温度在大范围内变化对 α 和 β 松弛过程的影响，已证实式(3-93)仅较好地适合 β 松弛过程，在偶极链段的情况下，因为活化能（分子从一平衡位置至另一平衡位置所必须的能量）ΔH 不是常数，而是随温度的升高而下降。当温度在 $50\sim70$℃且超过玻璃化温度 T_{g} 时，偶极链段过程的活化能 ΔH 降到与偶极基团的相等，它的损耗极大值也出现下降且变窄。而当温度远超过聚合物的玻璃化温度时，发现偶极链段过程的 ΔH 甚至比偶极基团还低。当频率为 $20\sim10^{10}$Hz，温度为 $-150\sim250$℃时，用测定介质损耗与极化的方法已证实，当温度临近聚合物的 T_{g}，可能出现偶极链段和偶极基团两种松弛过程，而当

温度明显超过 T_g 时，由于产生的松弛过程在机理上与偶极基团不同，这时发生的可能是偶极链段过程。而有的研究者却得出高温下偶极链段过程消失，而出现偶极基团松弛。从前，一些研究者用介电方法测量醋酸乙烯酯的同系聚合物和烷基甲基丙烯酸酯的同系聚合物的复介电系数的实部和虚部，都发现当温度明显超过 T_g 时，偶极链段与偶极基团松弛过程的活化能 ΔH 相等。

在高温下，偶极链段的活化能下降的原因，首先是由于主链的动能增加到了足以克服强大的分子间相互作用使链段参与大范围协同运动(cooperative motion)的能量，其次是由于链段动力柔性增加，使最活动的链段数下降。

所谓链段协同运动是指邻近大分子链的活动链段间的分子间相互作用，这使得这些链段中任何一个在空间运动必然伴随另一些链段同时在空间运动，因此可能在相当大的空间内构成这种协同运动。

另外，从热激电流测量也发现，当超过 T_g 时，某些高聚物的偶极链段松弛的活化能并不是常数，并随温度的升高而下降。在偶极基团的β松弛过程中，因活化能 ΔH 与温度无关，所以可根据 Eyring 理论进行计算，然而如果采用偶极链段的协同运动模型，Bueche 认为在计算偶极松弛活化能时，应对 Eyring 公式进行某种修改。

总之，在 T_g 附近分子介电松弛表现出的一些特点，如 $\ln f_m \sim 1/T$ 并非直线、松弛活化能在 $T > T_g$ 时随 T_g 增加而下降等，都主要依赖于高聚物内的自由体积。

3.3.2　自由体积与 WLF 方程

自由体积理论最初是由 Fox 和 Flory 提出来的，他们认为液体或固体物质，其体积由两部分组成：一部分是被分子占据的体积，称为已占体积；另一部分是未被占据的自由体积，后者以"空穴"的形式分散于整个物质之中，正是由于自由体积的存在，分子链才可能通过转动和位移而调整构象，从而形成链段的协同运动。自由体积理论认为，当高聚物冷却时，起先自由体积逐渐减少，当达到某一温度时，自由体积将达到一最低值，此时高聚物进入玻璃态。在玻璃态下，由于链段运动被冻结，自由体积也被冻结，并保持一恒定值，代表自由体积的"空穴"的大小及其分布也将基本上维持固定。因此，对任何高聚物，玻璃化温度将是自由体积达到某一临界值的温度，在临界值以下，已经没有足够的空间进行分子链构象的调整了，因此高聚物的玻璃态可视为等自由体积状态。

在玻璃态下，高聚物随温度的升高发生膨胀，这只是由正常的分子膨胀过程造成的，包括分子振动幅度的增加与键长的变化。到玻璃化转变点，分子运动已具有足够的能量，而且自由体积也开始解冻并参加到整个膨胀过程，因而链段获得了足够的运动能量及必要的自由空间，从冻结进入运动。将每个分子链段所能

得到的空穴表示为平均自由体积 V_f，将其定义为

$$V_f = V - V_0 \tag{3-94}$$

其中，V 为一个链段占据的实际体积；V_0 为密堆积球体的体积，近似等于温度为 0K 时每个链段的体积。

当 $T>T_g$ 时，自由体积随温度上升而增加，说明空穴出现与过剩的能量有关，以致体系内一个空穴存在的概率按玻尔兹曼分布律随温度的上升而增加。为了完成链段的协同运动，必须要有提供链段完成跳跃所必需的临界自由体积 V_f^*。假设它出现的概率服从玻尔兹曼分布，此时可将链段运动的速率 R_v 与自由体积关系写成

$$R_v \propto \exp(-V_f^* / V_f) \tag{3-95}$$

考查高聚物分子在两个不同温度 (T_1, T_2) 下链段的运动速率之比，按上式得到

$$\ln \frac{R_{v2}}{R_{v1}} = V_f^* \left(\frac{1}{V_{f1}} - \frac{1}{V_{f2}} \right) \tag{3-96}$$

式中，V_{f1} 与 V_{f2} 分别为温度 T_1、T_2 时链段的自由体积。如果假设超过玻璃化温度 T_g 时，高聚物大的膨胀系数完全是由自由体积增加造成的，则可以写成

$$V_{f2} = V_{f1} + \alpha'' V_1 (T_2 - T_1) \tag{3-97}$$

式中，α'' 为高于与低于玻璃化转变温度时的体膨胀系数之差；V_1 为温度 T_1 时链段的实际体积，消去式 (3-96) 中的 V_{f2} 后得到

$$\ln \frac{R_{v2}}{R_{v1}} = \frac{(V_f^* / V_{f1})(T_2 - T_1)}{(V_{f1} / \alpha'' V_1) + T_2 - T_1} \tag{3-98}$$

这个方程与著名的 WLF（Williams、Landel 及 Ferry）方程有相同的形式。应指出，WLF 方程是一个根据大量高聚物的实验结果而建立的半经验关系式。

$$\ln \frac{\eta(T)}{\eta(T_g)} = -\frac{17.44(T - T_g)}{51.6 + (T - T_g)} \tag{3-99}$$

式中，$\eta(T)$ 与 $\eta(T_g)$ 分别在温度为 T 与 T_g 时高聚物的黏度。它是一个成功的半经验方程式，能很好地描述高聚物在 $T_g \sim T_g+100℃$ 黏度与温度的关系。对于大多数非晶高聚物，T_g 时的黏度 $\eta(T_g)=10^{12}Pa \cdot s$，故可由式 (3-99) 计算出 $T_g < T < T_g+100℃$

范围内的黏度。

考查如何由式(3-98)导出 WLF 方程。根据大量的实验结果发现，当 $T_1 = T_g$ 时

$$V_f^* / V_{fg} \approx 40, \quad V_{fg} / \alpha'' V_1 \approx 52 \tag{3-100}$$

同时，如果假设链段运动速率 R_v 与其松弛时间成反比(或与高聚物的黏度成反比)，那么当 $T_1 = T_g$ 时，就有

$$R_v(T) / R_v(T_g) = \tau(T_g) / \tau(T) = \eta(T_g) / \eta(T) \tag{3-101}$$

将式(3-100)与式(3-101)代入式(3-98)，便可得到 WLF 方程(式(3-99))。因为 $T > T_g$，$\eta(T_g) < \eta(T)$，故 $\lg[\eta(T)/\eta(T_g)] < 0$。

由式(3-101)可知，WLF 方程不仅描述了因温度改变引起的高聚物黏度及 α 过程松弛时间的相对改变(漂移)，又因介质损耗因素 ε''(或 $\tan\delta$)的极大值频率与松弛时间成反比，故 WLF 方程还能预示由温度变化引起的极值频率的漂移。这时，频率漂移因子 $\alpha_f = f_m(T)/f_m(T_g) > 1$，即 $T > T_g$，且当其增加时，ε'' 极大值移向高频方向。

3.4　影响高聚物介电松弛的因素

3.4.1　结晶与非结晶高聚物的介电松弛

在完全非晶态的均相聚合物的介电谱上，α 松弛总是与高分子的链段运动相联系。β和γ等次级松弛过程则对应于较小运动单元的运动，其主要的运动为：①极性侧基绕 C—C 键的旋转(图 3-15(a))，这类侧基既可以是—CH₂Cl—类的小侧基，也可以是复杂的侧链，如—COOC₂H₅；②环单元的构象振荡，最突出的例子是极性取代的环已侧基的椅-椅式反转引起的极性取代基的取向改变(图 3-15(b))；③主链局部链段的运动，其中绕两个同轴的 C—C 键做曲轴转动的最小—(CH₂)ₙ—链段是—(CH₂)₄—(图 3-15(c))。

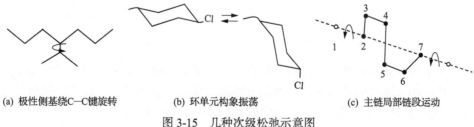

(a) 极性侧基绕C—C键旋转　　　(b) 环单元构象振荡　　　(c) 主链局部链段运动

图 3-15　几种次级松弛示意图

对于非晶态聚合物，典型的 α 松弛峰比 β 峰狭窄得多，α 过程的温度依赖性通常比 β 过程要陡得多，这表明较大尺寸的运动需要较高的活化能。此外，与 α 松弛相应的阿仑尼乌斯图形发生明显弯曲，聚环氧氯丙烷的曲线如图 3-16(a) 所示，在近于线性的高温端所对应的活化能 $\Delta H=190\text{kJ/mol}$，而在低温端，接近 T_g 处 ΔH 明显迅速增加，在 $-20℃$ 处达到 430kJ/mol。然而在 WLF 图上却得到一条很好的直线（图 3-16(b)），这证明 T_g 附近的 α 松弛过程主要依赖于自由体积。在某些聚合物中，由于 α 和 β 松弛过程对频率、温度依赖性不同，因此，在高温高频下，α 峰和 β 峰会合并在一起。如果在施加流体静压下进行测量，那么可以重新使它们分开，显然高压明显地抑制了 α 松弛过程，这也反映了 α 松弛对自由体积的要求。β 松弛过程的阿仑尼乌斯图通常是一直线，这表明它是一种非协同运动的过程。在部分结晶的聚合物中，结晶与非结晶区共存，从而使介电松弛谱变得更复杂，除在非晶区内偶极子取向外，还会发生在结晶内和结晶边界上的各种分子运动。用改变结晶度的办法通常可以确定损耗峰是属于非晶区还是与晶区有关。用淬火的方法使结晶度下降后，会使所有由非晶区引起的松弛过程的强度增加。与晶区相联系的松弛过程包括：①晶区中高分子的链段运动，如伸直的锯齿形链沿链轴方向的扭转和位移运动(图 3-17(a))，这种松弛过程的活化能将直接正比于发生扭转的链段长度；②结晶表面上的局部链段运动，如链折叠部位的折叠运动(图 3-17(b))；③晶格缺陷处的基团运动等。

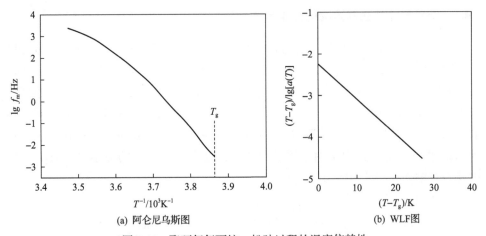

(a) 阿仑尼乌斯图　　　　　　　　　(b) WLF图

图 3-16　聚环氧氯丙烷 α 松弛过程的温度依赖性

对部分结晶的高聚物介电谱上损耗峰的命名，有时以下标 c 和 a 分别指示发生在晶区和非晶区的松弛过程。在部分结晶高聚物的介电谱上，可能同时出现 α_c 与 α_m 两个 α 峰，它们分别对应于晶区与非晶区的 α 松弛过程。

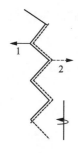 

(a) 链沿链轴方向的扭转及位移　　(b) 链折叠部位的折叠

图 3-17　结晶区的松弛运动

聚合物介电松弛谱的复杂性在于：链分支，它引入了一种显著的与分支点处分子运动相关联的松弛过程；交联，它极大地限制了某些类型的分子运动。现将一些常见聚合物的介电松弛列于表 3-4 中。

表 3-4　一些常见聚合物的介电松弛

聚合物	松弛与运动类型	温度/K	频率
聚乙烯	α-结晶相内的运动	50	1kHz
	β-非晶相内的主运动、可能与链分支相关	260	1kHz
	γ-由非晶相内缺陷移动与再取向运动相关联过程相组合	160	1kHz
聚丙烯	α-结晶相内的运动	390	1kHz
	β-非晶相内的运动	330	1kHz
聚氯乙烯	α-主链骨架的链段运动	373	1kHz
	β-主链骨架上较短单元的局部运动	273	1kHz
聚四氟乙烯	α-发生在非结晶相内，但随结晶度的增加而下降	400	1Hz
	β-结晶相中链节围绕结晶轴做的扭转振动	320	1Hz
	γ-非结晶相中链骨架上单元的局部运动	180	1Hz
聚甲基丙烯酸酯	α-玻璃化转变，聚合物链段的协同运动，对聚合物的立构规正度敏感	383	20Hz
	β-链骨架上单元的局部运动	308	20Hz
聚醋酸乙烯酯	α-玻璃化转变温度，链段的协同运动	338	1kHz
	β-与链骨架运动无关的乙酸酯侧基的运动	233	1kHz
聚苯乙烯	α-玻璃化转变，绕链骨架链段运动	388	20Hz
	β-链骨架的局部运动	333	20Hz

一些固态高聚物的介电松弛过程可以列出如图 3-18 所示关系。

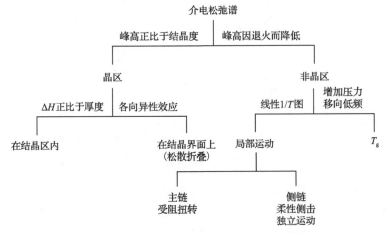

图 3-18　一些固态高聚物的介电松弛过程

3.4.2　增塑的影响

根据链段协同运动的概念，Bueche 认为增塑引起的高聚物松弛过程的变化是由于增塑剂分子屏蔽了高分子的链段，使协同运动区域发生缩小造成的。因此，增塑作用相当于增塑剂分子对高聚合物的链束或链段协同运动区域的一类破坏。通过实验也发现，橡胶、聚苯乙烯、聚甲基丙烯酸甲酯和聚氯乙烯等的 tanδ 峰、玻璃化温度在增塑后移向低温。这种漂移与所使用的增塑剂材料的性质、类型及数量密切有关。

1. 分子增塑

在观察分子增塑对玻璃化温度及介质损耗峰温位置的影响时，发现分子增塑的规律性共有两种，在极限情况下为摩尔分数律和体积分数律。按摩尔分数律，当极性增塑剂（溶剂）与极性聚合物相互作用时，T_g 下降与增塑剂的质量、化学本质及分子尺寸无关，而仅依赖于其摩尔分数。

此外，实验证实在其他条件相同时，加入相同体积的不同增塑剂，对高聚物玻璃化温度的降低是相同的。根据实验结果建立了体积分数律。按照此规律，非极性与弱极性高聚物的 T_g 的变化与增塑剂的摩尔分数无关，而随其体积分数成比例下降。

应当指出，摩尔分数律和体积分数律对增塑剂与高聚物完全相溶性时是有效的，在分析实际的增塑-高聚物体系时，可将这两个规律按不同比例彼此叠加。

　　对分子增塑对高聚物材料介电性能影响的研究是比较完善的。例如，不同含量苯乙烯增塑的聚苯乙烯的 ε'' 与频率 f 的关系曲线，如图 3-19 所示。由图可见，由偶极链段松弛所决定的 ε'' 极大值的位置随加入分子增塑剂（苯乙烯）含量的增加明显地移向高频方向，这说明链段松弛活化能下降，从而使最可几松弛时间降低。

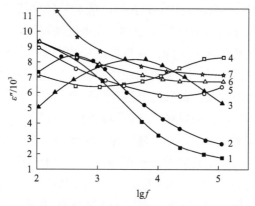

图 3-19　苯乙烯增塑的聚苯乙烯的 ε'' 与频率的关系（温度 121℃）

苯乙烯含量：1.0；2.1%；3.3%；4.8%；5.10%；6.20%；7.30%

　　用不同量的苯乙烯或甲苯增塑聚苯乙烯，其 ε'' 极大值频率 f_m 的对数与温度倒数的关系曲线如图 3-20 所示。将图 3-20 的直线外推到 $\lg f_m=0$，所得玻璃化温度 T_g 的数值表明，聚苯乙烯的 T_g 随分子增塑剂含量的增加而几乎呈线性下降，这表明高聚物的活性基被增塑剂分子层包围后将引起超分子结构的深度分裂。

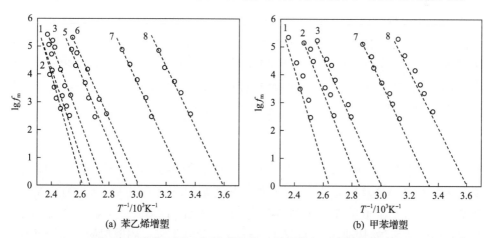

(a) 苯乙烯增塑　　　　　　　　　　　　(b) 甲苯增塑

图 3-20　聚苯乙烯 ε'' 极大值频率 f_m 的对数与温度倒数的关系

增塑剂含量：1.0；2.1%；3.3%；4.5%；5.8%；6.10%；7.20%；8.30%

　　通过研究聚氯乙烯、聚苯乙烯及硝化纤维素的增塑得出：这些高聚物的偶极链段松弛活化能随增塑剂含量的变化呈非线性关系。例如，当聚苯乙烯中增塑剂含量为 10%～20%时，偶极链段松弛的活化能将急剧下降，继续增加增塑剂的含量，对活化能的影响将减弱。这表明一定量的增塑剂可大体上完成对松弛结构单元的屏蔽作用。

一般地说，在非极性高聚物中，加入极性增塑剂(如在聚苯乙烯中加入的二氯联苯)时，介质损耗(tanδ)峰的强度将增加；在极性高聚物中加入弱(或非)极性增塑剂时将使介质损耗峰的强度下降；在极性高聚物中加入极性增塑剂时，其损耗峰的强度将在增塑剂达到某一含量时出现极小值。但是，在以上情况下，介质损耗峰都将随增塑剂含量的增加而移向低温(或高频)。

增塑剂是低分子物质，在解释因增塑引起的 tanδ 增加时，还必须考虑增塑剂分子离解引起的电导率变化。例如，随着苯乙烯单体组分在非极性聚苯乙烯中含量的增加，对在损耗峰温附近以及小于或等于玻璃化温度范围内，对介质损耗与机理的影响是不相同的。当温度 $T < T_g$ 时，仅加入 1%的苯乙烯就可使体系的介质损耗明显增加；当加量为 10%～20%时，tanδ 将增加 10 倍，这时电导损耗显著大于松弛损耗。但是，在 tanδ 的峰温附近，松弛损耗增加，这主要是由苯乙烯的极性(其偶极矩为 0.999～1.232×10^{-30}C·m)比聚苯乙烯的极性(0.2D)高造成的。通过偶极极化理论导出的损耗因数的峰值 ε_m'' 的公式为

$$\varepsilon_m'' = A \frac{n^2 + 2}{2 + n^2 / (\varepsilon_m'^2 + \varepsilon_m''^2)} \mu_{eff} \frac{N\Gamma}{T} \tag{3-102}$$

式中，μ_{eff} 为高聚物体系的有效偶极矩；N 为偶极子的体积浓度；Γ 为表征一定损耗类型松弛谱宽度的松弛时间分布参数；n 为折射率；T 为绝对温度；A 为依赖于式中各量的单位选择的常数。测量结果表明，仅当苯乙烯的含量超过 40%时，该体系的有效偶极矩 μ_{eff} 才比单一的聚苯乙烯或苯乙烯的大。从实用观点看，方程式(3-102)对确定聚苯乙烯在热或光老化后的 tanδ 的变化是有用的。

2. 结构增塑

目前并未发现一种理想的且实际上不与高聚合物缔合的也不引起其玻璃化温度 T_g 和活化能 ΔH 及松弛时间 τ 改变的结构增塑剂。分子和结构增塑剂的含量对玻璃化转变温度 T_g 的影响，如图 3-21 所示。例如，随着加入聚氯乙烯或聚碳酸酯的结构增塑剂(如甘油)的浓度增加，开始 T_g 急剧下降，到增塑剂浓度较高时，T_g 维持不变，如果仅从这种作用看，对于这两种高聚物，甘油是接近理想的结构增塑剂。

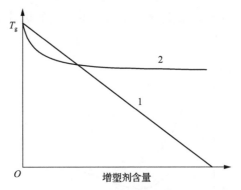

图 3-21　增塑剂含量对高聚物玻璃化温度 T_g 的影响
1. 分子增塑；2. 结构增塑

图 3-22 表示不同量的变压器油、蓖麻油对聚苯乙烯的 ε'' 与频率关系的影响。偶极链段的最可几松弛时间仅在所加结构增塑剂含量不超过 1%时，才随其含量的增加而下降。这时，松弛时间 τ 的下降是由于高聚物结构单元间的接触削弱及增塑剂分子分布在高度不对称的超分子结构表面上，从而增强了其活动性造成的。这说明，某些类型的超分子结构参与了松弛过程，并与链段的协同运动概念相一致，继续增加增塑剂含量却不引起 τ 的改变，这与图 3-21 曲线 2 结果一致。

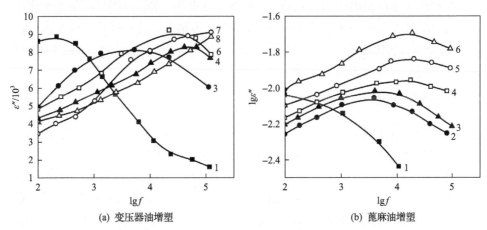

(a) 变压器油增塑　　　　　　　　　(b) 蓖麻油增塑

图 3-22　聚苯乙烯的 ε'' 与频率的关系曲线（温度为 121℃）
增塑剂含量：1. 0；2. 0.5%；3. 1%；4. 5%；5. 8%；6. 10%；7. 15%；8. 20%

分子和结构增塑剂的含量对聚苯乙烯偶极链段松弛活化能 ΔH 的影响，如图 3-23 所示。由曲线 2 可知，在结构增塑剂含量较低时，与分子增塑剂的作用相同，可使活化能 ΔH 下降，说明这时协同运动区域受到局部破坏。增塑剂与高聚物的相容性越大，按分子增塑剂的相同观点，它对协同区域的破坏就越甚，活化能 ΔH 的下降就越显著。继续增加增塑剂的含量，活化能 ΔH 还会略有增加，这是由于结构增塑剂的分子大量地分布在协同运动区的边界上，阻止松弛过程的进行。

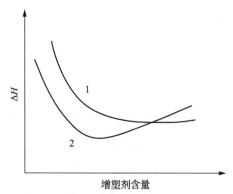

图 3-23　增塑剂含量对聚苯乙烯偶极链段松弛活化能 ΔH 的影响

1. 分子增塑；2. 结构增塑

　　水既是一种最常见的、能明显增加高聚物介质损耗的极性杂质，又是一种结构增塑剂。在低频下，它主要以离子电导的形式增加电导损耗；在微波范围内，水分子本身发生偶极松弛，出现损耗峰。水被聚合物吸收后，还可能引起界面极化而在较低频率范围内出现损耗峰。对于极性高聚物，水有不同程度的增塑作用，尤其是聚酰胺类及聚丙烯酸酯类等，结果将使高聚物的介质损耗峰移向低温(或高频)。在降低玻璃化温度方面，在高聚物中加入少量的甚至不到1%的结构增塑剂，就会比加同等量的分子增塑剂获得显著得多的效果。

3.4.3　分子量的影响

　　高聚物的电性能与老化都与分子量及分子量的分布有关，因此讨论分子量及它的分布对介电特性的影响既有实际应用价值又有理论意义。

　　高聚物(如环氧树脂)介质损耗角的正切极大值 $\tan\delta_{max}$ 随分子量的增加(如环氧树脂的固化)而降低，因此有可能在介质损耗 $\tan\delta$ 与线性高聚物的聚合度或网状高聚物的交联密度之间建立某种定量的关系。然而，在聚合及固化过程中可能引入含氧基团，使有效偶极矩增加，从而使介质损耗增加。因此，通过介电测量确定聚合度及分子量是一种效率既低又相当复杂的方法。

　　1. 介质损耗与分子量的关系

　　在研究天然橡胶受硫化过程的影响时发现，当硫化程度从 0.26×10^{20} 增至 1.72×10^{20} 时，其偶极链段松弛的 $\tan\delta_{max}$ 的数值将从 3×10^{-2} 增至饱和值 1×10^{-1}，最佳硫化是与 $\tan\delta_{max}$ 的缓慢上升一致的。这说明硫化使天然橡胶形成了三维体型高聚物，$\tan\delta$ 增加是由单位体积内极性基团(橡皮中的硫基)增加所致。

一些高聚物的分子在交联时并不带来单位体积偶极子数增加，这时介质损耗的极大值随分子量增加而下降。通过研究环氧树脂的介电、热-机械特性可以看出，树脂的固化程度增加，其 $\tan\delta_{max}$ 下降。

对分子量分布范围窄且经过仔细干燥的苯乙烯及醋酸乙烯酯的同系高聚物，本节研究了其介电特性与广泛变化分子量的关系(聚苯乙烯分子量为 $263\sim470\times10^3$、聚醋酸乙烯酯分子量为 $460\sim84\times10^3$)，测定介质损耗的频率范围为 $10^2\sim10^5$Hz，温度范围为 $-50\sim+160$℃(聚苯乙烯)、$0\sim100$℃(聚醋酸乙烯酯)。从其同系聚合物的介质损耗与频率和温度的关系可知：分子量增加，介质损耗在其极大值的温度范围内及在温度 $T\leqslant T_g$ 时都下降，可是分子量低时的下降速率大，当聚苯乙烯分子量达到 7×10^4、聚醋酸乙烯酯为 4×10^4 时，介质损耗接近于常数，若再增加分子量实际上对 $\tan\delta_{max}$ 并没有什么影响。

在固定频率与恒定温度下，测量同系聚合物苯乙烯、异丁烯的 $\tan\delta$ 与分子量的关系也可得到类似的结果，即聚合物的 $\tan\delta$ 随分子量的增加而下降，但是不同点在于，虽然这些聚合物的聚合程度很高，但 $\tan\delta$ 值却不趋于常值，如表 3-5 所示。这可能是由被试样品的分子多分散性与低分子组分的增塑所致。

表 3-5　苯乙烯与异丁烯同系聚合物的介质损耗角正切

苯乙烯		异丁烯	
分子量/10^3	$\tan\delta\times10^4$ ($f=3\times10^3$Hz, $T=25$℃)	分子量/10^3	$\tan\delta\times10^4$ ($f=800$Hz, $T=20$℃)
18	22.0	3	42.0
27	14.4	15	26.0
33	12.7	50	22.0
41	12.4	100	18.5
54	7.8	200	15.0
96	5.1		
240	4.3		

黏弹性体的力学性质，特别是动态力学特性和某些电学回路有很好的相似性。利用这种宏观量(电学或力学)的等值代替是为了更直观、更方便地研究问题。现将力学与电学诸量的对应关系列于表 3-6。人们研究了柔链结晶高聚物(如聚乙烯)的介电特性与其广泛变化分子量的关系，高、低密度聚乙烯的分子量变化范围分别为 $1.5\sim37\times10^3$ 和 $3\sim610\times10^3$，低密度聚乙烯分子量分布的变化范围是 $1.04\sim1.10$，测量介质损耗的频率为 $10^3\sim10^5$Hz，温度范围为 $-120\sim150$℃。测量

结果表明，在室温时聚乙烯的 $\tan\delta$ 随分子量的增加而下降，当分子量大于 10^5 时，逐渐趋于固定值。与此类似，聚乙烯的密度、结晶度和球晶直径也随分子量的增加而下降，因为分子量增加，球晶间空间将变得更紧密，它的敛集密度增加，这将导致电导电流、偶极链段松弛损耗下降，从而使介质损耗下降。

表 3-6　力学量与电学量之间的对应关系

力学量		电学量	
变形	X	电荷	q
力	F	电压	V
弹性模量	E	电容倒数	$1/C$
黏度系数	η	电阻	R
质量	m	电感	L
速度	$\mathrm{d}x/\mathrm{d}t$	电流	$\mathrm{d}q/\mathrm{d}t$
复弹性模量	$E^*=E'-\mathrm{i}E''$	复电容	$C^*=C'-\mathrm{i}C''$
介质损耗	$\tan\delta=E''/E'$	介质损耗	$\tan\delta=C''/C'$
虎克定律	$X=F/E$	静电容	$C=q/V$
牛顿黏度定律	$F=\eta\mathrm{d}X/\mathrm{d}t$	欧姆定律	$V=R\mathrm{d}q/\mathrm{d}t$

注：因为 E 为模量，所以 $C\propto1/E$。若 E 改为柔量 J，则 $C\propto J$，$J^*=J'-\mathrm{i}J''$，$\tan\delta=J''/J'$

对于分子量分布范围（1.1～3.7）、平均分子量为 62×10^8 的高密度聚乙烯材料，其分子量分布、密度、球晶尺寸、分支度、电阻率、$\tan\delta$ 及脉冲击穿场强 E_{ib} 之间的关系如表 3-7 所示。当分子量分布增加时，聚乙烯分子链的分支度增加，球晶直径下降，因此介质损耗下降应归于球晶的间空间的密度增加。

表 3-7　高密度聚乙烯的一些物理-化学特性与分子量分布的关系

分子量分布	密度 /(g/cm³)	球晶直径 /μm	分支度 CH₃ /1000C	$\rho\times10^{-17}$ /(Ω·cm)	$\tan\delta\times10^4$ ($f=3\times10^4$Hz, $T=20$℃)	E_{ib}/(MV/m) $\psi=90\%$
1.1	0.9585	13～20	5.68	1.9	2.2	425
2.5	0.9530	8～13	6.20	3.8	1.8	560
3.7	0.9530	5～8	6.70	3.0	1.8	520

分子量对极性聚合物聚羟基醚的偶极链段及偶极基团松弛过程的影响。分子量范围是 $10^3\sim7\times10^4$，测量频率为 $60\sim2\times10^5$Hz，温度范围为 $-70\sim+250$℃，实验发现随着分子量增加，α 过程的 $\tan\delta_{\max}$ 下降，而 β 过程的 $\tan\delta_{\max}$ 却不变。这表

明分子量对链段协同运动，也就是对限制粗大运动单元的活动性是重要的。

总之，对于高聚物，tanδ 随分子量增加而下降，当温度高于 T_g 时，是由于高分子活动性下降造成；当温度低于 T_g 时，则是由电导电流下降造成的。聚合物分子尺寸增加使 α 过程的 $\tan\delta_{max}$ 下降，当分子量达到一定数值时，tanδ 最终趋于常值。

2. 松弛时间与分子量的关系

大多数高聚物 α 过程的松弛时间随分子量的增加而增加。例如，有人研究了三种含有 2%的硬脂酸铅的聚氯乙烯，当用频率为 $25\sim10^4$Hz 时来研究介电松弛时发现，α 过程的松弛时间 τ 随分子量的上升而增加，而且样品中的硬脂酸铅会影响松弛时间 τ。

测量低、高密度聚乙烯同系物的介质损耗与频率和温度的关系表明，分子量增加，α、β 和 γ 松弛的三个极大值位置都移向高温或低频方向，这是由于分子量增加，球晶结构的尺寸缩小，球晶间空间的敛集密度增加。

有一些高聚物却具有不同的性质。例如，虽然氧化聚乙烯及氧化聚丙烯偶极链段的最可几松弛时间随分子量的增加而增加，可是在达到极大值后，最可几松弛时间就开始下降；对于聚甲基丙烯酸甲酯，并未发现分子量会影响偶极链段过程的松弛时间。

分子量增加导致 α 过程的松弛时间增加也可能是由密度增加造成的。因为聚苯乙烯与聚乙烯的密度随分子量的增加而上升，球晶空间的敛集密度也增加。敛集密度越大，链段运动越困难，当高聚物受到外界压力时，密度增加，这将使 α 过程的松弛时间 τ 上升。因此，τ 增加是由分子间相互作用的增强与分子密堆积增加造成的，分子密堆积增加对链段协同运动要产生更大的位阻效应。

3. 活化能与分子量的关系

研究偶极链段松弛活化能 ΔH 与分子量和温度的关系可以深入揭示高聚物介电松弛的本质。例如，当温度上升时，高聚物链的动能增大，足以克服分子间的联系，从而使链的内旋转变得容易、链更柔顺，松弛活化能 ΔH 下降。目前对分子量与 ΔH 之间关系的了解是不够的，例如，聚醋酸乙烯酯的 ΔH 就与分子量无关。有的结果表明，低分子量时，分子量增加，ΔH 增加，当分子量 $M \geqslant 2 \times 10^4$ 时，ΔH 却保持不变。有的高聚物，如聚四氟乙烯，虽然它的松弛时间 τ 随分子量的增大而增加，但偶极链段松弛的活化能却下降。

不同研究者所得到的实验数据存在矛盾的原因是对高聚物样品的制备及纯化不够仔细。其实活化能对低分子物质的存在是十分灵敏的，甚至高聚物中的微量低分子组分、增塑剂、溶剂或水分都会明显地降低链段松弛活化能 ΔH。因此，对未经仔细纯化、分馏及干燥的高聚物，不仅实验结果的重复性差，而且还会使活化能 ΔH 下降。

在研究经过仔细制备的、分子量分布十分窄的聚苯乙烯及聚醋酸乙烯酯的介电特性时发现，当分子量增加时，开始时活化能 ΔH 剧增，通过极大值（这时聚苯乙烯的分子量为 2.5×10^3，聚醋酸乙烯酯的分子量为 1.5×10^3）后缓慢地下降，最后，在聚苯乙烯分子量 (M) 增至约 10^5，聚醋酸乙烯酸 M 约 7×10^4 时，活化能 ΔH 分别达到相应的恒定值。偶极链段松弛活化能 ΔH 随分子量的变化可作如下理解：在很低分子量范围内，分子间的相互作用随分子量的增加而加强，这时分子松弛必须克服的势垒增加，活化能上升；为分子量达到一定数值后，高聚物链的运动变成链段运动，偶极链段松弛的损失峰通常出现在更高的温度下，这意味着链段的动能增加，反过来它将使完成链段协同运动的区域缩小，松弛活化能 ΔH 下降。

3.4.4 超分子结构的影响

按第 1 章（表 1-1）所述，超分子结构就是指高聚物的聚集态结构。可将它细分为非晶态结构、晶态结构和取向态结构等。高聚物分子可以形成不同形状和尺寸的聚集态，这依赖于它的制备和热历史。

高聚物的超分子结构会随增塑、分子量、结晶及拉伸取向而发生改变。前面已经讨论了增塑及分子量如何通过超分子结构的变化而影响介电特性。此外，超分子结构还受高聚物的结晶能力及单轴或双轴拉伸取向的很大影响。

1. 拉伸取向的影响

在高聚物拉伸取向时，超分子结构将发生改变。例如，垂直拉伸轴方向的晶胞平均尺寸缩小，一些二次及三次超分子结构受到破坏。拉伸取向前、后的氧化聚丙烯的介电特性与频率的关系，如图 3-24 所示。拉伸取向使 ε' 及偶极链段损耗的极大值（ε''_{max} 及 $\tan\delta_{max}$）下降，峰位因松弛时间 τ 的增加而移向低频方向。但是，非晶聚合物拉伸取向对 α 松弛的影响较弱，$\tan\delta_{max}$ 与拉伸取向间的关系一般也较弱。

高聚物拉伸取向后会呈现各向异性的介电特性。在偶极链段松弛区，垂直于拉伸方向的 $\tan\delta_{max}$ 最大，平行于拉伸方向的最小，未拉伸高聚物的 $\tan\delta_{max}$ 居中。经过对这种各向异性现象的详细研究表明，松弛时间分布仍旧相同，仅最可几松弛时间在拉伸取向后略有增加。应指出，极性高聚物介质损耗的各向异性主要取决于偶极极化的各向异性。

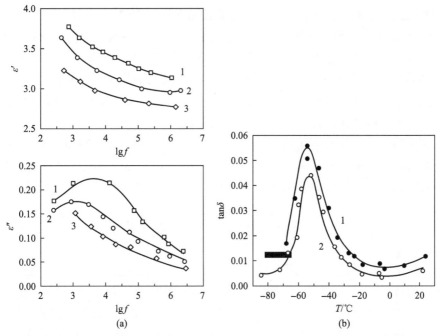

图 3-24　(a) 50℃时氧化聚丙烯的 ε' 和 ε'' 与频率的关系曲线(1、2 和 3 分别为原始、一次和二次定向的试样)；(b) $f=10^3$Hz 时 tanδ 与温度的关系曲线(1 和 2 分别对应电场平行与垂直方向)

2. 结晶度的影响

高聚物(尤其是极性高聚物)的结晶度不仅影响偶极链段与偶极基团过程(α 过程与 β 过程)的 tanδ，而且也影响了这两个过程的最可几松弛时间。实验确定，结晶度增加，α 及 β 松弛过程的 ε''_{max} (或 tanδ_{max}) 降低，它们的峰位移向高频或低温方向，也就是松弛时间 τ 增加。结晶度变化特别影响偶极链段过程，当高聚物的结晶度超过 70% 时，偶极链段的极化可能会完全受到抑制，以致不再有 α 松弛损耗。然而，结晶度对 α 过程松弛时间的影响是一个相当复杂的过程，所以对某些实验观察的解释是十分困难的。例如，聚三氟氯乙烯结晶时，其偶极链段松弛过程的损耗峰反而移向低温，它的松弛时间下降。这种由结晶度增加引起的松弛时间下降的合理性在于：松弛损耗特别在高温范围内主要来自在高聚物的非晶相内链段的协同运动，结晶度增加将使参加偶极松弛过程单位体积的偶极子数下降。

另外，在非晶高聚物的结晶过程中(通常发生在结晶相的熔点附近)，因非晶相内链段的协同运动受到结晶相出现的阻碍，故非晶相内的原始松弛过程受到压抑，同时新形成的结晶相将诱发一个新的特征损耗峰，其大小将随结晶过程的进行而增加，此峰的温度相应于高聚物内结晶相的熔点。这个特征损失峰常会因高聚物的退火而消失，例如，低密度聚乙烯在退火后，它的 α 损耗峰消失，但是，当相同样品再次在 90℃ 下加热时，损失峰又出现。通常将这个松弛称为 α_e 过程或结晶 α 过程，它的活化能与 α 过程松弛的相同。如果在极高频率下研究松弛过程，那么峰的温位将移向高温方向，甚至这个温度会超过高聚物结晶相的熔点，这对松弛过程存在的判别就变得成问题了。另一种情况是，α_e 过程损失的峰温相应地从一种结晶相温度移向另一结晶相的转变温度。

　　高聚物的介电及力学 α_e 过程损耗的出现，与它的超分子结构特别是球晶含量密切相关。聚乙烯、聚丙烯及聚三氟氯乙烯的 α_e 过程，只有在它们含有球晶时才能够观察到。退火样品用偏振光显微镜观察不到球晶的存在，故 α_e 过程不出现。

3.5　高聚物的压电性和热电性

　　人们早已知道某些合成及生物聚合物具有压电性，包括木材、骨、腱、聚偏二氟乙烯(PVDF)、聚氟乙烯(PVF)与聚氯乙烯(PVC)等，有些还具有热电性。高聚物具有柔而韧、可制成大面积薄膜、便于大规模集成化、力学阻抗低，易与水及人体等声阻抗配合等优越性，比常规无机压电材料(如酒石酸钾钠、水晶、钛酸钡陶瓷等)及热电材料具有更广泛的应用前景。目前，最令人感兴趣的具有压电(piezoelectric)和热电(pyroelectric)效能(activity)的高聚物是聚偏二氟乙烯，用它制成的传感器在许多领域(红外探测器和扬声器等)获得了广泛应用。将无机压电陶瓷(如锆钛酸铅 PTZ)均匀分散在高聚物(如 PVDF)制成的复合材料，既具有压电陶瓷的强压电性，又具有高分子薄膜的柔软性。

3.5.1　压电性与热电性的热力学定义

　　在讨论压电体的热力学方程时，可采用压电学中常用的物理学符号。压电性及热电性分别是指应力 T (或应变 S)与温度 θ 所引起的材料电极化强度 P 的变化。压电体的压电耦合是一种可逆效应，其介电性、压电性、热电性和铁电性等宏观物理性能之间的关系可以根据热力学原理作深入讨论。电介质在应力 T_{kl} 电场 E_i 和温度变化 $\Delta\theta$ 的作用下，所感应出的单位体积自由能，可用吉布斯函数表示：

$$G = U - D_i E_i - S_{kl} T_{kl} - \sigma\theta$$

在各向异性的电介质中，一般表示为

$$G = U - \sum_{i=1}^{S} D_i E_i - \sum_{k=1}^{S}\sum_{l=1}^{S} S_{kl} T_{kl} - \sigma\theta \qquad (3\text{-}103)$$

体系中内能的变化为

$$dU = dW + dQ = EdD + TdS + \theta d\sigma \tag{3-104}$$

即

$$dU = \sum_{i=1}^{S} E_i dD_i + \sum_{k=1}^{S} \sum_{l=1}^{S} T_{kl} dS_{kl} + \theta d\sigma \tag{3-105}$$

式中，U 为内能；σ 为熵；dU 为体系内能的增量；dW 为外界对系统所作的功；dQ 为系统所吸收的热量。吉布斯函数的变化为

$$dG = -(SdT + DdE + \sigma d\theta)$$

即

$$dG = -\left(\sum_{k=1}^{S} \sum_{l=1}^{S} S_{kl} dT_{kl} + \sum_{i=1}^{S} D_i dE_i + \sigma d\theta \right) \tag{3-106}$$

下面讨论平衡态时各变量的物理意义。由式(3-106)可得

$$\begin{cases} D_i = -\left(\dfrac{\partial G}{\partial E_i} \right)_{T\theta} \\[2mm] S_{kl} = -\left(\dfrac{\partial G}{\partial T_{kl}} \right)_{E\theta} \\[2mm] \sigma = -\left(\dfrac{\partial G}{\partial \theta} \right)_{TE} \end{cases} \tag{3-107}$$

式中，角标表示求偏微商时应保持不变的物理量。对式(3-107)分别进行全微分可得出

$$\begin{cases} dD_i = \dfrac{\partial D_i}{\partial E_k} dE_k + \dfrac{\partial D_i}{\partial T_{kl}} dT_{kl} + \dfrac{\partial D_i}{\partial \theta} d\theta \\[2mm] dS_{ij} = \dfrac{\partial S_{ij}}{\partial E_k} dE_k + \dfrac{\partial S_{ij}}{\partial T_{kl}} dT_{kl} + \dfrac{\partial S_{ij}}{\partial \theta} d\theta \\[2mm] d\sigma = \dfrac{\partial \sigma}{\partial E_k} dE_k + \dfrac{\partial \sigma}{\partial T_{kl}} dT_{kl} + \dfrac{\partial \sigma}{\partial \theta} d\theta \end{cases} \tag{3-108}$$

根据上式右边项的物理意义(如$\partial D_i / E_k$表示电场分量 E_k 单位变化引起的电位移分量 D_i 的变化量)，可得出下述各物理常数的张量阶数与有关物理量的变化关系：

$$
\begin{cases}
\text{介电常数} \quad \varepsilon_{ij} = \left(\dfrac{\partial D_i}{\partial E_j}\right)_{T\theta} = -\left(\dfrac{\partial^2 G}{\partial E_j \partial E_i}\right)_{T\theta} = \left(\dfrac{\partial D_j}{\partial E_i}\right)_{T\theta} = \varepsilon_{ji} \\[4mm]
\text{压电常数} \quad d_{ikl} = \left(\dfrac{\partial D_i}{\partial T_{kl}}\right)_{T\theta} = -\left(\dfrac{\partial^2 G}{\partial T_{kl} \partial E_i}\right)_{\theta} = \left(\dfrac{\partial S_{kl}}{\partial E_i}\right)_{T\theta} \\[4mm]
\text{热电常数} \quad p_i = \left(\dfrac{\partial D_i}{\partial \theta}\right)_{TE} = -\left(\dfrac{\partial^2 G}{\partial \theta \partial E_i}\right)_{T} = \left(\dfrac{\partial \sigma}{\partial E_i}\right)_{T\theta}
\end{cases} \tag{3-109}
$$

若 d_{ikl} 或 p_i 的数值大到可以测量，则材料具有压电性或热电性。当然，也可类似地表达弹性柔顺系数、热膨胀系数与热容量等物理量。如果在交变应力下进行测量，那么用时域表达的松弛特性的物理量应是复量。根据力学的平衡关系，纯切变应力具有对称性：

$$
T_{ki} = T_{ik}
$$

因此，二阶对称张量的 9 个分量中只有 6 个分量是独立的，可将双足标 kl 简化为单足标 $\mu\,(\mu=1,2,\cdots,6)$，因此可将压电常数写成

$$
d_{i\mu} = \left(\dfrac{\partial D_i}{\partial T_\mu}\right)_{E\theta} = -\left(\dfrac{\partial^2 G}{\partial T_\mu \partial E_i}\right)_{\theta} = \left(\dfrac{\partial S_\mu}{\partial E_i}\right)_{T\theta} \tag{3-110}
$$

压电体首先必须是介电体，部分压电体又是热电体或铁电体，而部分热电体也是铁电体。因此，铁电体隶属于热电体，热电体隶属于压电体。

3.5.2　高聚物驻极体

1. 驻极体的制备

驻极体 (electret) 是一种能够较长时间带电 (或贮存电荷) 的电介质。驻极体内保持的电荷包括真实电荷 (表面电荷及体电荷) 与介质极化电荷，如图 3-24 所示。真实电荷是指被俘获在体内或表面上的正、负电荷，极化电荷是指定向排列且被"冻住"的偶极子。就驻极体获得的表面电荷来说，真实电荷的表面电荷通常与外加电场的电极极性相同，称为同号电荷 (homo-charge)，其源自电极的注入；极化电荷的表面电荷与外加电场的电极极性相反，称为异号电荷 (hetero-charge)，一般这两种表面电荷并存 (图 3-25)。异号电荷也可能由载流子移到异极性电极附近形成。通常，极化强度在驻极体内呈均匀分布，等效于在其表面出现面束缚电荷，但有时极化强度 P 为坐标的函数，对驻极体的体电荷密度有贡献。因此，可将在驻极体表面处 $(x = s_t)$ 的面电荷密度 $\sigma(s_t)$ 与体电荷密度 $\rho(x)$ 分别表示为

$$\sigma(s_1) = \sigma_r(s_1) - p(s_1) \tag{3-111}$$

$$\rho(x) = \rho_r(x) - \mathrm{d}p(x)/\mathrm{d}x \tag{3-112}$$

式中，$\sigma_r(s_1)$ 与 $\rho_r(x)$ 分别为表面及体内的净电荷密度；$p(s_1)$ 与 $\mathrm{d}p(x)/\mathrm{d}x$ 分别为表面及体内的极化电荷密度。当驻极体一侧或两侧有电极时，将会在其上感应出异号电极的电荷，由于驻极体电荷受某种约束或金属-电介质界面势垒的阻挡，故不能与异号电极上的电荷中和。

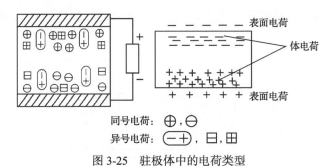

同号电荷：$\oplus$，$\ominus$

异号电荷：$\ominus\!\!+$，$\boxminus$，$\boxplus$

图 3-25　驻极体中的电荷类型

通常可用下述方法制备驻极体。

热驻极体是由热活化电介质中的分子偶极子在电场作用下极化后经冷却冻结而制成的。对于高聚物，其极化电场约为几十千伏每米，热活化温度要在玻璃化温度以上。

电驻极体是在室温下通过强电场作用制成的驻极体。

电晕驻极体是通过聚合物表面上方气隙的放电作用而制成的驻极体。

光驻极体是指聚合物在电场中经光照射作用而制成的驻极体。

辐射驻极体是指聚合物在电场中经 γ 射线，X 射线、电子或离子束辐射而形成的驻极体。通常这类驻极体相对于其他方法制成的驻极体具有不稳定性。

2. 真实电荷-单极驻极体

通常，只要聚合物的内应变均匀，真实电荷并不会在零点场时构成压电与热电响应。为了阐明这一点，讨论内埋一真实电荷片的驻极体模型（图 3-26）。设驻极体的厚度为 s，具有均匀的介电系数 ε，一俘获正电荷片位于离下电极距离 x 处，其电荷密度为 σ_x，俘获电层在上、下电极上的感应电荷密度分别为 σ_s 和 σ_0，它们之和应满足

$$-(\sigma_s + \sigma_0) = \sigma_x \tag{3-113}$$

若驻极体具有均一介电系数，按照电荷层与两电极构成电容及短路的边界条

件，可知在无应变时，容易得出

$$\sigma_s = -\sigma_x(x/s) \tag{3-114}$$

如果在驻极体上出现应变，致使距离 x 与 s 分别变为 $x+\Delta x$ 与 $s+\Delta s$，代入上式可得

$$\sigma_s' = -\sigma_x(x/s)\left[(1+\Delta x/x)/(1+\Delta s/s)\right] \tag{3-115}$$

在由温度与压力引起的均匀应变下，有 $\Delta x/x = \Delta s/s$，故 $\sigma_s' = \sigma_x$，在零点场时没有电荷流动。

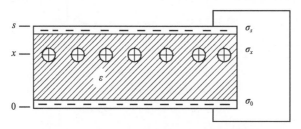

图 3-26　内埋一真实电荷片的驻极体模型

如果材料的性质或应变是非均匀的，那么俘获电荷将引起电响应。依据 Wada 及 Hayakawa 模型，只要薄膜在厚度方向是非均匀的，那么空间电荷密度 $\rho(x)$ 与介电系数 $\varepsilon(x)$ 将是位置 x 的函数。如果将薄膜视为子薄层的堆积体，将式(3-114)一般化后可得出面积为 A_s 的上电极的电荷：

$$Q_s = -\int_0^s \rho(x)A_s\,\mathrm{d}x \int_0^x \frac{\mathrm{d}x'}{\varepsilon(x')} \bigg/ \int_0^s \frac{\mathrm{d}x'}{\varepsilon(x')} \tag{3-116}$$

如果电荷密度 ρ 及介电系数 ε 与坐标 x 无关，那么式(3-116)就变成式(3-114)。假设在给定厚度为 $\mathrm{d}x$ 层内的总电荷 $A_s\rho(x)\,\mathrm{d}x$ 是与应力无关的常数。通过线性近似，将有应变时的量 $\mathrm{d}x'$ 及 $\varepsilon(x')$ 分别用无应变时的量 $\mathrm{d}x_0[1+\alpha_x(x_0)\,\mathrm{d}X]$ 及 $\varepsilon_0(x_0)[1+\alpha_s(d_0)\,\mathrm{d}X]$ 代替，这里 $\alpha_s(x) \equiv \partial\ln\varepsilon(x)/\partial X$，$\alpha_x(x) \equiv \partial\ln x/\partial X$，$X$ 为机械应力(T)或热应力(温度 θ)。如果只取与应力 X 有关的各 α 的一级量，则式(3-116)变成

$$Q_s = -\int_0^s \rho(x)A_s\,\mathrm{d}x \int_0^x \frac{\mathrm{d}x_0}{\varepsilon} \left\{ \begin{array}{l} 1 + \left[\int_0^x \varepsilon^{-1}(\alpha_x - \alpha_s)\mathrm{d}X\mathrm{d}x_0 \bigg/ \int_0^x \frac{\mathrm{d}x_0}{\varepsilon} \right] - \\[2ex] \left[\int_0^s \varepsilon^{-1}(\alpha_x - \alpha_s)\mathrm{d}X\mathrm{d}x_0 \bigg/ \int_0^x \frac{\mathrm{d}x_0}{\varepsilon} \right] \end{array} \right\} \bigg/ \int_0^x \frac{\mathrm{d}x_0}{\varepsilon} \tag{3-117}$$

可将各 α 及 ε 理解成与无应变时量 x_0 有关的量，假设应力 $\mathrm{d}X$ 均匀，在从 Q_s

中减去无应变时的量 Q_{s0} 之后，得出上电极的电荷随应力的变化为

$$A_s^{-1}\,\partial Q_s/\partial X = -\int_0^s \rho(x)\left\{\int_0^s\left[(\alpha_x-\alpha_s)-\langle\alpha_x-\alpha_s\rangle\right]\times\frac{\mathrm{d}x_0}{\varepsilon(x_0)}\right\}\mathrm{d}x\bigg/\int_0^s\frac{\mathrm{d}x_0}{\varepsilon(x_0)} \quad (3\text{-}118)$$

如果应力 X 代表温度 θ，那么求偏导数时机械应力 T 应固定，反之亦然。一个量的平均值定义为

$$\langle A(x_0)\rangle = \int_0^s A(x_0)\frac{\mathrm{d}x_0}{\varepsilon(x_0)}\bigg/\int_0^s\frac{\mathrm{d}x_0}{\varepsilon(x_0)} \quad (3\text{-}119)$$

利用分部积分公式及 $\int_0^s\left[(\alpha_x-\alpha_s)-\langle\alpha_x-\alpha_s\rangle\right]\dfrac{\mathrm{d}x_0}{\varepsilon(x_0)}=0$ 这个事实，Wada 与 Hayakawa 将式(3-118)写成

$$A_s^{-1}\partial Q_s/\partial X = \left\langle\left[(\alpha_x-\alpha_s)-\langle\alpha_\varepsilon-\alpha_s\rangle\right]\times\left[\int_0^x\rho(x_0)\mathrm{d}x_0\right]\right\rangle \quad (3\text{-}120)$$

通常，俘获电荷密度有限，因此空间电荷的响应是弱的。例如，聚丙烯的压电性就低，且压电活性与电荷密度存在线性关系。已证明，非极性聚合物的压电响应来自样品的弯曲，这是因为样品弯曲在材料内可产生非均匀应力，且在附加应力时还将产生一个使俘获电荷能对电极电荷有贡献的条件，从而产生压电响应，驻极体话筒就是根据这个原理工作的。柔软聚合物绝缘同轴电缆在受到机械振动或压力变化时出现的电信号也是由其中空间电荷所引发的压电效应造成的。

总之，空间电荷对感应极化强度具有两种影响。从而引起极化的局部不均匀性，而空间电荷将引起样品的压电性及热电性。应指出，空间电荷对极化的贡献是载流子在陷阱位置间的微观位移引起的(2.1 节)。

3. 偶极驻极体

偶极驻极体的压电及热电活性可用图 3-27 与图 3-28 来分别进行说明。当增加外界压力或降低温度使短路状态驻极体收缩时，两电极必然向偶极子靠近以保持零电位，这时电荷应按如图示方向流动。这个对应变敏感的驻极体模型能解释压电及热电聚合物的大多数响应。应注意，这个模型借助极化电场的方向既预示

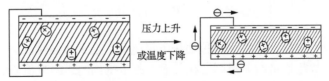

图 3-27　压力上升或温度下降产生的压电模型

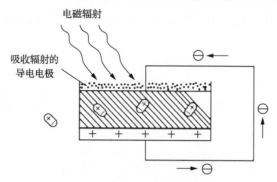

图 3-28　图 3-27 中的驻极体作热电体应用的模型

电流的方向，也能预示当释放总电荷与温度及压力变化成正比时电流依赖于温度及压力的变化速率，这时电流值可能十分大。

　　下面从数学上分析压电和热电效应。在移去极化电场 E_p 后，驻极体内冻结的非平衡极化强度为

$$P_0(\theta) = \left[\varepsilon_L(\theta_L) - \varepsilon_S(\theta)\right]\varepsilon_0 E_p = \varepsilon_0 \Delta\varepsilon E_p \tag{3-121}$$

式中，θ 为温度；ε_0 为真空电容率；下标 L 与 S 分别为液相与固相时的有关量。式 (3-121) 提供了计算线性电介质冻结偶极极化强度的方法。为了从分子特性计算聚合物的压电及热电常数，采用昂萨格模型，这时零外电场下的冻结极化强度为

$$P_0(\theta) = (\varepsilon_\infty + 2)N\mu_0 \langle\cos\gamma\rangle / 3V \tag{3-122}$$

式中，ε_∞ 为高频介电系数；N/V 为单位体积的偶极子数；μ_0 为分子的固有偶极矩；γ 为 μ_0 与总极化强度 P 之间的夹角。

　　根据 P_0 与电位移 D 的关系式：$D = \varepsilon_0\varepsilon E + P_0$。对于最简单的驻极体短路电流测量，当温度或压力变化时，由方程式 (3-109) 可得 $E=0$ 时的压电常数及热电常数：

$$d = \left(\frac{\partial D}{\partial T}\right)_{E=0,\theta} = \left(\frac{\partial P_0}{\partial T}\right)_{E=0,\theta} = \left(\frac{\partial (Q/A)}{\partial T}\right)_{E=0,\theta} \tag{3-123}$$

$$p = \left(\frac{\partial D}{\partial \theta}\right)_{E=0,T} = \left(\frac{\partial P_0}{\partial \theta}\right)_{E=0,T} = \left(\frac{\partial (Q/A)}{\partial \theta}\right)_{E=0,T} \tag{3-124}$$

式中，T 为应力张量；Q/A 为单位面积电极电荷。在大多数情况下，高聚物薄膜的压电及热电常数是将两电极固定在其面上测量得到的，测量值 Q/A 不变，而 Q 变化。因此，将实验观测的压电及热电常数定义为

$$\overline{d} = (1/A)(\partial Q/\partial T)_{E=0,\theta} \tag{3-125}$$

$$\overline{p} = (1/A)(\partial Q/\partial \theta)_{E=0,T} \tag{3-126}$$

对于高聚物，因式(3-123)与式(3-125)间的差异可达一个数量级，故做出上述区分就显得特别重要。对于无机材料，由温度或应力引起的面积变化小，故相应 d 与 p 的两种定义式间的差异也小。

实际测量时电极两端的电压 u 并不等于零，这将造成精确定义与实际应用的不一致。假设 X 代表应力或温度，则电位移的偏导数为

$$\frac{\partial D}{\partial X} = \frac{\partial \varepsilon}{\partial X}\varepsilon_0 E + \varepsilon \varepsilon_0 \frac{\partial E}{\partial X} + \frac{\partial P_0}{\partial X} \tag{3-127}$$

它比式(3-123)与式(3-124)增加了两项。若 E 大，代表电致伸缩的第一项就可能大；若电场 E 为常数，则第二项将不存在。但是，实际上电压保持不变，厚度 s 随测量改变而产生机电分量。为了简化，仍研究在 $E=0$ 下进行的 p 与 d 的测量。经过推证表明，对于偶极极化模型，压电与热电响应的大部分来自体膨胀及其对 ε_∞ 的影响；其附加分量是因温度上升使平均偶极矩下降而造成的。后面这个效应是 PVDF 热电性的理论基础，它约占 PVC 热电常数的 1/3，且在其他聚合物中也占有类似的比例。

3.5.3　对称性与张量分量

在讨论晶体压电性时应考查其对称性。各向同性的非晶态聚合物对应力的响应与方向无关，不能预示在零点场时它会有压电及热电响应。然而若人为地使样品内分子偶极子的排布择优取向，就不再有对称中心，样品将具有压电及热电效应。如第 1 章所述，定向拉伸会使聚合物，特别是晶态聚合物薄膜的大分子沿拉伸方向进行从优取向，然而再附加极化电场可使偶极子同时沿垂直拉伸方向及薄膜平面方向排列(这里只研究偶极子与分子轴垂直的聚合物)，这就消除了在非拉伸薄膜内存在的各向同性。通常以表示晶态聚合物模型的图 3-29 来规定这些轴的方向。对于这类样品，再引入适当的符号，可将压电张量与热电张量的预示分量记为

$$\tilde{d} = \begin{pmatrix} 0 & 0 & 0 & 0 & d_{15}^+ & 0 \\ 0 & 0 & 0 & d_{24}^+ & 0 & 0 \\ d_{31}^+ & d_{32}^+ & d_{33}^- & 0 & 0 & 0 \end{pmatrix} \tag{3-128}$$

$$\tilde{p} = \begin{pmatrix} 0 \\ 0 \\ p_3^- \end{pmatrix} \tag{3-129}$$

压电常数应为三阶张量，共有 27 个分量。在去掉 9 个非独立分量后，只剩下 18 个分量，因此用矩阵表示更加简单。现按图 3-29 说明各分量的意义。沿+3 方向的拉应力将使样品厚度增加，电极电荷下降，故 d_{33} 为负，记为 d_{33}^-。沿 1 与 2 方向的应力使样品厚度下降，电极电荷增加，因而 d_{31} 与 d_{32} 为正。实验发现 PVDF 的 d_{33} 为负，d_{31} 与 d_{32} 为正且占优势。d_{24} 与 d_{15} 分别代表切变应力 T_4 与 T_5 产生的压电常数分量，由于绕轴 1 发生正切变，切变应力为 T_4 使偶极子由+3 方向旋转到+2 方向，在切应变前，电位移 $D_2=0$，切应变后，1 与 3 方向因切变前后状态不变而不发生压电效应，即 $d_{24}\neq0$，$d_{14}=d_{34}=0$。同理，切变应力 T_5 使偶极子由+3 方向旋转到+1 方向，即 $d_{15}\neq0$，$d_{25}=d_{35}=0$。至于切变应力 T_6，因其不使 1、2、3 方向的极化状态改变，故 $d_{16}=d_{26}=d_{36}=0$，这与式（3-128）是一致的。

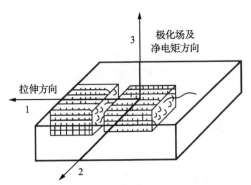

图 3-29　拉伸及极化聚合物样品轴的规定

热电常数因为沿 1、2 轴不存在净偶极矩，故 $p_1=p_2=0$，温度增加可使晶体膨胀，极化强度下降，故 p_3 为负，记为 p_3^-。非晶态聚合物的压电常数矩阵按结晶学对称性属于 C_2 空间群，如 PVDF 的极性晶相及极性就具有这种对称性。对于已极化的非定向聚合物，$d_{32}=d_{31}$，$d_{24}=+d_{15}$，压电常数矩阵具有 $C_{\infty v}$ 对称性。

3.5.4　高聚物的结构

利用前面讨论过的模型，可以假设具有大的压电及热电活性的聚合物在结构上应满足如下的四个要求：①必须存在分子偶极子，其偶极矩越大，偶极子浓度越高，则压电活性就高；②必须有一些使偶极子从优取向的方法，取向程度越高越好；③只要达到饱和极化（即偶极子最高程度取向），必须有某种方法使这种极化状态锁定(冻结)，且越稳定越好；④材料应在外界应力下发生应变，应变越大越好(某些热电活性并不需要来自应变)。

1. 非晶态聚合物

聚氯乙烯(PVC)是一种具有压电及热电活性的高分子材料，重复单元是极性的，其有效偶极矩为 3.6×10^{-39}C·m(1.1D)。在聚合过程中，单体单元大多数以头-尾相接，略有支化，因而 PVC 的结晶度很低，其许多性能与非晶态高分子相近。例如，当超过玻璃化温度(约 80℃)时，PVC 是一种平衡液体，当温度低于 80℃时，分子再排布的动力学速度十分慢，以致构成一种非平衡非晶固体(玻璃)。玻璃的结构松弛时间随温度的下降而剧增，在室温下可达数年之久。这种聚合物满足上述的压电与热电活性对结构的四个要求。因偶极矩 μ_0 小，满足 $\mu_0 E \ll kT$，这时极化强度 P_0 与极化电场 E_p 成正比，故压电及热电系数与 E_p 成正比。

2. 晶态高聚物

最有应用价值的晶态高聚物是 PVDF、PVF 及相关的共聚物，其结晶很像聚乙烯，因为是氟而不是氯取代，氟更接近氢原子的尺寸，不会干扰原子的规则堆积。这两种高聚物有头-头、尾-尾缺陷，PVDF 头-头、尾-尾缺陷的含量为 5%，而 PVF 为 25%~32%。在 PVDF 中头-头单元后面直接跟着尾-尾单元，于是 5% 的缺陷将抵消平面锯齿链偶极矩的 10%。

如果在 PVF 中全部氟原子位于 C—C 平面的一侧(等规立构)，那么它的偶极矩在反式平面构象时是十分大的。无规立构 PVF 的平均偶极矩将在垂直于分子轴的 C-C 平面内，其值只有 PVDF 的一半。由于 PVF 的头-头缺陷含量比 PVDF 的高得多，30% 的头-头缺陷将使平面 PVF 的净偶极矩降低约 60%，故反式 PVF 的净偶极矩只是反式 PVDF 的 20%。

结晶态聚合物由混有非晶区的片晶构成，图 3-30 为非定向晶态聚合物的球晶结构。按第 1 章所述，经过长时间在高温和高压下退火或晶化将增加晶片厚度与完整性，从而获得较高的质量密度。通常晶体以球晶的形式生长，对 PVDF 的形态研究表明，它的三种晶相具有不同的形态，可以同时从熔融生长或一种相可能以牺牲其他相而生长。这些聚合物的典型分子量在重复单元的总数为 2000，扩展长度为 0.5μm 时约为 10^5。因为晶片厚约 10^{-8}m，故一个分子链可在相同晶片或不同晶片间来回多次折叠。目前获得最广泛应用的压电聚合物是 PVDF 和 PVF，它们的结晶度为 50%~70%。当将它们拉伸到原始长度的数倍时，样品将变成取向态，以致晶片垂直于拉伸方向，分子链平行于拉伸方向。

非晶相很可能位于晶片之间，按照前述要求③，它对压电活性没有贡献。非

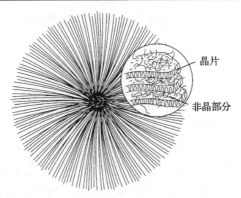

图 3-30　结晶高聚物的球晶形态示意图

晶相似乎具有普通过冷液体的特性，例如其液体-玻璃化转变温度在–50℃左右，并且具有 WLF 型（3.3.2 节）介电松弛的特性。这类薄膜的介电系数受单轴及双轴取向拉伸的影响越大，取向越好，垂直于拉伸方向的极化强度就越高，故可以用拉伸取向的办法提高 PVDF 的介电常数。

　　PVDF 有三种晶相，α 晶相（即晶形Ⅰ）的结构属单斜晶系（β''=90°），链具有一种滑移型 tgtg′（t 表示反式，g 表示左旁式，g′ 表示右旁式）构象，具有与链轴相垂直及相平行的偶极矩分量。同一晶胞内两条链的偶极矩呈反平行，故晶体没有自发极化，呈反极性。当 PVDF 薄膜在 130℃以下定向拉伸到原始长度的几倍时，就会出现一种新的 β 晶相（即晶形Ⅰ），属于正交晶系，β 晶相中的链是扩展的平面锯齿形 tttt 构象。在垂直链轴方向的偶极矩大（约为 7.06×10^{-30}C·m），同一晶胞内两条链的偶极矩相互平行，因而晶体有自发极化，为极性晶体。PVDF 的 α 与 β 晶相结构如图 3-31 所示，当然，头-头或尾-尾缺陷会使 β 晶相实际的自发极化降低。借助红外光谱可以证实从 α 至 β 晶相的转变（α 晶相为 530cm^{-1}，β 晶相为 510cm^{-1}），转换分数依赖于拉伸温度和拉伸速率。

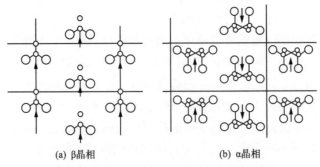

(a) β晶相　　　　　　　　　　(b) α晶相

图 3-31　PVDF 的 α 与 β 晶相的结构示意图

注：大圆圈代表氟原子，小圆圈代表碳原子，未画出氢原子

　　在 PVDF 的各种晶形中，晶形Ⅰ具有最高的分子堆积，属于邻近分子链上原子间距比其范德华半径小，从而避免了立体位阻的影响。

　　可用其他办法改变 PVDF 的晶体结构。例如，当晶形Ⅱ在 100～300MV/m 的极化场强作用时，非极性的晶形Ⅱ就会转变成极性的晶形Ⅱ（极性 α 晶相），这时在图 3-31 中的中性链将绕链轴转 180°，但链的构象及晶格常数仍未改变，故晶形Ⅱ的晶胞获得一个净偶极矩。当极化电场超过 300MV/m 时，极性晶形Ⅱ将转变成晶形Ⅰ。

　　γ 晶相（即晶形Ⅲ）是 PVDF 在略低于熔点的温度和普通大气压下结晶得到的，也可在高温下通过熔融结晶得到。γ 晶相的红外光谱与 β 晶相的十分类似，属于正交晶系，链的构象近似为 tttgtttg′。显然，通过机械变形容易使晶形Ⅱ转变成晶形Ⅰ。

　　PVDF 样品的压电性及热电性可归因于空间电荷及其相关联的局部不均匀性。片晶的折叠链表面可提供有效的陷阱位置。在极化电场中，正、负表面电荷发生再分布形成一平行于晶体偶极取向的偶极矩，即在微观尺度上建立空间电荷偶极子（space charge dipole）。通常这种空间电荷偶极子对 PVDF 自发极化强度的贡献比偶极取向的大。d_{31} 并不唯一是偶极取向度的函数，d_{31} 的一部分不依赖于取向度，而依赖于样品的极化温度 T_p。许多研究证实了在极化过程中电荷从电极注入的重要性。例如，若在电极与样品间插入一阻挡层（如聚酯薄膜）以阻止电荷从正电极注入（测量表明，聚乙烯易从电极注入电子，而其氟的取代物，如 PVDF 随含氟量的增加，则变成容易从正电极注入空穴），发现 PVDF 的压电及热电活性下降。许多作者报道空间电荷会使极化薄膜的压电及热电活性沿厚度方向（3 轴，图 3-29）呈现出不均匀性。例如，靠近正极化电极接触的表面其压电及热电活性就较高。通过测量 PVDF 薄膜在加上极化电压时的电位分布表明，极化场的分布是不均匀的，靠近正电极的最高。可将这种不均匀电场分布归因于在原始 PVDF 中存在负空间电荷。同时，极化电场 E_p 越高，极化时间 t_p 越长，从电极注入的正电荷就越多（有时也会出现电荷饱和的现象），中和内部的负电荷就越多，内部电场就越均匀，故表示不均匀性程度的参数值就降低，甚至变成零。因此，为了获得稳定的压电及热电系数，就必须增加极化时间 t_p（一般约 30min），以使电场达到均匀。总之，偶极子排布与空间电荷都会对 PVDF 的自发极化强度产生贡献。

第4章　高聚物的击穿

4.1　固体电介质击穿的基本理论

4.1.1　概述

聚合物电介质的破坏除击穿外，还有机械破坏，这种破坏现象与寻常的物理现象不同，具有如下特征。第一，破坏现象不是物质处于自然状态的现象，而是在某种极限状态的现象。如果从外界对试样施加以电压(或应力等)，那么在破坏前，聚合物中的电流(或形变)就会与电压(或应力等)存在某种关系，当这种函数关系与寻常物理现象的线性范围呈显著偏离而过渡到严重的非线性区时，在这种破坏的进程中，多数会出现不可逆变化。第二，破坏现象是经历从破坏机构的发生、发展和终结过程的极高速的过渡现象。即使在相同条件的破坏实验中，几乎不可能完全控制这种破坏过程出现相似的发生情况。因此，全部试样破坏断面的形状会呈现复杂的变化。第三，破坏程度与弹性系数、介电系数和密度等常见的物理量不同，其观测值的统计偏差很大。弹性系数、介电系数和密度等物理量的测量值(宏观值)是构成物质的分子或分子某量的平均值。因为，单位体积中所含的构成质点数非常多(阿伏加德罗常数 $N=6.023 \times 10^{23}$ 个/克分子)，而异常部分(如缺陷、杂质和界面)和正常部分之比小到几乎可以忽略，所以以全体构成质点的统计平均值的分散性是极小的。反之，在测定破坏强度时，测得的不是构成质点的平均强度，而是其中的弱点或缺陷的最低强度。如果聚合物中存在微量的杂质和微小的缺陷，就会对整个试样的强度产生重要影响。当然，测定值的统计分散性极大。

固体电介质中的自由载流子(通常指自由电子)在强电场作用下会不断获得能量，也会通过其与晶格振动(格波)的作用而失去能量。根据对固体电介质击穿的实验规律及载流子将它从电场中获得的能量交给晶格条件的不同，通常将固体电介质短时击穿分为电击穿、热击穿、电机械击穿及次级效应(如局部过热，特别是空间电荷)击穿等。

电击穿的一般实验规律是：①大多数电介质的电击穿在室温或更低的温度下发生；②击穿场强(介电强度或耐电强度) E_b (在均匀电场下介质单位厚度的击穿电压)与电极材料及电介质的几何尺寸无关，称为本征击穿，它代表在一定温度下材料的特性；③晶体电介质的放电路径在某种程度上沿一定方向优先发展；④击穿场强与外施电压的波形(从直流、交流至微秒级脉冲)大体无关，完成击穿过程所需时间为微秒级或更短；⑤按照电子雪崩击穿理论，厚样品的击穿场强是介质厚度的缓变函数，而薄样品却迅速变化，当厚度 $d < 10^{-5}$ m 时，d 下降，击穿场强 E_b 上升，称为薄层强化效应。

热击穿与电介质的焦耳热效应及向周围媒质(或坏境)的散热效应的平衡状态的破坏有关。因此，热击穿场强不能代表电介质的特性。热击穿理论是建立在电介质发热与散热的平衡被破坏的基础上，可根据电导率(交流时应是有效电导率)与介质温度的关系确定临界场强。热击穿理论是建立在经典物理学基础上的。而电击穿理论要处理强电场中电子的倍增(如碰撞电离、隧道电离等)过程，故它是在固体物理学基础上以量子力学为工具逐步发展起来的。与电击穿相比，热击穿的场强较低(通常低 1~2 个数量级)，产生的温度较高，时间也较长。热击穿的一般实验规律是：①高温易产生热击穿，因为温度上升，电导率指数增加；②热击穿场强与样品的尺寸及形状、电极和媒质的几何形状及热特性有关，击穿过程所需时间至少为毫秒级；③脉冲热击穿场强与样品的形状和尺寸的关系不大，但受脉冲宽度 τ_i 的影响大，τ_i 变小，击穿场强上升；④通常交流比直流的击穿场强低，因为电介质每秒的能量损失随电场频率的提高而增加，且交流损耗比直流的高。固体电介质击穿理论列于表 4-1 中。

表 4-1　固体电介质的击穿类型及特征

短时击穿	电子击穿	本征击穿 $(\partial E_b / \partial d = 0)$ (d 为样品厚度)	单电子近似
			低能判据 $\partial E_b / \partial T \leqslant 0$ 高能判据 $\partial E_b / \partial T \geqslant 0$
			集体电子近似
			单晶体 $(\partial E_b / \partial T > 0)$ 非晶体 $(\partial E_b / \partial T < 0)$
		电子雪崩击穿 $(\partial E_b / \partial T > 0,\ \partial E_b / \partial d < 0)$	单电子模型
			集体电子模型
		场致发射理论(Zener 理论) $(\partial E_b / \partial T = 0,\ \partial E_b / \partial d = 0)$	
		自由体积击穿 $(\partial E_b / \partial T < 0)$	
	热击穿	稳态热击穿 $(\partial E_b / \partial T < 0,\ \partial E_b / \partial d < 0)$	
		脉冲热击穿 $(\partial E_b / \partial T < 0,\ \partial E_b / \partial \tau < 0,\ \partial E_b / \partial d = 0)$	
	机械击穿	电-机械击穿 $(\partial E_b / \partial T < 0)$	
	次级效应	局部过热效应，空间电荷效应	
长时击穿	放电老化	电离老化 $(\partial E_b / \partial d < 0)$	
		树枝老化	
	电化学 老化	$(\partial E_b / \partial T < 0,\ \partial E_b / \partial d < 0)$	

4.1.2　电子击穿的过程

本征击穿理论包含单电子与集体电子近似。

1. 单电子近似

固体是由大量原子组成，每个原子又有原子核及电子，同类粒子间和不同类粒子间存在相互作用，要解答这类多体问题的薛定谔方程，从目前看是不可能的，也是不必要的。把多体问题化为单电子问题，中间需要经过多次简化：第一步是绝热近似，认为离子是固定在瞬时的位置上，将多类粒子的多体问题简化成多电子问题；第二步认为每个电子是在固定的离子势场及其他电子的平均场（简化为周期场）中运动，这样就把多电子问题化为单电子问题。固体能带理论就是研究单电子在周期场中运动的理论。

单电子近似理论是近代电击穿理论中最简单的一种，它忽略了介质中电子间的相互作用，通过在强电场作用下单个电子的平均特性来计算击穿临界场强。利用量子力学方法，把导电电子与格波的相互作用看作是对晶格周期场的微扰，用微扰理论解出相互作用时格波损失能量与获得能量的速率，然后通过能量平衡方程求出临界场强。由于整个推导过程十分繁杂，这里仅对理论进行简单介绍。

研究在外电场 E 中受某一晶格散射机构作用的一个导电电子的运动。设电场 E 沿 z 方向，它使电子的动量发生改变，根据牛顿第二定律有

$$(\mathrm{d}p_z/\mathrm{d}t)_E = -eE \tag{4-1}$$

另外，由于电子与晶格振动（格波）的相互作用，使电子沿外电场方向的运动受到散射，从而电子的动量减少，根据松弛时间近似，其损失率与 p_z 成正比，即

$$(\mathrm{d}p_z/\mathrm{d}t)_1 = -p_z/\tau_\mathrm{p}(\varepsilon_\mathrm{e}) \tag{4-2}$$

式中，$\tau_\mathrm{p}(\varepsilon_\mathrm{e})$ 为比例系数，称为导电电子的动量松弛时间，一般它是电子能量 ε_e 的函数。平衡时，应满足

$$(\mathrm{d}p_z/\mathrm{d}t)_E + (\mathrm{d}p_z/\mathrm{d}t)_1 = 0 \tag{4-3}$$

电子在电场方向的漂移速度为

$$p_z/m^* = -e\tau_p(\varepsilon_\mathrm{e})E/m^* = -\mu(\varepsilon_\mathrm{e})E \tag{4-4}$$

式中，m^* 与 $\mu(\varepsilon_\mathrm{e})$ 分别为电子的有效质量（因受周期场的作用而不同于自由电子的质量）与迁移率，负号表示电子的漂移速度与电场方向相反。无外电场时，电子的能量 $\varepsilon_\mathrm{e} \approx kT_0$，这里，$k$ 为玻尔兹曼常数；T_0 为晶格温度。为计算电子在外电场中的

能量，必须确定电子从电场 E 中的获能率 A 与通过碰撞转移到晶格的失能率 B，它们可简单表示为

$$A(E, \varepsilon_e, T_0) = eEv(\varepsilon_e) = e\mu(\varepsilon_e)E^2 = e^2 \tau_p(\varepsilon_e)E^2 / m^* \quad (4\text{-}5)$$

$$B(\varepsilon_e, T_0) = \Delta \varepsilon / \tau_s(\varepsilon_e) \quad (4\text{-}6)$$

式中，τ_s 为碰撞平均（自由）时间。如果碰撞是各向同性的，那么 $\tau_p = \tau_s$，即载流子的动量松弛时间等于其碰撞平均（自由）时间；$\Delta\varepsilon_e$ 为一次碰撞损失的能量。当然，B 是电子能量 ε_e 和晶格温度 T_0 的函数。平衡时

$$A(E, \varepsilon_e, T_0) = B(\varepsilon_e, T_0) \quad (4\text{-}7)$$

电子的动量（或速度）恒定。当电场 E 上升，A 将增大而超过 B 时，平均说来电子加速，发生碰撞电离，因此上式代表本征电击穿理论所确定的电介质的临界破坏场强（碰撞电离开始），即维持能量平衡的最高电场。

下面分别讨论如何计算 A 与 B。由式(4-5)可知，求 A 必须求出 $\tau_p(\varepsilon_e)$，由于极性晶体和非极性晶体的格波与电子相互作用函数的形式有所不同，故处理的方法也不同，所以得到这两类晶体的 $\tau_p(\varepsilon_e, T_0)$ 的形式也不同，需要对它们进行分别讨论。

极性晶体　电子在这类晶体中受纵光学波散射最大。在光学波为原胞中，正、负离子热振动的相对位移形成格波，结果使晶体极化，是一种极化波。晶格振动中简谐振子的能量量子是声子，类似于电磁振动的能量量子就是光子。光学声子的能量可近似地认为与格波波矢 q 无关，且略大于 kT_0，通常约几十毫电子伏，与电子能量具有同一数量级。因此，在较低温度下，平均光学声子数很少，当温度上升时，由热振动激发的光学声子数将急剧增加。

按照量子力学中微扰理论的适用性要求，每次非弹性碰撞电子能量的变化应比电子能量小得多。对于极性晶体，只有高能电子才满足此条件。Fröhlich 只考虑快电子，通过微扰理论得到 $\tau_p(\varepsilon_e, T_0)$，即

$$\frac{1}{\tau_p(\varepsilon_e, T_0)} = \frac{1}{\tau_0(\varepsilon_e)} \left[1 + \frac{2}{\exp(\hbar\omega / kT_0) - 1} \right] \quad (4\text{-}8)$$

式中，快电子（或高能电子）的能量 $\varepsilon_e \approx 100\,\hbar\omega$ 或 ε_e 约等于电子从价带至导带跃迁的电离能 I；$\hbar = h/2\pi$（h 为普朗克常数）；ω 为光学波频率；$\hbar\omega$ 为光学声子的能量，若电子与晶格碰撞仅发射或吸收单个声子，它相当于电子碰撞前后能量的变化，快电子满足 $\varepsilon_e \gg \hbar\omega$；$k$ 为玻尔兹曼常数；T_0 为晶格温度；$\tau_0(\varepsilon_e)$ 是 Fröhlich 从点电荷模型出发得到的，所以具体形式还依赖于电子的能量。所谓点电荷模型是指在计算电子与晶格振动相互作用常数时，将晶体用分离交错排布的正、负点电

荷来代表。计算时格波的波长越短,波矢 q 越大,并且满足 $q \approx \pi/a$,这里 a 为晶格常数。

Hipple 考虑慢(低能)电子,其能量 $\varepsilon_e \approx \hbar\omega$。在计算相互作用常数时,将晶体视为一种连续的介电媒质,这时格波的波长很长,波矢 q 很小,满足 $q \ll \pi/a$。他也导出了类似式(4-8)的结果,除了 $1/\tau_0(\varepsilon_e)$ 的表达形式有所不同外,更重要的是,在 $\tau_0(\varepsilon_e)$ 中的 ε_e,对于 Fröhlich 的计算 $\varepsilon_e \approx I$,而对于 Hipple 的计算 $\varepsilon_e \approx \hbar\omega$,两者的能量约差 2 个数量级。

方程(4-8)表明,温度上升,由于光学声子数目增加,电子与声子碰撞频繁,$\tau_p(\varepsilon_e, T_0)$ 将降低,电子在外电场中不易积聚能量,故由 Fröhlich 高能判据或 Hipple 低能判据理论得出的电介质击穿场强增加。

对于非极性晶体,电子主要受到声学波的散射。在长波长极限$(q \to 0)$下,声学声子的能量近似随波矢 q 线性增加,但数值低,约几毫电子伏,远低于室温下粒子的热运动能量(约 25meV)。因此,满足 $\hbar\omega_q / kT \ll 1$,这时平均声子数 n_q 近似与晶格温度 T_0 成正比,即

$$n_q = \left[\exp(\hbar\omega_q / kT_0) - 1\right]^{-1} \approx kT_0 / \hbar\omega_q \gg 1 \tag{4-9}$$

如果只限于讨论低能电子(ε_e 约几个 kT_0),当它与低 q 值的声子相互碰撞时,电子吸收或放出一个声子,对它的动量将不会有影响。依据波矢守恒条件,电子-声子碰撞可以近似认为是弹性的。

利用式(4-9),经过与极性晶体相类似的计算得到电子的松弛时间:

$$\tau_p(\varepsilon_e, T_0)^{-1} = c\varepsilon_e^{1/2} kT_0 \tag{4-10}$$

式中,c 为与晶体结构有关的常数,但在低能电子时,包括相互作用常数的 c 值是不确定的。

应指出,对于非极性晶体,由于声学声子能量 $\hbar\omega_q$ 很低,即使 ε_e 约等于几个 kT_0 的低能电子,也满足 $\varepsilon_e \gg \hbar\omega_q$,即满足格波对运动电子的作用相当于微扰,能够用量子力学微扰理论处理。相比之下,对于极性晶格,由于纵光学声子能量约等于电子热运动能量,数值高,Fröhlich 只考虑快电子,故满足 $\varepsilon_e \gg \hbar\omega$,符合微扰理论的要求。但是,Hipple 考虑慢电子,这时 $\varepsilon \approx \hbar\omega$,不符合微扰理论的要求。尽管如此,利用 Hipple 的低能判据,像后面所述那样,还是能正确地估计电介质击穿场强 E_b 的数量级以及 E_b 与温度的依赖关系的。

电子交给晶格能量的平均速度(电子失能率)可按下式计算:

$$B(\varepsilon_e, T_0) = \sum_q \hbar\omega(q)(P_{qe} - P_{qa}) \tag{4-11}$$

式中，格波频率(能量)ω 为波矢 q 的函数，P_{qe} 和 P_{qa} 分别为电子发射和吸收波矢为 q 的声子时的跃迁几率，P_{qa} 前的负号代表电子吸收声子时能量增加。如果平均声子数 n_q 用式(4-9)表示，可以证明，电子发射波矢为 q 的声子时的跃迁几率与吸收时的几率之比为 $(n_q+1)/n_q$。因此，在 $2n_q+1$ 碰撞中仅一次将能量交给晶格振动，故可将电子的失能率近似地表示为

$$B(\varepsilon_e, T_0) \approx \frac{\hbar\omega(q)}{2n_q+1} \frac{1}{\tau_s} \left(1 - \frac{kT_0}{\varepsilon_e}\right) \tag{4-12}$$

式中，因子 $(1-kT_0/\varepsilon_e)$ 保证了在热平衡状态时，能量 $\varepsilon_e \leqslant kT_0$ 的电子不会有能量损失。依据能量均分定理，一个处在温度为 T_0 的热浴中的振子的总平均能量为 kT_0，因此，只有电子能量 $\varepsilon_e > kT_0$ 才会有能量损失 $(B>0)$。

对于离子晶体，依据能量平衡方程(4-7)，利用量子力学计算得到的 Hipple 击穿场强(低能判据，$\varepsilon_e \approx \hbar\omega$)及 Fröhlich 击穿场强(高能判据，$\varepsilon_e \approx I$)分别为

$$E_H = \frac{em^*}{2\sqrt{2}\varepsilon_c} \left(\frac{1}{\varepsilon_\infty} - \frac{1}{\varepsilon_s}\right) \left(\frac{\omega^3}{\hbar}\right)^{1/2} \left(\ln\frac{4\varepsilon_e}{\hbar\omega}\right)^{1/2} \times \left(1 + \frac{2}{\exp\dfrac{\hbar\omega}{kT_0}-1}\right)^{1/2} \tag{4-13}$$

$$E_F = \frac{\pi^2}{2} \frac{e^3}{a^4 IM} \left(\frac{m^*\hbar}{\omega_t} \ln\gamma'\right)^{1/2} \left(1 + \frac{2}{\exp\dfrac{\hbar\omega_t}{kT_0}-1}\right)^{1/2} \tag{4-14}$$

式中，ε_s 和 ε_∞ 分别为晶体的静态和光频介电常数；$\omega = \omega_t(\varepsilon_s/\varepsilon_\infty)^{1/2}$，此处 ω 为纵光学波频率，ω_t 为横光学波频率。

$$\gamma' = \frac{\sqrt{2}\pi}{a\omega} \left(\frac{I}{m^*}\right)^{1/2} = \frac{\sqrt{2}\pi}{a\omega_t} \left(\frac{I\varepsilon_\infty}{m^*\varepsilon_s}\right)^{1/2}$$

是与晶格特性有关的系数。

由式(4-9)和式(4-10)可知，E_H 和 E_F 与温度的依赖关系主要由平均声子数的后一部分决定，温度上升，平均声子数增加，散射增加，由单电子近似决定的击穿场强上升。

2. 集体电子近似

如果导电电子密度较高，那么电子间的碰撞就将加剧，全部电子的能量涨落

将超过某一数值 ε_{e2}（远大于 ε_e），当它们与低能电子（$\varepsilon_{e1} \ll \varepsilon_e$）相碰撞后，均会变成低于 ε_{e2} 的低能电子。因此，尽管电子间的碰撞满足电子系内的能量守恒，但是碰撞会阻止产生电流跃变的高能电子，并使电子系保持在平均能量约为 ε_{e1} 的稳定状态。如果电子间碰撞所导致的能量交换速率超过电子-声子间的值，那么稳态能量分部函数是具有温度 T_e（即电子温度 $T_e > T_0$）的导电电子的麦克斯韦分布函数，所以电子温度 T_e 应由能量平衡方程决定。显然，这时的 $A(E, T_e, T_0)$ 与 $B(T_e, T_0)$ 是对已知能量分布函数的平均值，也就是

$$\overline{A}(E, T_e, T_0) = \overline{B}(T_e, T_0) \tag{4-15}$$

式中用电子温度 T_e 代替了式（4-7）中的电子能量 ε_e。$\overline{A}$ 和 $\overline{B}$ 与温度的关系在定性上类似于 A 和 B 与能量的关系，因此对应电子温度 T_e 也存在一个最大电场 E_c，它仍然满足式（4-11）。如果 $E < E_c$，电子系处于稳定状态且温度处于式（4-11）两个解（由 $\overline{A}$ 及 $\overline{B}$ 代表的两条曲线的两个交点）的较低者。如果 $E > E_c$，对于任何温度 T_e，$\overline{A} > \overline{B}$，电子系处于非稳态状态，因此将 E_c 视为临界击穿场强。

当然，在电子温度从平衡温度 T_e 开始上升时，其随时间 t 的变化函数可由解下式给出：

$$\frac{\mathrm{d}}{\mathrm{d}t}\left(\frac{3}{2}nkT_e\right) = \overline{A}(E, T_e, T_0) - \overline{B}(T_e, T_0) \tag{4-16}$$

式中，$3nkT_e/2$ 为电子的总能量；n 为电子的浓度；$3kT_e/2$ 为一个电子具有三个自由度时的热运动能量。只要电子温度达到临界温度 T_c，因 $\overline{A} - \overline{B}$ 变得很大，所以电子温度将急剧增加。与晶格强烈电离相联系的高能量转移将使晶格温度从 T_0 至少在一部分电介质内迅速上升到 T_0'，无论最终的击穿机理如何，但其基本点在于只要电场 E 高于临界电场 E_c，失稳性随即发生。从这个意义上看，集体击穿场强与热击穿的临界场强有类似意义。由式（4-12）求出电子温度上升到 T_c 的时间小于 $10^{-10}\mathrm{s}$。因此，在计算 E_c 及 T_c 时，尽管晶格温度从 T_0 增至 T_0'，但只要 $T_e > T_c$，都可认为 T_0 为常数。

图 4-1 给出碱卤晶体（如氯化钾）击穿场强 E_b 的理论值与实验值的比较。从图中可以看出，$E_H > E_F$。Hipple 低能判据要求临界电场能将导带中的每个电子加速到能够产生碰撞电离，而 Fröhlich 高能判据要求临界电场能够将能量略低于晶体电离能 I 的电子加速到发生碰撞电离就够了。此外，集体电子击穿场强 E_C 满足下面的关系：

$$E_F < E_C < E_H \tag{4-17}$$

对于晶体电介质，集体电子近似是将上述单电子近似采用的分布函数在全部

能量范围内进行平均后求出 E_C，所以 E_C 的值必然在低能判据与高能判据所得数值之间。

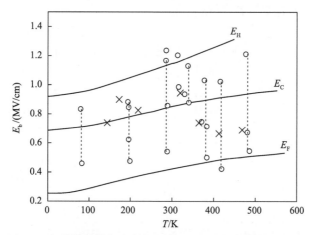

图 4-1　氯化钾晶体的击穿场强 E_b 的理论值(实线)与实验值

注：E_H 为 Hipple 场强，E_F 为 Fröhlich 场强，E_C 为集体电子击穿场强

　　这种近似方法可用于研究电子-电子间的碰撞，但电子浓度必须要高，使高能电子交给其他电子的能量所占的比例超过它给予晶格能量所占的比例。一个高能电子通过与其他电子碰撞的失能率可近似表示成

$$B_e \approx 4\pi n(e^*)^4 / (2m^*\varepsilon_e)^{1/2} = 4\pi n(e^*)^4 / p \tag{4-18}$$

式中，e^* 为计及电介质极化时电子的有效电荷，与介质的介电系数有关，但不同于电子电荷 e；$p=(2m^*\varepsilon_e)^{1/2}$ 为电子动量。为了求出集体电子近似处理中所必需的临界电子浓度 n_e，必须求出电子通过电子-声子碰撞的失能率，即

$$B_L(\varepsilon_e,T_0) \approx \frac{\hbar\omega}{\tau_s(\varepsilon_e,T_0)}\frac{1}{1+2n_q} \tag{4-19}$$

式中，$\tau_s(\varepsilon_e,T_0)$ 为能量 ε_e 的电子在晶格温度为 T_0 时的平均碰撞自由时间。式(4-19)说明，当电子能量超过声子能量 $\hbar\omega$ 时，电子净能量损失就等于每次能量损失（$\hbar\omega$）的 $1/(1+2n_q)$，其中 n_q 平均声子数。使式(4-18)与式(4-19)相等，就可得出临界电子浓度，即

$$n_c = \frac{p}{4\pi(e^*)^4}B_L(\varepsilon_e,T_0) \approx \frac{p}{4\pi(e^*)^4}\frac{\hbar\omega}{\tau_s(\varepsilon_e)(2n_q+1)} \tag{4-20}$$

　　对于离子晶体，n_c 为 10^{17}cm^{-3}；对于非极性晶体，n_c 为 10^{14}cm^{-3}。对于集体电子近似，最值得重视的是能适用于具有杂质能级的非晶固体。在非晶固体中，有

许多存在于杂质能级上的被激发电子，如图 4-2 所示。由于在强电场作用下的导带电子和杂质能级电子的相互作用很强，所以仍可按前面讨论的结果，如用 T_e 表示电子的温度，则有 $T_e > T_0$（晶格温度）。

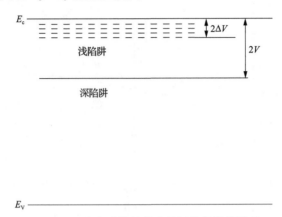

图 4-2　具有杂质能级的非晶固体的能带模型

下面讨论 Fröhlich 建立的非晶固体的集体电子近似理论。假设在导带下面的定域能级有两种类型：浅陷阱（激发态杂质能级），分布在导带下能量为 $2\Delta V$ 的范围内，平均陷阱深度为 ΔV；深陷阱（基态杂质能级），陷阱深度为 $2V$，其数值约 1eV。根据半导体物理学，如果在导带、浅陷阱及深陷阱能级上的电子足够多，那么在强电场中这些子系统之间就会在大于晶格温度的某一温度 T_e 下建立热平衡。此外，如果 $kT \ll \Delta V \ll V$，有 $n_1 \ll n_s \ll n_D$（n_1、n_s 和 n_D 分别为导带、浅陷阱和深陷阱中的电子数）。在这些子系统很快建立热平衡后，可以得出

$$n_1/n_s = R_s \exp(-\Delta V/kT) \qquad (4\text{-}21)$$

式中，R_s 为在 kT_e 范围内导带底与浅陷阱底部能态密度之比，经过计算可得出 $R_s \approx \Delta V/kT_e$。尽管对正常的杂质浓度，$R_s > 1$，但 $\Delta V/kT_e$ 足够大，以致于 n_1/n_s 的值主要由 $\exp(-\Delta V/kT_e)$ 决定，且 $n_1/n_s \ll 1$。能量平衡方程式(4-15)中的 $\overline{A}$ 与 n_1 成正比，受外电场加速的 n_1 个电子将通过与浅陷阱中 n_s 个电子相互作用而损失能量。根据式(4-5)，n_1 个电子的获能率将正比与电场强度的平方。因此，大致可以估计出集体电子近似的临界场强 $E_c \propto (n_s/n_1)^{1/2} \propto \exp(\Delta V/2kT_e)$。在现有情况下，电子的临界温度 T_c 不会与晶格温度 T_0 相差很大，因此可将临界场强 E_c 近似写成

$$E_c = C \exp(\Delta V/2kT_0) \qquad (4\text{-}22)$$

式中，C 为与电介质材料有关的带单位的系数。式(4-22)表明，随着晶格温度 T_0 增加，击穿场强 E_c 下降，它能定性解释高温下电击穿场强随温度升高而下降的实验结果，故称为 Fröhlich 高温击穿理论。同时，浅陷阱深度 ΔV 增加，在一定晶格

温度 T_0 下，陷阱对导电电子的电导控制能力越强，电子的有效电导率就越低(3.3节)，相当于电子温度的最高限 T_c 也越高，电介质的击穿场强就越高。

应指出，同样利用电子系能量平衡方程式(4-15)，对于晶态固体，其击穿场强 E_b 随介质温度 T_0 上升而增加；对于非晶态或杂质固体，其 E_b 却随 T_0 上升而下降。对于前者，温度上升，电子的碰撞平均自由时间下降，要求的临界电子浓度 n_c 增加，故击穿场强 E_c 上升；对于后者，在作一定近似后，可以认为 E_c 主要由导带中的自由电子数 n_1 决定，由于含有杂质能级，所以温度上升，自由电子的有效迁移率指数上升，平均获能率 $\overline{A}$ 指数上升，如果近似认为电子失能率 $\overline{B}$ 是温度的缓变函数，那么击穿场强将按式(4-22)下降。

3. 电子雪崩击穿

这里主要介绍单电子碰撞电离产生的雪崩击穿理论(赛兹四十代理论)。其击穿判据与气体放电的流注理论相似，要求雪崩的尺寸达到一定的数值。

一个从阴极出发的电子，当从电场获得足够能量时，将使束缚电子电离。假如这两个(原来的与新生的)电子从电场中又获得相同的能量，则将进一步产生电离，依此类推。设电子从阴极至阳极经过 i 次碰撞电离，则产生的自由电子数应为 2^i，如果次数 i 足够大，那么当雪崩尺寸达到某一临界值，最终将导致电介质击穿。设临界场强约为 10^8V/m，电子迁移率 $\mu=1\times10^{-4}$m²/(V·s)，由此得出在 10^{-6}s 内电子运动的距离为 10^{-2}m，从阴极出发的电子既碰撞电离，又向阳极运动，同时在垂直电场的方向发生浓度扩散，按粒子均方根扩散长度 $\overline{r}=\sqrt{2Dt}$ 的计算公式，在扩散系数 $D=10^{-4}$m/s，$t=10^{-6}$s 时，可求得 $\overline{r}=10^{-5}$m。近似认为，底面半径为 $\overline{r}$、长度为 10^{-2}m 的圆柱体内所产生的电子都需要电场供给能量。圆柱体内的电子数为 $\pi\times(10^{-5})^2\times10^{-2}\times10^{29}\approx10^{17}$ 个，假设要使材料结构破坏，每个原子需能为 10eV，则使上述圆柱体材料发生结构破坏，圆柱体内所有原子所需总能为 $10\times10^{17}=10^{18}$eV，如果临界场为 10^8V/m，每个电子经过 10^{-2}m 距离电场获能为 10^6eV，因此雪崩时只要有 10^{12} 个电子就足以破坏电介质，故导致电介质雪崩击穿的粗略判据为

$$2^i=10^{12} \tag{4-23}$$

由式(4-23)可得 $i=40$，这就是赛兹四十代理论的来由。假定 a_c 为电子的临界碰撞电离系数，可得 $i=a_cd=40$。对于薄层电介质(10^{-5}m 左右)，当其厚度 d 下降时，为使 $i=40$，必须使 a_c 增加，因此电介质的击穿场强将提高。这就是被实验所证实的薄层介质击穿时的强化效应。

4. 场致发射击穿——柴纳理论

柴纳根据电极的场致发射，计算出电子从价带至导带的隧道发射概率：

$$P_{VC} = \frac{eEa}{h} \exp\left(-\frac{\pi^2 m^* aI^2}{h^2 eE}\right) \qquad (4\text{-}24)$$

式中，a 为晶格常数；I 为电子的电离能（即禁带宽度）；m^* 为电子质量。如给这两个量（I, a）以适当的数值，当电场强度 E 升至约 10^9V/m 或再大一些，指数项仍几乎为零，因此电子逃逸概率是很小的。可见，只能用式(2-24)估计临界场强的数量级。后来，福兰兹利用脉冲热击穿理论得出了适合于定量计算临界场强 E_c 的公式：

$$c_V(T_m - T_0) = \frac{1}{2}\gamma N_V e\mu E_C^{16/3} t_c^2 \exp(-\beta/E_C) \qquad (4\text{-}25)$$

式中，T_m 为介质击穿时的温度；T_0 为环境温度；c_V 为介质单位体积的比热；μ 为电子迁移率；N_V 为价带中的电子数；γ 为有单位的常数；β 为与 I 及价带顶（或导带底）电子的有效质量 m^* 有关的参数；t_c 为产生脉冲热击穿的临界时间。将一些参数的值代入式(4-25)可知，电离能 I 下降，价带电子容易通过隧道效应至导带，P_{vc} 显著上升，击穿场强 E_b 明显下降。由于击穿依赖于隧道效应，故 E_C 与温度无关（$\partial E_c/\partial T=0$）。此外，按柴纳击穿理论（式 4-24），$E_C$ 还与厚度无关（$\partial E_C/\partial d=0$）。但是，按福兰兹击穿理论，介质厚度 d 增加，临界时间 t_c（小于或等于 d/μE）增加，期间激发至导带的电子数上升，故临界场强 E_C 下降（$\partial E_c/\partial d < 0$）。

5. 自由体积理论

高聚物在玻璃化温度以上因分子不断重新排列，其分子间存在一些自由空间，它们的总体积代表高聚物的自由体积。在高聚物内这些自由空间以一定的概率进行偶然性分布，所以可能有更多的自由空间相互聚积在一起，这些位置就为电子在外电场作用下而加速提供了最有利的场所，即最适于击穿的条件，因此这些自由空间控制的特性就决定了聚合物的击穿场强。为了理解在外电场作用下自由空间对运动电子能量的影响，让我们跟踪一个开始在紧密结构内而后穿过自由空间进行运动的电子。在紧密结构内，电子被加速到能量 ε_{e1}，这时若单位时间的能量损失 B 达到一定数值且等于单位时间从电场 E 获得的全部能量 A 时，电子能量将不再增加。为了克服最大的能量损失，电子必须达到更高的能量 $\varepsilon_{e2} > \varepsilon_{e1}$，这时 $A > B$，电子被加速，最后电子的能量 ε_{e2} 将达到电离能 I。

当电子在其运动轨道始端的能量为 ε_{e1} 时，在外电场作用下，其延长度为 l 且穿过自由空间轨道运动的能量变化为

$$\varepsilon_{e1} + eEl_x - \int_0^l \boldsymbol{F} \cdot \mathrm{d}\boldsymbol{l}$$

式中，e 为电子电荷；l_x 为轨道长度沿外场方向的投影；第三项代表由制动力 F 引起的电子能量的损失。在足够强的外电场中，能量可增加到满足产生介质击穿条件时的数值 ε_{e2}。通过击穿条件

$$\varepsilon_{e2} = \varepsilon_{e1} + eE_b l_x - \int_0^l \boldsymbol{F} \cdot \mathrm{d}\boldsymbol{l}$$

可以求出击穿场强 E_b：

$$E_b = \frac{\varepsilon_{e2} - \varepsilon_{e1} + \int_0^l \boldsymbol{F} \cdot \mathrm{d}\boldsymbol{l}}{+el_x} \tag{4-26}$$

在一级近似下，电子在自由空间内的能量损失相对于 $(\varepsilon_{e2} - \varepsilon_{e1})$ 小得可以忽略，假设能量差 $(\varepsilon_{e2} - \varepsilon_{e1})$ 与电场 E 无关，故可以近似给出击穿场强与长度 l_x 成反比，即

$$E_b \approx \frac{\varepsilon_{e2} - \varepsilon_{e1}}{+el_x} \tag{4-27}$$

当温度超过聚合物的玻璃化温度时，T 增加，l_x 增加，击穿场强 E_b 将下降。应指出，投影长度 l_x 与比自由体积有关。当 $T < T_g$ 时，比自由体积为 V_0，其与温度 T 无关，l_{x0} 值为

$$l_{x0} = 0.5d \left\{ 1 - \frac{\lg(\xi V_0)}{\lg[1 - (1 - V_0)^6]} \right\} \tag{4-28}$$

当 $T > T_g$ 时，比自由体积为 $V(T)$，与温度 T 有关，l_x 值为

$$l_x = 0.5d \left\{ 1 - \frac{\lg(\xi V^2(T)t / \tau(T))}{\lg[1 - (1 - V(T))^6]} \right\} \tag{4-29}$$

式中，d 为一个假定的独立球形气腔的直径；t 为附加应力的时间；$\tau(T)$ 为分子松弛时间；ξ 为常数。当超过玻璃化温度 T_g 时，$U(T)$ 和 $\tau(T)$ 随温度的变化可借助 WLF 方程（3.4 节）进行估计，因此，通过 WLF 方程及方程式（4-23）～式（4-25）可以预计击穿场强 $E_b(T > T_g)$ 相对于 $E_{b0}(T < T_g)$ 的温度变化关系。对于未增塑的聚苯乙烯，其击穿场强 E_b 随温度的变化关系如图 4-3 所示，其测量结果与自由体积击穿理论预测的基本一致。因此，当高聚物在玻璃化温度以上时，可用自由体积击穿理论来解释击穿场强 E_b 随温度上升而下降的测量结果，即 $(\partial E_b / \partial T)_{T > T_g} < 0$。

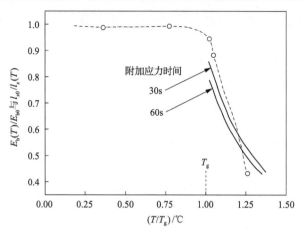

图 4-3　非增塑聚苯乙烯的 $l_{x0}/l_x(T)$ 及 $E_b(T)/E_{b0}$ 与温度的关系曲线

注：实线代表理论值；虚线代表实验值

4.1.3　电-机械击穿

电-机械击穿依据的事实是在熔融(软化)温度区附近，高聚物的击穿特性类似于其力学特性的改变，在外电场作用下，击穿由麦克斯韦应力产生高聚物机械变形所致。

在击穿实验的过程中，样品表面上电极间的静电吸引力表现为对电极间介质材料的压缩力。如果介质的弹性模量很大(如无机电介质)，那么压缩力的作用不会导致明显的变形。但当介质的弹性模量很小(如高聚物材料)，压缩变形就可能很大，使介质厚度明显减薄，此时电压不变，电场强度增加，挤压作用更强，介质最后同时失去机械强度和电气强度而被击穿。

在恒定外加电压 V 下，电容为 C 的电极间的吸引力 F 等于贮存在体系中的能量 U 对样品厚度 d 的偏导数，即

$$F = (\partial U / \partial d)_V = \frac{\partial}{\partial d}\left(\frac{1}{2}CV^2\right)_V \tag{4-30}$$

对于平板电容器，如其中的介质面积为 A，介质系数为 ε，由式(4-30)可得单位面积上介质的压缩力为

$$F / A = -\frac{1}{2}\varepsilon\varepsilon_0(V / d)^2 \tag{4-31}$$

如此压缩力与样品的机械回复力平衡，则

$$\frac{1}{2}\varepsilon\varepsilon_0(V / d)^2 = Y \ln(d_0 / d) \tag{4-32}$$

式中，Y 为高聚物的杨氏模量；d_0 为样品的起始厚度。解式(4-26)便可得到在外加电压下样品形变后的平衡厚度。如果外加电压 V 保持不变，那么 $d^2\ln(d_0/d)$ 在 $d/d_0=\exp(-1/2)\approx0.6$ 时达到极大值，因此，在 $d/d_0<0.6$ 时并不存在能产生稳定平衡的实际电压值 V。当达到式(4-26)给出的平衡厚度时，若进一步增加电压 V，将导致高聚物的机械崩溃。将 $d^2\ln(d_0/d)$ 的极值条件代入式(4-32)便可得到电-机械破坏的临界电场强度为

$$E_A = (Y/\varepsilon_0\varepsilon)^{1/2} \tag{4-33}$$

也就是说，可能观察到的视在击穿场强为

$$E_A = \frac{V_C}{d_0} = \frac{d}{d_0}E_C \approx 0.6(Y/\varepsilon_0\varepsilon)^{1/2} \tag{4-34}$$

因此，如果介质的杨氏模量 Y 很高，使得 E_a 超过本征击穿场强时，那么不会产生电-机械击穿。反之，对于高聚物材料，特别是当温度超过玻璃化温度时，杨氏模量 Y 迅速降低，变形很大，容易出现电-机械击穿。在确定击穿条件时，考虑到可能发生的变形很大且属于塑性形变，因此采用了对金属材料大塑性形变的处理方法，即用有效应变 $\ln(d_0/d)$ 代替应变 $(d-d_0)/d_0$(式(4-32))。为了便于分析，仍认为在大应变下应力与有效应变呈线性关系，即杨氏模量为常数。

显然，电-机械击穿理论可以解释许多高聚物(如橡胶、高温下的塑料)的击穿场强 E_b 与温度的关系曲线。虽然，交联聚乙烯的杨氏模量随温度上升而下降的趋势比聚乙烯的慢，但其击穿场强的温度关系是相同的。

4.1.4 热击穿

热击穿理论是研究在外电场作用下电介质的发热、向周围媒质的散热之间的平衡建立及平衡破坏的理论。任何电介质都具有一定的导电能力，在外电场中由于存在介质损耗使其发热。假定固定电介质的电导率为 γ，加电场前，介质温度等于环境温度 T，在加电场 E 后，单位时间中单位体积介质产生的焦耳热为 γE^2 使它的温度从 T_0 开始上升，这时不仅 γE^2 增加，而且向环境的散热也增大，直到在某一温度下发热与散热达到平衡为止。如果电场 E 的数值较低，那么平衡温度也较低。但是，发热正比于电场 E 的平方，散热则与电场无关，如果 E 增加到使介质的发热始终大于散热，平衡状态将受到破坏，若介质的温度持续上升，最终将导致热击穿。将能够达到临界平衡状态的最高极限温度 T_m 所对应的临界场强称为电介质的热击穿场强，从图 4-4 可以看出，在温度 T_m 时应满足如下条件：

$$
\left.
\begin{aligned}
W(T_{\mathrm{m}}) &= H(T_{\mathrm{m}}) \\
\left.\frac{\partial W(T)}{\partial T}\right|_{T_{\mathrm{m}}} &= \left.\frac{\partial H(T)}{\partial T}\right|_{T_{\mathrm{m}}}
\end{aligned}
\right\}
\tag{4-35}
$$

式中，W 为电介质的发热量；H 为散热量。发热量 $W \propto E^2$，故求解上述方程可以得到介质热击穿的电场强度。研究热击穿必须从下面的热平衡方程式出发：

$$
c_{\mathrm{v}} \frac{\partial T}{\partial t} - \mathrm{div}(k_{\mathrm{h}}\,\mathrm{grad}\,T) = \gamma E^2
\tag{4-36}
$$

式中，c_{v} 为介质单位体积的比热；$\partial T/\partial t$ 为单位时间内的温度变化；k_{h} 为介质热导率。式(4-36)左端第一项代表介质温度上升时的吸热，第二项代表介质通过导热像周围媒质的散热，其与介质单位体积的发热 γE^2 相平衡。k_{h} 与 γ 都与温度有关，特别是 γ 随温度 T 急剧变化。

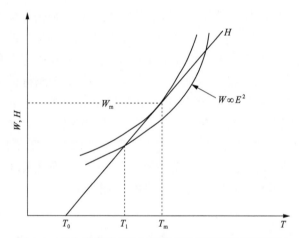

图 4-4　电介质发热(W)与散热(H)的平衡关系示意图

通常介质温度 $T(x,t)$ 是位置与时间的函数，按式(4-36)可得电场强度 $E=E(x,t)$，根据电流连读原理($\mathrm{div}\gamma E=0$)，电导率 $\gamma=\gamma(E,T)$，加上 $k_{\mathrm{h}}=k_{\mathrm{h}}(T)$，故要得到式(4-36)的解析解是十分困难的。根据外加电压作用时间的长短，可按稳态及脉冲热击穿这两种极限形式对方程式(4-32)分别求解。

1. 稳态热击穿

在热稳定状态，由方程式(4-36)$c_{\mathrm{v}}\partial T/\partial t=0$ 可得

$$
-\mathrm{div}(k_{\mathrm{h}}\,\mathrm{grad}\,T) = \gamma E^2
\tag{4-37}
$$

现研究平板样品，电场 E 沿 z 的正方向，如图 4-5 所示。

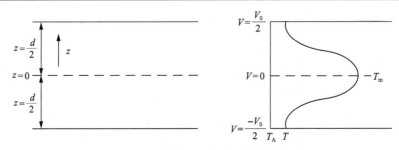

图 4-5　平板电介质中温度分布的示意图

如果热流沿±z 方向流动(双面散热),那么可将上式简化成一维问题,再根据电流连续性方程 $j = \gamma E = -\gamma(\partial V/\partial z)$,式(4-37)可以写成为

$$\frac{\partial}{\partial z}\left(k_{\mathrm{h}}\frac{\partial T}{\partial z}\right) + \gamma\left(\frac{\partial V}{\partial z}\right)^2 = \frac{\partial}{\partial z}\left(k_{\mathrm{h}}\frac{\partial T}{\partial z}\right) - j\left(\frac{\partial V}{\partial z}\right) = 0 \tag{4-38}$$

式中,V 为介质中的电位。散热是由 $z=d/2$ 的固体电介质表面(温度 T_1)向温度为 T_0 的环境媒质中进行的,故属于双面散热。根据单位体积、单位时间发热与散热相等的条件,有

$$jV_0 = 2\lambda(T_1 - T_0) \tag{4-39}$$

式中,λ 为电极的散热系数。将式(4-35)代入式(4-38),在对 z 积分后得出

$$k_{\mathrm{h}}\partial T / \partial z = 2\lambda(T_1 - T_0)V / V_0 = jV \tag{4-40}$$

积分时设温度保持以 $z = 0$ 为中心的对称分布,且满足 $(\partial T/\partial z)_{z=0}=0$ 的极大值条件。

将式(4-40)中的 j 用 $-\gamma(\partial T/\partial z)$ 代替后得出

$$V = -\frac{\partial z}{\partial V}k_{\mathrm{h}}\frac{\partial T}{\partial z} \tag{4-41}$$

利用分离变量法得

$$V\mathrm{d}V = -(k_{\mathrm{h}} / \gamma)\mathrm{d}T \tag{4-42}$$

如果从中心 $(z=0, T=T_{\mathrm{m}})$ 至某点 (z, T) 对式(4-42)积分,在交换积分限后得

$$V^2 = 2\int_{T_1}^{T_{\mathrm{m}}} (k_{\mathrm{h}} / \gamma)\mathrm{d}T \tag{4-43}$$

如果积分从中心 $(z=0, T=T_{\mathrm{m}})$ 至电极 $(z=d/2, T=T_1)$ 进行,那么

$$V_0^2 = 8 \int_{T_1}^{T_m} (k_h / \gamma) \mathrm{d}T \tag{4-44}$$

式(4-44)便是确定稳态热击穿的关系式。如果电极端部的冷却效率高，即 $T_1 = T_0$，那么可得出最高的热击穿电压：

$$V_{0,\max}^2 = 8 \int_{T_0}^{T_{mc}} (k_h / \gamma) \mathrm{d}T \tag{4-45}$$

式中，T_{mc} 为最高临界温度。应注意，如果电导率 γ 与电场 E 有关，那么就不能用分离变量法导出式(4-38)。但是对大多数电介质来说，如果电场不太强，那么可以认为 γ 与 E 无关，并利用 $A\exp(-B/T)$ 表示。在 $k_h = k_{h0}$ 且与温度无关时，式(4-45)变为

$$V_{0,\max}^2 = 8 \int_{T_0}^{T_{mc}} A^{-1} k_{h0} \exp(B / T) \mathrm{d}T \tag{4-46}$$

若在所有温度下满足不等式 $B = H/k \gg T$，同时 $T_{mc} \gg T_0$，则式(4-42)可近似写为

$$V_{0,\max}^2 \approx (8k_{h0}V_0^2 / AH)^{1/2} \exp(H / 2kT_0) \tag{4-47}$$

式中，k 为玻尔兹曼常数；H 为电导活化能。由式(4-47)可知，热击穿电压随环境温度 T_0 的增加而呈指数下降，对式(4-47)取对数，并设 $A' = \ln(8k_{h0}V_0^2/AH)$ 可得

$$\ln V_{0,\max} = A' + \frac{H}{2kT_0} \tag{4-48}$$

其斜率正好是 $\ln\gamma = A'' + H/kT_0$ 斜率的 1/2，它是热击穿的最明显的特征，并可作为热击穿的实验判据。

2. 脉冲热击穿

它是与稳态热击穿不同的另一种极限情况。由于电场作用时间短，所以导热过程可以忽略，于是式(4-36)变为

$$c_v \partial T / \partial t = \gamma E^2 \tag{4-49}$$

该式代表脉冲热击穿的临界条件。若仍以 T_{mc} 代表固体介质破坏的最高温度，则在一定条件下，由式(4-49)便可算出热击穿电压。在给定条件下，如果使电介质温度升至 T_{mc} 所需的时间为 t_b，此时对应的电场为击穿场强 E_b，根据式(4-49)可得

$$t_b = \int_0^{t_b} \mathrm{d}t = c_v \int_{T_0}^{T_{mc}} \frac{\mathrm{d}T}{\gamma E_b^2} \tag{4-50}$$

显然，t_b 减小，E_b 就上升。但是，如果外电压作用时间极短，此时 E_b 并不能无限上升，而是过渡到其他击穿机理（如集体电子热击穿）。当然，环境温度 T_0 上升，γ 指数增加，击穿场强 E_b 也会呈指数下降，$\ln E_b$-$1/T_0$ 所表示的直线的斜率仍为 $\ln\gamma$-$1/T_0$ 斜率的 $1/2$。

由上述两种热击穿形式可知，$\partial E_b/\partial T<0$。为保证一定的发热，击穿应发生在高温下；当然，若环境温度增加，发热一定，E_b 必然下降。对于稳态热击穿，厚层介质因导热不良，其击穿电压几乎与介质厚度 d 无关，而薄层介质的 $V_b\propto d^{1/2}$，因此，两者的 E_b 均随 d 的增加而下降，即 $\partial E_b/\partial d<0$。对于脉冲热击穿，导热不起作用，故 $\partial E_b/\partial d=0$。

4.1.5　空间电荷击穿理论

应指出，由碰撞电离等过程产生的空间电荷将会使电介质内部的电场发生严重畸变，从而使电介质的击穿过程及其理论处理变得更为复杂。O'Dwyer 首先建立了包含空间电荷效应的稳态击穿理论，求出了在材料与电极的参数广泛变化时电流控制的负阻效应。后来，Distefano 与 Shatzkes 提出了碰撞电离模型，成功获得了宽能隙电介质在介电失稳与击穿时的负阻特性，其失稳发展的过程是：电子从阴极注入，然后与晶格碰撞使原子发生电离，产生的空间电荷将使电场畸变，进一步增强碰撞电离，最后导致介质击穿。Klein 进一步发展了上述概念，研究电流瞬变问题并导出了表示临界电场和击穿时间的方程式。

1. Klein 模型——电子空间电荷效应

Klein 根据俘获过程对电离时所生成载流子的影响，研究了两个基本模型：IR 模型，即复合是阻碍碰撞电离（或消除电离产物）的主导过程；ID 模型，即载流子漂向电极是阻碍碰撞电离的主导过程。在任何情况下，电子或空穴陷阱会明显影响击穿场强。计及注入型和电离型载流子的俘获效应，将前面讨论的由电介质内单一载流子碰撞电离所导致的电流跃增一般化，导出了临界电流跃增场强 E_r 和击穿时间 t_r 的简洁表达式。

为了讨论载流子受俘获过程对击穿特性的影响，他首先假定陷阱能级在附加电压前是空着的；为了估计注入电子的碰撞电离与受俘获的相对速率，必须引入电子受俘获的平均距离 l_r 及碰撞电离的平均距离 l_i。显然，l_i 与单位距离碰撞电离系数成反比，即

$$\alpha_i = \alpha_{i0} \exp(-H_i / E) \tag{4-51}$$

式中，α_{i0} 和 H_i 为常数；E 为电场强度。从击穿过程所得的 α_i 值算出 l_i 的范围为 50nm～0.1cm，而俘获的平均距离=l_t/N_tQ_t，通常为纳米数量级。因此，对于绝缘

体来说，通常 $l_t \ll l_i$，说明注入电子受俘获先于碰撞电离。在击穿发展前，首先在空着的陷阱内建立受俘获的电子电荷。受俘获载流子浓度是电场、温度、陷阱浓度、绝缘体厚度、电极与注入时间的复杂函数。例如，在低或中等电场时，随电场增加，受俘获载流子增多；在高电场时，由于电场促进了退俘获(普尔-弗仑凯尔效应)，受俘获电荷随电场增加反而下降。例如，当电场 $E > 9 \times 10^8$V/m 时，Si_3N_4 中的陷阱实际上是空着的，受俘获载流子浓度可能很大，从而使极薄(100nm)电介质内的电场高达几百兆伏每米(接近其击穿场强)。这样高的电场会明显降低注入电流，影响空穴漂移和碰撞电离，因此受俘获电子电荷密度的变化会极大地影响击穿过程，甚至在绝缘体中出现短路树枝放电及击穿等现象。

1)IR 击穿模型

为了研究 IR 击穿过程，假定阻止碰撞电离是由电子-空穴复合造成的，而不是由空穴漂移至电极造成的。当 $t=0$ 时，电介质内受俘获电子的浓度为 n_t，且在体内呈均匀分布；电子仅由隧道效应注入电介质内。当平均电场 $E < E_\tau$(临界电场)时，电导过程由一组稳态(不含时)方程表示：

$$j = AE_\tau^2 \exp(-B / E_\tau) \tag{4-52}$$

$$dE(x) / dx = \frac{e}{\varepsilon_0 \varepsilon}(p_t - n_t) \tag{4-53}$$

$$\alpha_i j / e = \frac{j}{e} \sigma_n p_t \tag{4-54}$$

方程式(4-52)为福勒-洛德海姆方程，$E_-(x=d)$ 为阴极电场，A 和 B 为常数；方程式(4-53)为泊松方程；方程式(4-54)为稳态条件，此时碰撞电离速率与复合截面为 σ_n 的电子-空穴复合速率相等，p_t 为受俘获空穴的浓度。设 $E_+(x=0)$ 代表阳极电场强度，并将方程式(4-51)近似写成 $\alpha_i = a\exp(bE)$ (a, b 为常数)，则可简化对上述各式的运算。例如，从式(4-54)解出 p_t，然后将它代入式(4-53)，积分后得出

$$\ln \frac{1 - (\sigma_n n_t / \alpha) \exp[-bE(x)]}{1 - (\sigma_n n_t / \alpha) \exp(-bE_+)} = \frac{e n_t b}{\varepsilon_0 \varepsilon} x \tag{4-55}$$

将 SiO_2 的相关参数代入式(4-55)得出 $E(x)$ 的计算曲线(图 4-6)。从图中可以看出，当 E_+ 较低时，载流电子以电极注入的电子为主，故 $E_- < E_+$，$n_t \gg p_t$；当 E_+ 增加时，碰撞电离增加，空穴抵消俘获电子的作用使电场变得均匀，这时将出现 $E_+ = E_-$，$n_t = p_t$；而当 $E_+ \geqslant 9.0669222$MV/cm 时，$n_t < p_t$，E 迅速增加引起电极注入电流剧增，使电流发生跃变。显然，如果原来的 n_t 增加，电流跃变电场 E_τ 必然上升。

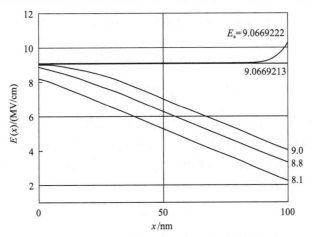

图 4-6　SiO_2 内的电场与到阳极距离 x 的关系曲线

参数：阳极电场；理论模型：IR

若将电流跃变时的 E_+ 记为 E_{+r}，设方程式 (4-55) 中，$x=d$，$E(x)=E(d)=E_-$，且 E_- 趋于无穷以确定 E_{+r}，利用式 (4-55) 对 $E(x)$ 进行平均后，可近似确定临界电场为

$$\frac{E_r}{E_{+r}} = 1 + \frac{\pi^2}{12\Delta E_+ E_{+r} b^2} \tag{4-56}$$

式中，ΔE_+ 为计及 n_t 时阳极电场的增量。当 $n_t \neq 0$ 时，Klein 导出了表示临界击穿条件的极简单公式：

$$\sigma_n n_t \approx \alpha_{+r} \equiv \alpha_{i0} \exp(-H_i / E_{+r}) \tag{4-57}$$

它代表单位距离内电子-空穴复合消失数等于碰撞电离的产生数。由图 4-6 可知，受俘获电子可使临界电场 E_r 增加 11%，而电流跃变时，阳极附近的碰撞电离系数却增加了 17 倍。

2) ID 击穿模型

此模型的基本假设是：阻止碰撞电离的因素是空穴漂移，而不是电子-空穴复合。$t=0$ 时绝缘体内已有受俘获电子，总数为常数，但是 $n_t(x)$ 可能呈任意分布；只有当电子借电极场致发射注入，空穴迁移率 μ_p 与场强关系才可由隧道效应决定，即写成

$$\mu_p = CE \exp(-D / E) \tag{4-58}$$

式中，C 和 D 为常数。可以证明电流跃变时碰撞电离产生的空穴电荷仅可导致百分之几的电场畸变。

为了表示 $t=0$ 时电子电荷对 j_t、α_t、μ_{pt} 的影响，计入有效电场变化后得出

$$j_{c0} \equiv j_t = A(E - \Delta E_j)^2 \exp[-B / (E - \Delta E_j)] \tag{4-59}$$

$$\alpha_t = \alpha_{i0} \exp[-H_i / (E - \Delta E_\alpha)] \tag{4-60}$$

$$\mu_{pt} = C(E - \Delta E_\mu) \exp[-D / (E - \Delta E_\mu)] \tag{4-61}$$

式中，ΔE_j、ΔE_α 及 ΔE_μ 分别为包含在注入电流、碰撞电离及空穴迁移率公式中有效电场强度的改变量。上面利用了当 $t = 0$ 时，$j \equiv j_{c0} = j_t$，$\alpha_1 \equiv \alpha_t$，$\mu_p \equiv \mu_{pt}$ 的结论，可知 $n(x)$，原则上可计算有效电场强度的变化，但是在推导 E_r 时并不需要。Klein 导出了一个确定 E_r 的方程式

$$\alpha_t \exp(b_t p_t) = p_t \tag{4-62}$$

$$\alpha_t \equiv \frac{j_t[\exp(\alpha_t d) - 1]}{e\mu_{pt}E}, \quad b_t \equiv \frac{ebB}{2\varepsilon_0\varepsilon(E - \Delta E_j)} \tag{4-63}$$

它们在给定电场下为常数。由于 p_t 与电场 E 有关，将式 (4-62) 用图解法（类似于热击穿时发热与散热临界平衡点的求法），可以求得决定临界 p_{tr} 的临界场强 E_r。在临界条件下，对强电离系数 $(\alpha_{tr}d \gg 1)$ 由 ID 模型导出的临界电场 E_r 的公式为

$$\frac{\mu_{tr}E_r^3}{j_{tr}[\exp(\alpha_{tr}d) - 1]} = \frac{ebB}{2\varepsilon_0\varepsilon} \tag{4-64}$$

式中，j_{tr}、α_{tr}、μ_{tr} 为电流跃变时各相应量。对于弱电离系数 $(\alpha_{tr}d \ll 1)$，其击穿场强公式为

$$\mu_{tr}E_r^3 / j_{tr}\alpha_{tr} = ed^2B / 2\varepsilon_0\varepsilon \tag{4-65}$$

式 (4-64) 和式 (4-65) 两式的右端为由材料特性决定的常数；左端是由 j_{tr}、α_{tr}、μ_{tr} 决定的隐函数与场强的关系，可用图解法求解。所得结论是：受俘获电子电荷会明显地影响 E_r，此作用在弱电离时比强电离时更为重要。有的实验证明，电子电荷使 E_r 增加，显示了它对击穿的保护作用。

3) 击穿时间 t_r 的确定

t_r 的近似计算可依据下面三个假定：一些阻止电流跃变的过程，如复合及空穴漂移都可忽略，在讨论阶跃电压击穿实验的短时电流跃变过程中，它们的作用不显著；空穴密度 p_t 是均匀的；p_t 对 α_i 有效值的影响可以忽略；当然，必须计及电子俘获对 t_r 的复杂影响。为了寻求 t_r 的计算方法，研究电流跃变瞬态的两种特殊情况。

其一，碰撞电离系数低，满足 $\alpha_i d \ll 1$ 的情况，这对高陷阱浓度的介质是非常重要的。当 $t=0$ 时陷阱是空着的，且满足 $l_t \ll d \ll l_i$，在这种情况下，电子的起始

俘获速率实际上是 j_0/e，其大于空穴的产生及俘获速率 $\alpha_i j_0 d/e$。因此，只有当出现负电荷增加与电流的下降阶段，电流跃变瞬态才会开始。从 t_t 后电子几乎全部填充陷阱，这个阶段就此结束，假定在 t_t 时电子与空穴俘获速率相等。在 $t>t_t$ 的瞬态第二阶段，空穴的产生和俘获占优势，这时电流增加，达到电流跃变的顶点（图 4-7(a)），电流跃变瞬态曲线表明：在 t_t 期间电流处于下降阶段；在 t_r^* 期间电流处于增加的阶段。因此，电流跃变时间 t_r 为

$$t_r = t_t + t_r^* \tag{4-66}$$

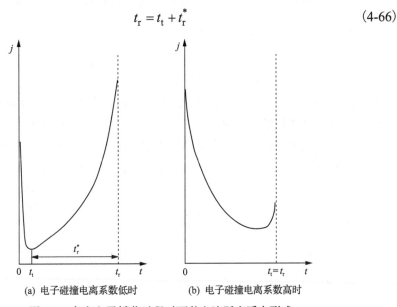

(a) 电子碰撞电离系数低时　　　(b) 电子碰撞电离系数高时

图 4-7　存在电子俘获过程时两种电流跃变瞬态形式

　　假定可以忽略在 t_t 期间空穴的产生及俘获及在 t_r^* 期间电子的产生及俘获，则可分别算出 $t_t = \varepsilon_0 \varepsilon E^2 / B j_t$ 及 $t_r^* = 2\varepsilon_0 \varepsilon E^2 / B j_t \alpha_t d$，得出当 $\alpha d \ll 1$ 时的电流跃变时间为

$$t_r = t_t + t_r^* = \frac{\varepsilon_0 \varepsilon E^2}{B j_t}\left(1 + \frac{2}{\alpha_t d}\right) \tag{4-67}$$

式中，j_t 和 α_t 分别由式(4-59)及式(4-60)给出。显然，在这种情况下，$t_r^* \gg t_t$，故 $t_r \approx t_r^*$，这再次证明电流跃变前电子电荷已建立。

　　其二，碰撞电离系数大，即当 $\alpha_i d \gg 1$ 时，俘获平均距离 $l_t \ll d$ 和 $l_t < l_i$。开始时，电子受俘获的作用强于其碰撞电离作用，在电介质内建立了电子电荷，故 t_r^* 为

$$t_r^* = 2\varepsilon_0 \varepsilon E^2 / B j_t [\exp(\alpha_t d) - 1] \tag{4-68}$$

由于 $\alpha_t d \gg 1$，故 $t_r^* \ll t_t$，于是 t_r 主要由陷阱填充时间 t_t 决定，即 $t_r \approx t_t$，这种击

穿的电流瞬态如图 4-7(b) 所示。

总之，受俘获电荷增加会明显地增加电流跃变时的 E_r 和 t_r。击穿场强随加压时间增加而上升这一反常现象说明，在击穿过程发展前，电子的俘获效应也证实了电子电荷对击穿的保护作用；由于电场、温度、介质厚度、电极及陷阱特性（如俘获截面，库仑吸引、排斥或中性陷阱中心等）会明显地影响俘获电子电荷，因此它们也会影响 E_r 和 t_r；由于陷阱状态受样品制备的影响大，所以由单独实验观察到的 E_r 和 t_r 之间有明显差异。此理论能完美地解释氧化物绝缘体的击穿特性。

2. Watson 模型——离子空间电荷效应

在固体电介质中，如果出现了空间电荷，那么必将影响击穿场强。下面就离子晶体中空间电荷对击穿的影响论述如下。

Alger 和 Hipple 为了解释在 200℃ 以上 KBr 击穿场强陡峭下降的原因，指出了离子空间电荷对击穿的影响；后来，Watson 等提出了在 300℃ 及 350℃ 下，NaCl 发生击穿部分是由于离子迁移。虽然实验中施加的电压波形是 $1.25 \times 10^{-4} \mu s$ 的窄脉冲，但为了最简单地分析短时击穿，仍将外加电压近似地看作方波脉冲。如果正离子输运到阴极的速率超过其放电率，那么在阴极前面将形成正空间电荷，从而提高此区域的场强。如果总电荷 Q 均匀分布在阴极前距离为 x 处，那么可由泊松方程给出阴极电场 E_- 的表达式，即

$$E_- - E = Q / \varepsilon_0 \varepsilon \tag{4-69}$$

式中，E 为介质中性区（无空间电荷区）中的场强。平均场强为

$$\langle E \rangle = E + (E_- - E)x / 2d \tag{4-70}$$

将式(4-6)与式(4-70)合并后得出

$$E_- = \langle E \rangle + \frac{Q}{\varepsilon_0 \varepsilon}\left(1 - \frac{x}{2d}\right) \tag{4-71}$$

设阴极处电荷的聚集率为

$$dQ / dt = \eta \gamma E \tag{4-72}$$

式中，η 为在没有发生放电的电极输运电荷分数。如果击穿发生在附加脉冲电压的短时间内，那么总空间电荷 Q 减少，故 E 与 $\langle E \rangle$ 相差不大，在此情况下，式(4-72)的一级解为

$$Q = \eta \gamma \langle E \rangle t \tag{4-73}$$

将式(4-73)代入式(4-71)中得出：

$$E_- = \langle E \rangle \left[1 + \frac{\eta \gamma t}{\varepsilon_0 \varepsilon} \left(1 - \frac{x}{2d} \right) \right] \tag{4-74}$$

如果假设当阴极处电场 E_- 超过某一指定临界电场 E_r 时就产生击穿，那么平均临界场强 $\langle E \rangle_r$ 与时间 t 之间的关系为

$$\frac{E_r}{\langle E \rangle_r} = 1 + \frac{\eta \gamma t}{\varepsilon_0 \varepsilon} \left(1 - \frac{x}{2d} \right) \tag{4-75}$$

Watson 应用此式与实验结果相比较，如图 4-8 所示。指定临界场强 E_r 可从零时间截距求出，在 300℃ 及 500℃ 下，分别为 250MV/m 及 270MV/m，这些数值比一般所能接受的本征临界场强大一倍，如果离子空间假设正确，那么从阴极电子发射也可以有相应的临界场强。但从这一简单分析还不能将 η 和 x/d 的数值分开。

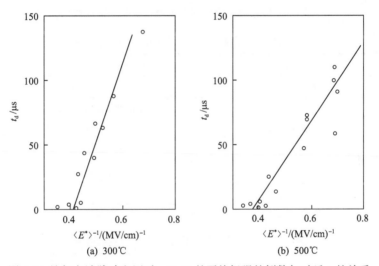

图 4-8　施加方波脉冲电压时，NaCl 的平均场强的倒数与时延 t_d 的关系

4.2　影响高聚物击穿的主要因素

4.2.1　高聚物结构的影响

目前对高聚物击穿特征的了解仍不够全面，高聚物的分子结构及其聚集态结构的复杂性使得难于解释不同类型的实验结果。但是，大多数线性高聚物击穿场强的温度关系曲线却存在某种相似的规律性(图 4-9)。一般按温度范围可分成三个区：Ⅰ、Ⅱ、Ⅲ区。表 4-2 列出了线性高聚物在每个区域内的分子状态及击穿过

程，表 4-3 列出了一些影响高聚物击穿场强的主要因素。这里将讨论高聚物的击穿场强与其分子结构及聚集态结构的关系。

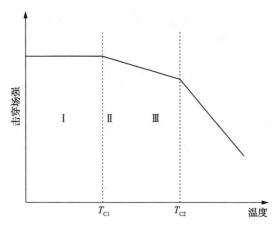

图 4-9　线性高聚物的击穿场强与温度关系示意图

表 4-2　图 4-9 中区域 Ⅰ、Ⅱ、Ⅲ 的分子状态及击穿过程*

区域	分子状态	相应的击穿过程
Ⅰ	类玻璃	电子雪崩击穿
Ⅱ	类橡胶	非晶质电介质的集体击穿
		热击穿
		自由体积击穿
Ⅲ	塑形流动	热击穿
		电-机械击穿击穿过程

*次级效应：空间电荷、局部加热和麦克斯韦应力等

表 4-3　影响线性聚合物击穿场强的主要因素

因素	击穿的温度区		
	Ⅰ	Ⅱ	Ⅲ
引入极性分子	+	?	+
增加分子量	·	+	+
交联	·	·	+
增加结晶	-	+	+
程度较高的分子有规立构性	-	+	?
富元电子的杂质	+	·	·
降低样品电阻率的杂质	·	-	-

注：(1) 低温下不同线性聚合物的介电强度在 5～10MV/cm 范围内；
　　(2) +表示增加，-表示下降，·表示不很灵敏，?表示未知或复杂

1. 化学结构

1）极性基

图 4-10 为最具有代表性的链状聚合物——聚乙烯及其侧链原子 H 被其他原子、原子团置换后的各种聚合物的击穿场强（直流）E_b 的温度特性曲线。一般地说，低温侧高分子电介质 E_b 高，随着温度 T 的增加，E_b 下降。在高温侧，当温度高至软化状态（可塑性流动）时，E_b 急剧下降。在低温区，尽管电子浓度随温度的上升而增加，但电子受到的散射作用强，而后者的影响更大，所以 $\partial E_b/\partial T \geqslant 0$。低温时，若高聚物中存在缺陷和极性基，可使电子受到附加散射而减少自由程，E_b 增加。所以，在低温区，极性基取代物的 E_b 反而高于非极性的 E_b。另外，由电击穿的时延、厚度效应、杂质效应可以证实，如表 4-1 所示，高聚物在低温区的击穿是由电子雪崩引起的击穿。高温区，如表 4-1 所示，可以认为是集体电子（电子系）的热击穿，当温度更高时，则为电-机械击穿。当温度高至聚合物塑性形变时，实验发现许多聚合物击穿场强的温度曲线与弹性模量的温度曲线是一致的。所以，弹性模量在高温时迅速下降，这是引起聚合物击穿的重要原因。究竟出现哪一种击穿过程，还受高聚物种类、加压方式等因素的影响。因此，在高温区，讨论极性基的影响是有困难的。

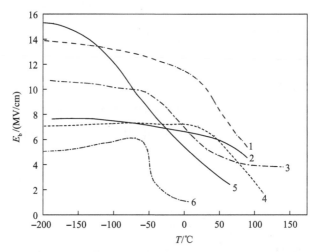

图 4-10　几种聚合物的击穿场强 E_b（直流）与温度 T 的关系曲线

1. 聚甲基丙烯酸甲酯；2. 聚苯乙烯；3. 聚氯乙烯；4. 聚乙烯；5. 聚乙烯醇；6. 聚异丁烯

将极性基对击穿场强 E_b 的影响概括如下：非极性高分子 $E_b \sim T$ 关系曲线在低温与高温中间存在着比较明显的临界温度 T_c，这一点与 Fröehlich 理论是符合的；加入极性基，低温侧 E_b 上升，故低温区与临界温度 T_c 并不能进行清楚的划定；高聚物击穿场强 E_b 在室温附近约为几兆伏每厘米，为离子晶体的 $2 \sim 10$ 倍；测得

最高击穿场强 E_b 的高聚物是在其侧链具有大的极性基 OH 的聚乙烯醇，在−200℃时约为 15MV/cm。

2) 分子量及分子量分布

Fava 测定熔融指数分别为 200、7 和 0.3 的三种聚乙烯试样的直流击穿场强以后指出，当温度为−196～80℃时，分子量增加，击穿场强 E_b 增加。这与气体和液体(脂肪烃)的 E_b 随分子量增加而上升是一致的。由表 4-4 可见，熔融指数为 0.3 的聚乙烯试样具有最高分子量，在整个温度范围内，也有最高的 E_b。

表 4-4　聚乙烯直流击穿场强与熔融指数的关系

温度/℃	熔融指数								
	200			7			0.3		
	E_b/(MV/cm)								
	最小值	平均值	最大值	最小值	平均值	最大值	最小值	平均值	最大值
−195	6.8	7.3	7.7	6.2	6.7	7.2	7.2	7.5	7.9
5	5.9	6.4	6.9						
20	4.7	5.7	6.3	5.7	6.3	6.7	6.4	7.2	7.6
30	3.5	5.3	6.1	5.2	5.6	5.9			
40	4.6	4.8	5.0	4.8	4.8	5.2	6.2	6.5	6.9
50	3.7	4.9	4.1	3.9	4.1	4.3	4.7	5.6	6.2
60	3.4	3.5	3.8	3.4	3.7	3.9	5.1	5.3	5.6
70	2.05	2.75	3.05	2.75	3.05	3.35	4.45	4.65	5.15
80	2.27	2.38	2.47	2.60	2.82	3.00	3.94	4.24	4.83

已有研究得出，在不同温度、不同电压形式(脉冲与交流)下，聚苯乙烯和聚酯酸乙烯酯的击穿场强 E_b 随分子量变化的曲线是一致的(图 4-11 和图 4-12)。这

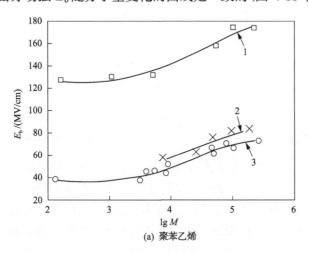

(a) 聚苯乙烯

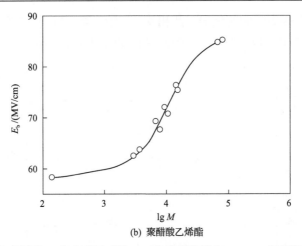

(b) 聚醋酸乙烯酯

图 4-11　击穿场强 E_b 和分子量对数 $\lg M$ 的关系曲线(f=50Hz；击穿概率 ψ=90%)

注：(a) 1. 试样厚 0.1mm，温度 20℃；2. 试样厚 0.4mm，温度−20℃；3. 试样厚 0.4mm，温度 20℃；

(b) 试样厚 0.25mm，温度 20℃

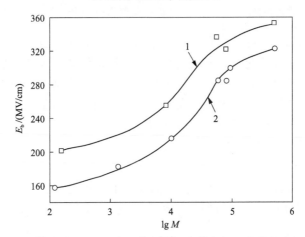

图 4-12　聚苯乙烯的 $E_b \sim \lg M$ 关系曲线(实验条件：脉冲电压，20℃)

1. 击穿概率 ψ=90%；2. E_b 的平均值

些聚合物的 E_b 与广泛变化的分子量的关系可以写成下式：

$$E_b = A + B\exp(-K / M) \tag{4-76}$$

式中，A、B 与 K 为与聚合物特性、外电压形式和实验条件有关的常数；M 为分子量。

　　有的实验已得出广泛变化的分子量对高和低密度聚乙烯的结构和相应电性能的影响。低密度聚乙烯试样分子量变化范围为 $(2.5 \sim 3.7) \times 10^3$，高密度聚乙烯为 $(3 \sim 612) \times 10^3$，后者具有十分窄的分子量分布($1.04 \sim 1.10$)。由图 4-13 可见，分子量增加，击穿场强 E_b 开始增加快，当 $M \approx 10^5$ 时开始渐近地趋于常值。可是，球晶尺寸与材料透湿度的变化却与此相反,开始下降,当 $M \approx 10^5$ 时趋近常值。这说明同系聚合物的击穿场强还与其密度、结晶度、分支度、透湿度和球晶尺寸有关。

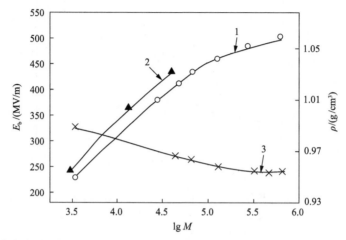

图 4-13　高密度聚乙烯的 $E_b \sim \rho$(1 和 3)和低密度聚乙烯(高压)的 $E_b \sim \lg M$(2)的关系曲线

当分子量增加时,除了聚合物主链增长外,其分支度也增加。大分子的长度增加且它的结构更复杂化,这必然将提高聚合物的熔融黏度并阻止其结晶,由此使试样的结晶度与超分子结构(球晶)的尺寸下降。上述结构的变化促使交联链数和与此相关的球晶结构数目增多。这样一来,球晶间的空间敛集密度增加。显然,在聚合物内的缺陷(微孔和微观裂缝)数也因此出现下降,透湿度也下降。由于放电通道最容易且优先在球晶间空间形成,因此聚乙烯分子量增加,其击穿场强 E_b 增加。与柔链聚合物不同,刚链聚合物的分子量增加,由于聚合物链的刚性增加,结构单元的敛集密度下降,由此,透湿度增加且击穿场强 E_b 下降,如表 4-5 所示。由表可知,醋酸纤维素分子量增加,击穿场强 E_b 下降,而透湿度与着色强度增加。

表 4-5　醋酸纤维的击穿场强、密度、透湿度和着色式样相对光密度与分子量的关系

分子量/$\times 10^8$	20*	41*	58	61	70**	98*	114	142**	160
击穿场强/(MV/m) (干燥式样,$\Psi=90\%$)	450	400	380	380	360	345	333	320	310
击穿场强/(MV/m) (吸湿式样,$\Psi=90\%$)		350	320	315	305	290	270	260	250
密度/(g/cm³)		1.385				1.325	1.295		1.180
透湿度/[10^{-3}g/(cm·s·Pa)]		1.16			1.26	1.35			1.46
着色式样的相对光密度		6×10^{-3}			5×10^{-2}				2.7×10^{-1}

*用分馏法所得的醋酸纤维试样;

**没有分馏(原始)的试样;

Ψ 为击穿概率

后者证实，分子量增加，聚合物的松散性增加。此时，电子平均自由程增加，E_b 下降，这是符合雪崩击穿理论的。

聚乙烯具有极为良好的超分子结构(球晶)形式。因此，研究其分子量分布对那些仅有最简单超分子结构(如链束与链球)的试样的结构和电性能的影响是非常有价值的。另外，采用在电工绝缘中的许多聚合物也具有简单的超分子结构形式，例如，广泛用作电容器绝缘的聚苯乙烯就具有链球结构，所以这一研究也有着重大的实用价值。

从已经报道的一些研究结果可以得出结论，通常聚合物分子量增加，若其结构紧密性增加，则 E_b 增加。但是，如图 4-10 所示的聚乙烯，因为临界温度 T_c 在室温附近，所以对此温度区的 E_b 的温度特性还不太清楚，这对讨论分子量对击穿机理的影响是有困难的。

3) 交联

若使链状聚合物的分子间交联，通常将使击穿场强 E_b 上升，特别是随着熔点的上升，可以改善高温区 E_b 的下降。根据在熔点附近出现聚合物的可塑性流动，可指明这是电-机械击穿。图 4-14 为辐照对聚乙烯 E_b 的影响。从图中可以看出，由于辐照使聚乙烯交联，因而能够改造由电-机械击穿而引起的高温区击穿场强的下降。此外，聚酯类化合物、环氧树脂与酚醛树脂随其固化程度的增加，其击穿场强也增加。但其原因不完全是固化过程中的交联使分子量增加，也由使聚合物增塑而降低 E_b 的单体组分减少所致。

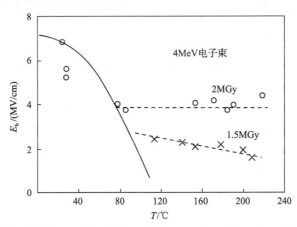

图 4-14　高能辐射对聚乙烯高温下击穿场强的影响(虚线为电-机械击穿的理论值)

4) 分子构型

全同立构与无规立构聚丙烯因侧甲基—CH_3 的排列而有不同的构型。低温区全同立构聚丙烯的 E_b 比无规立构的低，而高温区前者的 E_b 却比后者的高，这与后面将讨论的聚合物结晶度对 E_b 的影响相类似。无规立构聚丙烯在低温区的 E_b 高可能与不规则构型增强对运动电子的散射，故不易积聚能量而难以产生碰撞电离有关。

2. 固态结构

1) 结晶

结晶聚合物同时含结晶与非结晶区，当然，这类聚合物的 E_b 会同时受晶区结构及结晶度的影响。图 4-15 为高密度聚乙烯直流击穿场强 E_b 与经过退火改变的结晶度的关系。当低于 80℃时，结晶度下降，E_b 增加；而当高于 80℃时，结晶度增加，E_b 增加。低于 80℃的结果可采用 Fröhlich 非晶体击穿理论进行定性解释。按此理论可以假设因结晶边界增加而使结晶度下降，从而使浅电子陷阱能级的深度增加，E_b 增加。图 4-16 为聚乙烯、乙烯乙酸乙烯酯共聚物(EVA)及其共混物在

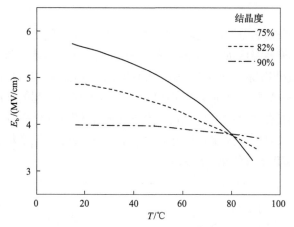

图 4-15 结晶度对高密度聚乙烯击穿场强温度关系曲线的影响

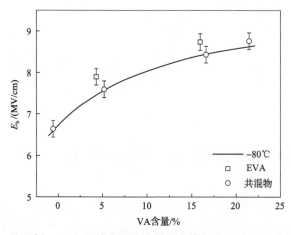

图 4-16 聚乙烯、EVA 及其共混物的低温击穿场强 E_b 与 VA 含量的关系

低温区的击穿特性。EVA 及其共混物的 E_b 随乙酸乙烯酯(VA)含量的增加而上升，这可能与结晶度下降及与极性基团增加相联系的电子散射的增加有关。此外，EVA 的 E_b 几乎与相同 VA 含量的共混物的相同，此结果不仅表明，低温区的介电击穿不仅受结晶度和微晶个别尺寸的影响，同时也支持电子雪崩产生的区域比微晶尺寸大得多的结论。

　　某些加工方式，如热加工和拉伸会使聚合物球晶尺寸发生变化，从而影响聚合物的击穿场强。拉伸对结晶性聚合物，如聚乙烯的击穿场强的影响，如图 4-17 和图 4-18 所示。由图 4-17 可见，拉伸对直流和交流 E_b 的影响较为复杂，这可以从拉伸会在聚合物内部引起应力，从而使超分子结构发生变化，且随分子层状结构的定向，自由空穴的再排布为基点来解释。由图 4-18 可见，在一定温度下，拉

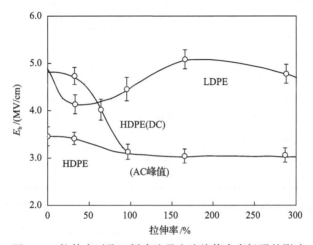

图 4-17　拉伸率对聚乙烯直流及交流峰值击穿场强的影响

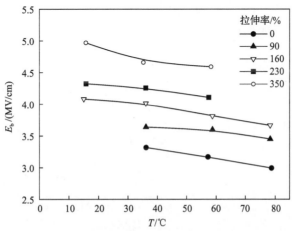

图 4-18　低密度聚乙烯在不同拉伸率下其脉冲击穿场强与温度的关系
注：实线为计算值，点值为实验值，对 7～13 次测量求平均值

伸使聚乙烯脉冲 E_b 增加，这符合 Artbauer 提出的击穿，是由电子在无定形区中自由体积加速而引起的。但是，有的作者已实验证明，聚乙烯击穿也可由电子沿结晶区中的主链加速所致，而且碰撞电离容易发生在由水分子溶剂化而极化的位置。

有人认为，拉伸使分子微观布朗运动的活化能增加 $\Delta\Psi$，即变为 $\Psi+\Delta\Psi$（Ψ 为微观布朗运动活化能，约为 1.5eV），$\Delta\Psi$ 正比于拉伸率。当然，电离能 I 也与拉伸率有关（增加），所以若已知 I 就能求得击穿场强 E_b。为了使 E_b 的计算值与实验值一致，假定 I 随 c 轴定向而增加且与 $\Delta\Psi$ 值略为不同，那么 I 随拉伸率呈非线性增加。因此，拉伸使脉冲 E_b 增加，可从它能使活化能 $\Delta\Psi$ 增加来解释，如表 4-6 所示。

表 4-6　在不同的拉伸与温度下，聚乙烯薄膜脉冲击穿场强实验值与计算值的对比

	拉伸率/%	0	90	160	280	350
	$\Delta\Psi$/eV	0	0.018	0.03	0.06	0.084
20℃	E_b(计)/(MV/m)	365	386	400	439	473
	E_h(实验)/(MV/m)	397	412	414	470	481
40℃	E_b(计)/(MV/m)	346	366	381	421	457
	E_h(实验)/(MV/m)	324	358	386	409	451
60℃	E_b(计)/(MV/m)	330	350	365	408	444
	E_h(实验)/(MV/m)	307	359	362	395	442
80℃	E_b(计)/(MV/m)	317	337	361	392	432
	E_h(实验)/(MV/m)	289	334	346		

当聚氯乙烯的 E_b 在玻璃化温度以下时，其随拉伸而下降。在不同厚度下，聚丙烯（1、3 曲线）与聚乙烯（2 曲线）薄膜击穿场强 E_b 与球晶直径的关系，如图 4-19 所示，本书用热加工法培育球晶。

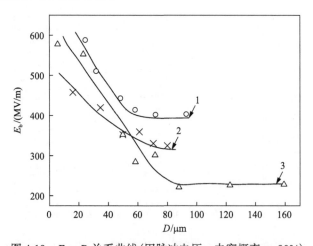

图 4-19　$E_b \sim D$ 关系曲线（用脉冲电压，击穿概率 ψ=90%）
1. 聚丙烯薄膜，厚 0.05mm；2. 聚乙烯薄膜，厚 0.06mm；3. 聚丙烯薄膜，厚 0.075mm

从图中可以看出，当球晶尺寸较小时，击穿场强随球晶直径增加而线性下降。但是，当球晶直径平均值增加到几乎等于薄膜厚度时，再增加球晶直径并不影响 E_b。由此得出结论，聚合物薄膜击穿时，放电通道优先向有较大松散结构且能保证有较大电子平均自由行程的球晶间空间发展。按图 4-19 将 E_b 与球晶直径 D 写成解析式为

$$E_b = A\left[\sqrt{(D-d)^2 + 1 \times 10^{-10}} - (D-d) \right] + E_0 \qquad (4-77)$$

式中，D 为球晶直径，单位为 m；d 为试样厚度，单位为 m；A 为与聚合物特性及实验条件有关的常数(聚丙烯 $A = 3 \times 10^{18} \mathrm{V/m^2}$)；$E_0$ 为当 $D \geqslant d$ 时，给定 d 时薄膜的 E_b。

2) 不同细微区的影响

测得工业用聚丙烯薄膜(结晶度为 78%,球晶直径为 200～250μm) 的球晶与球晶间空间的击穿场强结果如表 4-7 所示。从球晶中心区具有最高 E_b 的事实可以说明，它的缺陷很少，结构很紧密，电子自由行程短。因此，要在球晶中心区发生击穿是有困难的，放电通道优先向球晶间空间发展。球晶间空间区的 E_b 最低，且它的击穿电压分散性最大，说明此区的结构更不紧密且有更多的缺陷。用偏光显微镜观察在各微区试样的击穿情况，发现球晶间空间击穿导致的试样破坏小，即开裂与破碎效应较之球晶中心区小。这是因为它具有显著的弹性与塑性形变，击穿时放出的能量低。这也就证明试样破坏是由于击穿和放电时的较大能量集中在放电通道内壁产生的机械应力作用的综合结果。

表 4-7　在不同细微区聚丙烯薄膜的击穿场强 E_b　　　　单位：MV/m

球晶中心区			球晶周界区			球晶间空间区		
最大	最小	90%	最大	最小	90%	最大	最小	90%
690	540	660	525	370	495	330	120	300

当聚丙烯薄膜的球晶直径变化范围为 5～650μm 时，测定球晶直径对球晶与球晶间空间的击穿场强的影响，其结果如图 4-20 所示。当球晶直径 $D > 200\mu$m 时，球晶的 E_b 实际与球晶直径无关；可是当球晶直径小于 200μm，E_b 略有下降，这可能是由电场不均匀增加而引起局部电场集中所致。而球晶间空间的 E_b 最初随球晶尺寸的增加而迅速下降，但随后则趋于恒值(150MV/m)，这就揭示了球晶尺寸增加，E_b 下降的原因。

3) 内部缺陷

聚合物中存在结构无序，如原子空位、填隙原子、杂质原子与晶粒间界等，这与离子晶体相类似。此外，还有许多因素可能造成无序，如自由体积及内部应力的存在、有意引入的附加剂等。这是聚合物的特征之一。结构无序对介质击穿

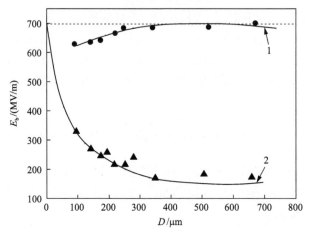

图 4-20　聚丙烯薄膜的 $E_b \sim D$ 关系曲线(击穿概率 $\psi=90\%$)

1. 球晶；2. 球晶间空间区

现象的影响是十分复杂的，因为它们随温度、施加电压的方法的不同而变化，并且还可以与其他作用相联合。

4) 分子运动

聚合物的分子运动随温度会发生改变。随着温度上升，聚合物不断显现出类玻璃、类橡胶及塑性流动特性。每种状态都有其特定的分子运动，如表 4-2 所示。在类玻璃及塑性流动态可分别认为电子雪崩击穿过程及电-机械击穿过程占优势。图 4-21 表示在小温度区间，特别是在玻璃化温度区测量得到聚乙烯的 E_b 与温度的关系曲线。当温度升高时，在玻璃化温度附近的直流击穿场强 E_b 下降；高密度聚乙烯的 E_b 比低密度聚乙烯的 E_b 在更低的温度下开始下降；在脉冲电压下的 E_b 比直流电压下的 E_b 在更高的温度时开始下降。这些结果表明链段运动被释放，自

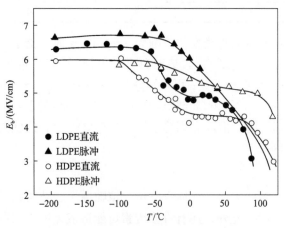

图 4-21　聚乙烯的击穿场强与温度的关系

由体积重排的增加将增强电子在非结晶区的输运，故容易出现电子雪崩击穿。

5) 内聚能密度

内聚能密度(cohesive energy density, CED)是一个表征将靠近的分子结构分开为无限远的分子所需要的能量的参数:

$$CED = W_{vap} / V_m \qquad (4-78)$$

式中，V_m 为摩尔体积；W_{vap} 为摩尔蒸发能。也可以利用 CED 来度量高分子间的色散、偶极、偶极感应及氢键这些次级键的程度。表 4-8 将一些聚合物的击穿场强与其相应的 CED 进行了对比。显然，具有高 CED 的极性材料的击穿场强最高，此外，也可以通过其击穿场强随着温度上升，因偶极-偶极相互作用中断而连续降低的变化曲线来识别这类材料，这一点与非极性材料在玻璃态具有更为固定的击穿场强不同。关于可将聚合物按照断开次级键所需的能量进行排列的假设，至少这是与自由体积方法协调的。图 4-22 表示在–195℃下测量丁二烯-苯乙烯共聚物击穿场强的数据。共聚物低温击穿场强比两种均聚物的高，这个事实反映了其自

表 4-8　一些聚合物材料的击穿场强与它们的内聚能密度的对比

聚合物	极性或非极性	CED /(J/cm³)	E_b /(MV/cm) (–195℃)
聚二甲基硅氧烷		233	2.1
聚异丁烯		254	5.1
聚乙烯	非极性	261	6.8
聚丁二烯		274	6.5
聚苯乙烯		364	7.2
聚乙酸乙烯酯	极性	370	12.2
聚甲基丙烯酸甲酯		377	13.4

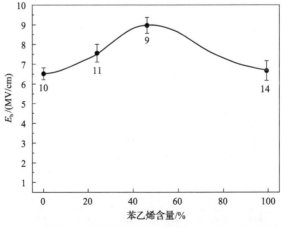

图 4-22　丁二烯-苯乙烯共聚物的击穿场强与苯乙烯含量的关系曲线
误差棒下方数字代表实验的样品数

由体积百分比的变化,聚苯乙烯、聚丁二烯及按 76.5/23.5 配比的无规共聚物的值分别为 0.032~0.033、0.039 及 0.021。值得注意的是,这个协同效应与 Hipple 在混合晶体系统中观察到的相类似,这时若用 RbCl 取代 KCl 会使击穿场强开始增加,经过极大值后开始降低,并向完全被取代时的 RbCl 的介电强度靠近。

6) 能隙

表 4-9 为碱卤晶体击穿场强与能隙的对比数据,可将用碱卤晶体观察到的击穿场强与能隙之间的关系用于聚合物。根据碰撞电离,导带中电子可将能量转移给价电子而在击穿场强下产生电子雪崩。显然,能隙是一个确定击穿场强的重要物理参数。

表 4-9　碱卤晶体击穿场强与能隙的对比

化合物	能隙/eV	击穿场强 /(MV/cm)
LiF	12.0	3.1
NaF	≥10.5	2.4
KF	10.9	1.9
NaCl	8.6	1.5
NaBr	7.7	0.81
RbBr	7.7	0.63
KI	≥6.2	0.57
RbI	≥6.1	0.49

7) 杂质

典型的杂质是使用在聚合物中的各种残留的催化剂或各种附加剂。它们的性质及分散状态对 E_b 的影响很大。通常,可使电导增加且以微粒子形式分布的杂质会使 E_b 明显降低。含有大量 π 电子并产生分子分散的附加剂芘,因其能通过与被加速电子进行相互作用而吸收能量,故可使低温 E_b 增加(图 4-23)。当附加剂是供给载流

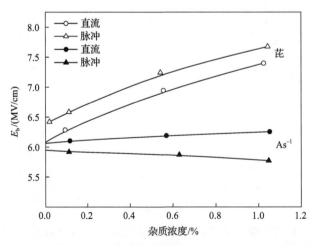

图 4-23　不同掺杂剂浓度对聚乙烯极低温(−196℃)下击穿场强的影响

子而增加电导率的 As^{-1}(防静电剂)时，可以预示因热击穿而使高温时的 E_b 降低。

4.2.2　增塑剂的影响

在聚合物中加入增塑剂会削弱其分子间力且破坏超分子结构。聚合物分子间力(或内聚能)与玻璃化温度间存在良好的线性关系，由玻璃化温度可以预示分子间力的大小。已确定，碱卤晶体击穿场强与分子间力的关系是：晶格能增加，E_b 增大。因为增塑时聚合物分子间力和与之相对应的玻璃化温度下降，同理也预示聚合物 E_b 下降。

聚合物的吸湿可视为结构增塑，所以也会使其击穿场强 E_b 下降。例如，橡皮在水中浸泡 24h 后，击穿场强 E_b 按其型号不同，可分别降低 12.4%～28.5%。若将乙基纤维、三醋酸和乙酰丁酸酯纤维放在相对湿度为 65% 的空气中，经数分钟后，E_b 大约会降低到原始值的 40%。

有人研究了增塑剂类型和程度对聚苯乙烯、聚乙烯和聚氯乙烯等击穿场强的影响。当用苯乙烯和甲苯作为分子增塑剂，而用变压器油和蓖麻油作为结构增塑剂时，聚苯乙烯在 f=50Hz 时的击穿场强和增塑剂含量的关系曲线，如图 4-24 所示，图中 E_{b0} 为原始试样的击穿场强((a)媒质为蓖麻油，温度为 22℃；(b)煤质为硅油，温度–20℃)所示。

由图 4-24(a)可知，随苯乙烯与甲苯含量的增加，聚苯乙烯的 E_b 不断降低，且反比于所加入分子增塑剂的含量。但是，若使用结构增塑剂时，聚苯乙烯的 E_b 在加入的变压器油浓度(质量分数)低于 1% 时，出现剧烈下降，通过极小值后，又继续上升至稳定值。图 4-24(a)中曲线 1 与 2 的差别是由于采用了不同的电极系统，对削弱边缘放电的程度有所差异。顺便指出，若结构增塑剂采用蓖麻油，也能得到与图 4-24(a)曲线 1 和 2 类似的关系。

在脉冲电压作用下，对于用甲苯和变压器油增塑的聚苯乙烯试样，也得到了

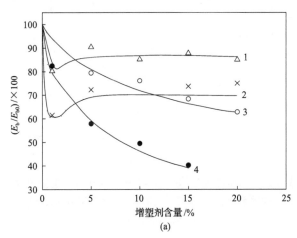

(a)

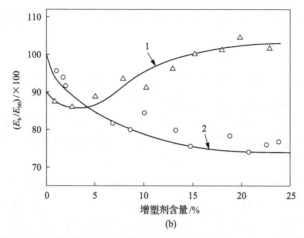

(b)

图 4-24　聚苯乙烯的击穿场强与增塑剂含量的关系曲线(f=50Hz，击穿概率 $\psi = 90\%$)
(a)1、2. 变压器油增塑的试样；3. 甲苯；4. 苯乙烯；(b)1. 变压器油增塑的试样；2. 苯乙烯，温度为-20℃

与交流电压作用相类似的结果(图 4-24(a))，如图 4-25 所示。实验还发现，聚苯乙烯击穿场强和其玻璃化温度与对应增塑剂含量的关系曲线是类似的。因此，可以得出结论，当聚合物中加入分子增塑剂时，增塑剂分子会削弱聚合物分子间的相互作用，并填布在超分子结构之间，从而在一定程度上使后者发生破坏。因此，试样结构变得松散，电子自由行程长度增加，容易积聚能量，从而使击穿场强下降。这符合电子雪崩击穿的机理。从图 4-24 和图 4-25 可以看出，分子增塑较结构增塑对聚合物分子间力和其结构变化的影响更为显著。

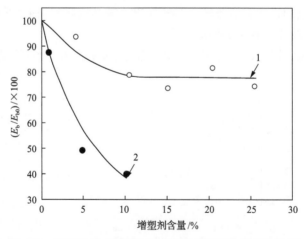

图 4-25　聚苯乙烯在脉冲电压下的击穿场强与增塑剂含量
的关系曲线(实验温度 20℃，击穿概率 $\psi = 90\%$)
1. 变压器油；2. 甲苯

4.2.3 填料的影响

为了改善聚合物的物理-化学特性和耐放电稳定性,并降低绝缘制品的价格,就需加入固体填料。此外,有时还需加入着色剂与抗氧化剂等。

在聚苯乙烯和聚乙烯中加入细小分散石英粉后,对聚合物击穿场强 E_b 的影响可以从图 4-26 看出,当填料不到 1%时,聚合物的 E_b 出现急剧下降。聚乙烯的 E_b 下降了 18%,聚苯乙烯的则为 27%。再继续增加填料,E_b 却趋于常值。尽管在测试的温度下,聚苯乙烯为无定形并处在玻璃态,而聚乙烯为结晶的且处在高弹态,但石英填料的作用却是相同的。实验发现,若在聚对苯二甲酸乙二醇酯中加入少量填料,如 SiO_2 与 TiO_2,却并不影响 E_b。而在增塑聚氯乙烯中加入含量达 30%(质量分数)高岭土时,E_b 会增加 23%~26%。因此,填料对聚合物 E_b 的影响是极不相同的。

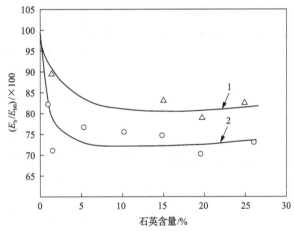

图 4-26 聚乙烯(1)和聚苯乙烯(2)的击穿场强与石英填料含量的关系曲线

(f=50Hz,T=20℃,击穿概率 ψ = 90%)

已确定,一些物质可能构成聚合物某种结构化(结晶作用)的人工晶核。因此,填料会增加结晶核心(晶核)的数目,从而使超分子结构的尺寸下降,并形成更为均匀的宏观结构。前已述及在聚氯乙烯中加入高岭土和高密度聚乙烯中加入甲基红(人工晶核剂)都会形成均匀细小的球晶结构,从而使 E_b 增加。

若在聚乙烯中加入纯地蜡(其介电性能比前者低得多),随其含量的增加,试样的 E_b 和电阻率 ρ 皆增加。当纯地蜡含量为 0.1%~1.0%时,E_b 达最大值(E_b 增加了一倍,ρ 增加了 9 倍),但当纯地蜡含量继续增加时,E_b 与 ρ 却都下降,但仍高于原始聚乙烯试样。用偏光显微镜观察,全部试样皆具有球晶结构。原始聚乙烯试样的球晶尺寸最大,含纯地蜡 0.1%~1.0%的尺寸最细小且均匀;当大于 1%时,球晶尺寸又有所增大,但仍小于原始试样。由此可见,球晶尺寸对 E_b 的影响极大。

由于球晶尺寸小，分布均匀，球晶间空间的密度增加，根据以上所述的理由，放电通道首先在球晶间空间发展。这些结构的变化使得电子平均自由行程缩短和带电质点扩散系数下降，所以 E_b 与 ρ 增加，另外，由于球晶均匀，故试样中的局部电场均匀，放电不容易从试样内部电场集中处发展。

上述结论对工程上生产电容器和电缆有重大的价值，因为它揭示了通过加入使试样结构化的人工晶核可以调整相应聚合物的超分子结构，从而改善绝缘体的介电性能。当人工晶核的介电性能与绝缘技术中所用相应聚合物相近时，就具有最大的晶核剂的功能，所以合理选用人工晶核，价值是重大的。

4.2.4　氧化的影响

表 4-10 是采用辊压方法使聚乙烯氧化后所测得的击穿场强（直流）与温度的关系，氧化后羰基增加（从 $\tan\delta$ 增加可知），故在低温区 $(T<T_g)$ E_b 增加，这是因为氧化生成的羰基使电子受到附加散射且其自由程下降，从而使 E_b 增加。

表 4-10　原始的及氯化的聚乙烯击穿场强与温度的关系

测量温度/℃	聚乙烯的 E_b/(MV/cm)	
	原始的	氧化后
−196	6.7	8.3
−95	6.6	8.4
16	6.5	7.4
40	5.7	5.7

表 4-11 为聚乙烯的 E_b 和 $\tan\delta$ 与氧化度的关系。辊压开始时，E_b 与 $\tan\delta$ 皆随辊压时间（氧化度）的增加而增加。若继续氧化，尽管偶极子数增加，$\tan\delta$ 增加，但 E_b 却下降。当辊压超过 1h 后，试样 E_b 的下降可能是由于空气中的杂质掺入内部，或者是由其超分子结构的变化所致。

表 4-11　在 150～160℃ 下，聚乙烯介质损耗和击穿场强与辊压时间的关系

介电特性	辊压时间/h				
	0	1/4	1	3	5
$\tan\delta\times10^4$, f=16MHz	—	3.1	11.2	4.71	92.4
E_b/(MV/cm)	6.81	7.32	7.51	6.81	4.02

由红外光谱测定氧化聚乙烯可知，其羰基（>C=O）含量（吸收波数 1717cm^{-1}）和双键（>C=C<）数（波数 1625cm^{-1}）明显增加。这一事实证实了氧化使偶极子数增加，对电子发生附加散射而使 E_b 增加。这仅在氧化初期（即氧化度小）时才成立。若聚合物受到明显的氧化，则它的宏观结构会发生明显变化，即超分子结构

尺寸发生变化，敛集松散度增加、材料均一性破坏且出现微观裂缝等，这些皆使电子平均自由行程和试样内部局部电场强度增加，因而 E_b 下降。此外，在微观裂缝中还会产生由边缘效应引起的放电，这也会使 E_b 下降。

有的研究者发现，低密度聚乙烯在光氧化老化时，试样表面的不均匀性和超分子结构尺寸(微纤)的增加会使其物理-化学特性发生改变。电绝缘漆在空气中热老化时，其击穿电压会有所增加，约增加 14%，此外还观察到它在热氧化老化开始时，其 E_b 增加。而电老化时，由于放电过程中形成的氧化氮和臭氧的作用，电介质中气泡的体积不断增加，致使聚合物结构松散，球晶间的边界消失，试样内局部电场强度和电子平均自由行程增加，故 E_b 下降。

以上虽然对高聚物的击穿和分子链结构、超分子结构、增塑剂、氧化度、填料及温度等因素的关系做了综合性的叙述，但目前仍需对高聚物击穿和超分子结构的关系、分子运动的影响、各类结构的缺陷及空间电荷等次级效应进行更为详尽的研究，以使根据所要求性能进行分子设计成为现实。

4.3　高聚物的局部放电与电老化

随着电气工程不断向高压发展，对聚合物电介质在局部放电作用下的老化机理的研究也越感迫切且日渐深入。观察固体电解质中的局部放电、估计局部放电强度并研究局部放电对电介质的作用，对绝缘合理地工作及预示其寿命均具有重大价值。

4.3.1　局部放电的基本概念

局部放电是指在电极间加上电压时，绝缘材料中产生的不完全(未贯通两电极)的放电。局部放电大体可分为：内部放电，是指发生在电介质内部的气隙和杂质上的放电；表面放电，是指在存在电场切线分量的介质表面上的放电；电晕放电，是指在电极边缘与尖点处极不均匀电场区中气体的放电。

介质内部表面放电会损害其结构和性能，特别是对于有机聚合物则更为明显。引起损害的现象可分为：离子和电子轰击，引起阴极和阳极发热，介质表面腐蚀和表面化学过程(聚合、裂解、气化)，形成电树枝；游离气体的化学产物，如臭氧、氢的氧化物等；紫外线和软 X 射线。

这种由内部放电引起的介质损坏程度，因材料本质而差异很大，对聚乙烯最为严重，而大电机的云母带绝缘的腐蚀大多是电离子轰击所致。

在研究局部放电发生的机理和放电时所伴随的各电气量的变化时，可用一个放电间隙(代表放电发端的气隙和油隙)和介质构成的等值电路来表示。这些电气量包括放电起始电压、熄灭电压、放点次数(次/秒)和放电功率、放电能量、视在放电电荷等,或放电的微观性质(电子和离子的能量、气体温度、反应生成物的种类和数量等),这对掌握电介质的老化是十分重要的。

用等值电路来表征有关电气量,如图 4-27 所示,它一般代表绝缘中气泡或边缘放电的回路。图中 C_b 是与气泡串联的介质电容,C_g 是气隙本身的电容,C_a 是除 C 和 C_g 外其余介质的电容,R_b 为与气隙串联的介质绝缘电阻,R_g 为气隙的绝缘电阻,R_a 为介质其余部分的绝缘电阻。当电极间外加交流电压 V_a 时,则气隙上的电压(不放电时)为

$$V_g = \frac{C_b}{C_b + C_a} V_a \tag{4-79}$$

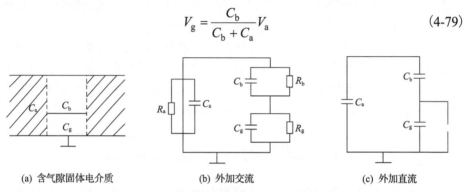

(a) 含气隙固体电介质　　　　(b) 外加交流　　　　(c) 外加直流

图 4-27　含有气隙的固体电介质的等值电路

随着外电压 V_a 升高,当气隙上电压达到气隙放电电压 V_g 时,气隙将发生放电。这里认为正负半周气隙放电电压相等。放电后,游离电荷产生的反电场将使气隙上电压迅速下降到 V_{gr},称为剩余电压。电压下降时间一般为 0.01μs,而 $V_{gr} \approx 100V$。

若忽略气隙上的剩余电荷和放电电源送出的电荷,由于放电气隙短路,在 C_a 上产生的压降为

$$\Delta V_a = \frac{C_b}{C_a + C_b} \Delta V_g \approx \frac{C_b}{C_a} \Delta V_g \tag{4-80}$$

式中,ΔV_g 为气隙放电后的压降,$\Delta V_g = V_{gi} - V_{gr} \approx V_{gi}(V_{gr} \approx 0)$。当 $C_a \gg C_b$,$C_g \gg C_b$ 时,一次放电通过气隙的真实电荷(称实际放电量)为

$$Q_r = \left(C_g + \frac{C_a C_b}{C_a + C_b} \right) \Delta V_g \approx (C_g + C_b) \Delta V_g \approx C_g \Delta V_g \tag{4-81}$$

由于 C_g 与 C_b 不能测定,定量测出 Q_r 有困难,但 C_a 与其上的电压变化 ΔV_a 可以测定,因此由它们的乘积 $C_a \Delta V_a$ 表示的放电量 Q_a 就是可以测定的且通过外电路导线送入的电荷量,并称为视在放电量:

$$Q_a = C_a \Delta V_a \approx C_b \Delta V_g \tag{4-82}$$

$$Q_r \approx Q_a \frac{C_a + C_g}{C_b} \tag{4-83}$$

因为 $C_g \gg C_b$，所以 $Q_r \gg Q_a$。按照国际电工委员会(IEC)推荐，可通过 Q_a 来研究绝缘气隙内部的放电过程。另外，整个试样的电容为

$$C = C_a + \frac{C_b C_g}{C_b + C_g} \approx C_a + C_b \approx C_a$$

因此视在放电量近似代表试样电容 C_a(放电前)和两端电压变化之乘积，一般为 $10^{-9} \sim 10^{-8} \mathrm{C}$。一次放电损失的能量 ω 为(当 $V_{gr} \approx 0$ 时)

$$\omega \approx \frac{1}{2} Q_r V_{gi} \approx \frac{1}{2}(C_g + C_a)V_{gi}^2 \approx \frac{1}{2} Q_a V_{ei} \tag{4-84}$$

式中，V_{gi} 为试样上放电起始电压(瞬时值)。测定 Q_a 与 V_{gi}，就可以求出放电能量。通常 ω 的数值为 $10^{-5} \sim 10^{-4} \mathrm{J}$。在低频交流下，电压变化周期相对于放电时间($10^{-8}\mathrm{s}$)极长，故气隙放电发生在电压幅值处，若将放电的电压幅值改为有效值 V_{ei}'，则式 (4-84) 变为

$$\omega \approx \frac{1}{2} Q_a V_{ei} = \frac{1}{2} Q_a \sqrt{2} V_{ei}' = 0.7 Q_a V_{ei}'$$

式 (4-84) 也可根据气隙厚度 d_g 和介电系数 ε_g、介质的介电系数 ε 和电容 C_b 的厚度 $d-d_g$、整个介质厚度 d，写成气隙中电场强度 E_g 与外电场强度 E_e 的关系式为

$$V_e = dE_e = E_g d_g \left[1 + \frac{\varepsilon_g(d - d_g)}{\varepsilon d_g} \right] = E_g \left[d_g + \frac{\varepsilon_g(d - d_g)}{\varepsilon} \right]$$

若 $\varepsilon_g \approx 1$，$d_g \ll d$，$d - d_g \approx d$，则

$$V_e = dE_e \approx E_g(d_g + d / \varepsilon) \tag{4-85}$$

在气隙上场强达到其放电场强 E_{gi}(它与气体种类、气隙间距离、气体的温度和压力有关，对某一种气体，一般可根据巴申定律确定)时，放电就开始。式(4-85)代表很宽的薄层气隙，因为 $\varepsilon_g = 1$，所以其电场分布为

$$E_g = \varepsilon E_d$$

式中，ε 和 E_d 分别为介质的介电系数与介质中的电场强度。若气隙为球形，则

$$E_g = \frac{3\varepsilon}{1+2\varepsilon} E_d$$

当 $\varepsilon \gg 1$，$E_g \approx 3E_d/2$，比薄层气隙中的 E_g 小得多。因此，气隙形状和其在电场中放置方向的不同，其放电量与放电起始电压也大为不同。在工作电场强度不超过某一数值且测量灵敏度也不太高时，有些气隙是没有危险的。

如图 4-28 所示，当气隙上电压达到 V_{gi} 时，气隙发生放电，此时出现放电脉冲电流 $i(t)$。半周内放电次数为

$$n = 2\frac{V_e - V_{gr}}{V_{ei} - V_{gr}} - 1 \tag{4-86}$$

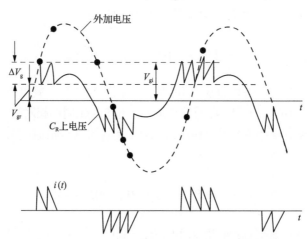

图 4-28   局部放电时气隙上的电压和放电脉冲电流

假设 V_e 和 V_{ei} 均大于 V_{gr}，则在较长时间内测得的平均放电次数 $\bar{n}$ 为

$$\bar{n} = 2\frac{V_e - V_g}{V_{ei} - V_{gr}} - 1 \approx 2\frac{V_e}{V_{ei}} - 1 \tag{4-87}$$

由式(4-87)可知，交变电压下放电频率随外加电压线性增加。注意，这里的 $\bar{n}$ 是半个周期内的平均放电次数，如果交变电压频率为 f，那么每秒的平均放电次数 N 为

$$N = 2f\bar{n}$$

由式(4-84)及式(4-87)可求出每秒的平均放电能量：

$$W = N\omega = 2fQ_a\left(V_e - \frac{1}{2}V_{ei}\right) \tag{4-88}$$

4.3.2　局部放电作用下高聚物结构的变化

气体局部放电后，反复出现放电脉冲可使材料表面上慢慢变白、变脆、丧失机械强度，表面变粗糙，接着出现凹坑，以后，放电集中于凹坑并开始呈树枝状发展，直到电介质剩余厚度不能承受电压而击穿。

局部放电通常使高聚物表面上出现某种晶体，表面电阻下降，使材料的 $\tan\delta$ 不断上升，开始时只是一种表面效应，而后就发展成一种体积效应，即 $\tan\delta$ 呈不可逆增长，容易导致热击穿。受局部放电作用的聚合物(如聚乙烯等)的大分子既可能裂解，也可能交联，前者使材料不断失重，后者使材料变得不溶于一般的溶剂。如果局部放电发生在含氧的气体中，那么放电对材料的上述作用将大为加强。

局部放电对材料的作用机理有如下几种说法。首先是放电过程中产生的电子、离子对材料的直接轰击作用。从放电时的电场强度及电子在空气中的平均自由程可估计出电子能量约为 3.2eV，基本上不会超过 20eV。对于聚乙烯，键能约为 4eV，电离能(或能隙宽度)为 7.6～9.0eV(实验值)，或为 7.7～18.96eV(按量子化学计算出的理论值)，因此电子有可能切断主链，但局部放电中主要产生的气体是氢气，说明局部放电中主要冲击 C—H 键。这些电子、离子附着于材料表面并逐渐积累形成空间电荷，从而对以后的放电击穿过程施加影响。特别是脆性材料常引起表面呈辐射状龟裂，出现较深的裂纹，因为裂纹尖端的曲率半径很小，该处聚集的电荷很容易产生高场强，从而促进局部放电的发展。当材料中有内应力时，特别容易出现这种现象，若加入增塑剂则可以加以改善。

放电时所形成的带电粒子的能量要比辐射作用中质点所具有的能量要低得多，前者不超过 20eV，后者可达到若干兆电子伏。再者，局部放电老化在不存在氧的情况下并不严重，因此不能把它当作唯一或主要的老化因素。

另一种观点认为放电通道的高温对材料有重大影响。一次放电在材料表面附近 $5\times10^{-11}cm^3$ 内起作用，时间约为 $10^{-7}s$，平均温度可达 170℃，最高温度估计可达 1000℃，热分解或热冲击作用十分严重。但是考虑到通道中的温度分布，放电通道中的升温未必能引起大分子链的热裂解。

还有观点认为局部放电的作用仅是由于放电中产生的原子态氧(即初生态氧或氧游离基)，但是实验表明，当样品放置方向与放电发展方向平行或垂直时，垂直时受的影响较大。如果只是原子态氧的作用，那么不应有任何区别。因此，局部放电对高聚物的作用是放电产生的高分子游离基与原子态氧及其他有氧化能力的气体相互作用的综合效应。

1. 裂解、交联与氧化

放电对高聚物的化学作用主要是氧化，氧可促进交联和裂解，氧化反应按照过氧化物游离基的机理进行。同时，辐射也能引起高聚物的裂解和交联，但与放电引起的化学作用不同。因为辐射质点的能量很大，由此引起的裂解和交联不一定与气体有关。如果有氧存在，虽然不改变交联数，但是由氧促进高聚物而产生交联是很困难的。

放电氧化反应的过氧化物游离基机理可以通过简单的实验方法证明：样品采用钼酸铵作催化剂，加碘化钾与过氧化物作用而析出碘，碘与放入的淀粉作用变色，表明的确存在过氧化物。因此，有人将高聚物中的过氧化物形成机理表示为

$$RH \longrightarrow \dot{R} + \dot{H}$$

$$\dot{R} + O_2 \longrightarrow RO\dot{O}$$

$$RO\dot{O} + RH \longrightarrow ROOH + \dot{R}$$

在聚苯乙烯薄膜中形成的过氧化物还会参与裂解与交联反应：

$$(4-89)$$

$$(4-90)$$

由上面的裂解及交联过程产生的基团有 O=C—Ar、HO—C—Ar 和 C—O—C，这已在含氧媒质放电作用后的聚苯乙烯的红外光谱中观察到，这里 Ar 代表苯环。在含氧媒质中放电会强烈地产生臭氧，而臭氧本身又与聚合物链发生作用，打开

碳的双键并使主链断开。例如，聚乙烯

$$\sim HC = CH \sim + O_3 \longrightarrow \underset{\sim HC \longrightarrow CH}{\overset{O_3}{\triangle}} \longrightarrow \tag{4-91}$$

这些基团在聚乙烯薄膜经放电作用后的红外光谱(IR)中都能找到。

应当指出，放电作用下的氧化与不存在放电作用的一般臭氧化反应不同。从红外光谱可以看出，一般臭氧化反应在聚烯烃中主要出现羰基(吸收带波数 ν 为 $1680\sim1750\text{cm}^{-1}$)、交联氧桥($1190\sim1245\text{cm}^{-1}$)，而在放电作用氧化反应后样品中存在着 $C=C$(1640cm^{-1})、羟基($3200\sim3600\text{cm}^{-1}$)、酯基($1180\text{cm}^{-1}$、$1190\text{cm}^{-1}$、$1280\text{cm}^{-1}$)及含氮的极性基团，如 NO_2(1554cm^{-1})、ONO_2(1635cm^{-1}、1290cm^{-1}、854cm^{-1})等。氧桥吸收峰不明显说明放电氧化交联的产物主要是以氧桥交联，并且分子结构中含有大量的极性基团。

放电氧化与一般氧化的区别还表现在某些 IR 吸收峰随时间的变化曲线上。例如，图 4-29 为聚苯乙烯的苯环吸收带(760cm^{-1})的变化。在臭氧化作用下，光密度在开始时有所下降，但是很快稳定了(这可由臭氧的扩散所能达到的深度决定)。聚苯乙烯在放电氧化作用下，由于表面的剥离，所以臭氧能不断深入更深层而使苯环的吸收峰强度进一步下降。

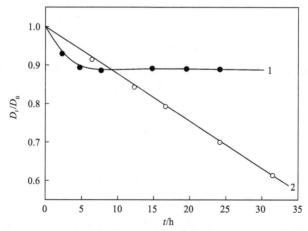

图 4-29 聚苯乙烯薄膜在 760cm^{-1} 红外吸收光谱的光密度的变化
1. 臭氧作用；2. 11kV 空气中放电作用

2. 放电作用层深度

可以设想，根据化学反应方程式，样品中放电作用层（或交联层）深度或依赖于氧的扩散深度，或依赖于臭氧的扩散深度。

辐射因穿透能力强，所以能影响到整块样品，因而辐射老化与放电老化不同。放电老化仅能作用到接近放电区的表面层，仅当表面层剥离后才能深入更深的内层。因此，放电老化仅能深入样品的某一层（老化层）内。聚乙烯或聚苯乙烯羰基的光密度是随放电作用时间增加而趋于某一恒定值的（图4-30），这一结果证实了放电老化仅深入样品的某一层内。由于放电后聚苯乙烯表面随着氧的扩散，羰基浓度增加，当表面开始剥离后，羰基浓度又有所下降，一直达到稳定值。

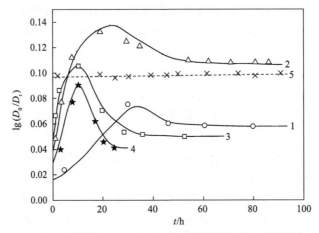

图 4-30　聚苯乙烯薄膜 C═O 基对红外光谱吸收的光密度随空气中放电作用时间和臭氧化作用时间的变化

1. 6kV；2. 7kV；3. 9kV；4. 11kV；5. 臭氧作用

如果假定氧化速度恒定且外施电压不变，就可作下面的近似计算。设高聚物样品的表面层链节数为 n_2，消失的链节数为 n_1，氧化速度常数为 k_v，链节消失速度为 v，因放电而消失的链节数及氧化链节数随老化时间的变化方程分别为

$$\frac{dn_1}{dt} = v \tag{4-92}$$

$$\frac{dn_2}{dt} = k_v(n - n_1 - n_2) \tag{4-93}$$

根据起始条件 $t=0$ 时，

$$n_1(0) = n_2(0) = 0 \tag{4-94}$$

解上面两方程得出

$$n_1 = vt \tag{4-95}$$

$$n_2 = \left(n + \frac{v}{k_v} \right)\left[1 - \exp(-k_v t) \right] - vt \tag{4-96}$$

从式(4-96)可导出出现氧化基团浓度的最大值的时间为

$$t_{max} = \frac{1}{k_v}\ln\left(n\frac{k_v}{v} + 1 \right) \tag{4-97}$$

如果 k_v 一定，电压增加，链节消失速率上升，因而峰值对应的极值时间 t_{max} 缩短，这与实验结果(图 4-30)一致。当表层的剥离(消失)速度与更深层次的氧化达到平衡时，n_2(即氧化基团浓度)便达到稳定值。如果只是一般的氧化，不存在放电，即链节消失速度 $v=0$，则

$$n_2 = n[1 - \exp(-k_v t)] \tag{4-98}$$

即氧化一直进行到氧能够达到的浓度为止，这时 n_2 出现了稳定值，曲线没有峰值(图 4-30 曲线 5)。因此，高聚物经一定时间的放电作用后，可以想象存在着两层：即发生电老化的外表层和未老化的内层。而且各种高聚物在一定条件下(如电压一定)电老化层的厚度不变，即使表面在剥离过程中也如此。这可用 C=O 基的 IR 光密度在长时间后维持恒定来说明(图 4-30)。

测定离开聚合物表面不同深度各层的各种基团的光密度，对于聚乙烯，其值如表 4-12 所示。可以看到碳双键、羟基、硝酸酯基主要存在于离表面约 3μm 的表层中，与放电关系极为密切，而臭氧化物、羰基及羟基可深入更深的内层，直到 12μm 处，这是由扩散到深层的氧与大分子进行氧化反应后生成的。因此，浅表层与放电作用关系密切，而较深表层与放电时形成的气体产物密切相关。

表 4-12　聚乙烯和聚苯乙烯的各种官能团随厚度的分布
（$V=11kV$, $t=10h$ 空气中放电作用）

	基团	C=O	OH	C=C	C—NO$_2$	COOH	⬠(臭氧化物)
聚乙烯	V/cm^{-1}	1710	3400	1650	1290	1190	1080
	H/μm	12	2.8	2.8	2.8	12	12
聚苯乙烯	基团	苯环-C=O		O-NO$_2$		C=O	NO$_2$
	V/cm^{-1}	1675		1290		1745	1554
	H/μm	1.6		1.6		2.4	4

3. 表面状态的变化

实验发现，在氧和水蒸气中的放电作用下，聚乙烯表面会形成结晶，而在干燥空气或氮气氛中的放电作用下，却不会生成结晶。根据化学分析得出，这些结晶体是乙二酸(COOH·COOH)。

利用某些作者的数据，Cornish 等提出形成乙二酸的过程大体可分成四步：首先，在放电发展的气隙中，由于氧与电子的亲合能大，电子就附着在氧分子上而形成负离子 O_2^-；其次，由于水蒸气的作用，负离子 O_2^- 与水蒸气反应而形成过氧化氢游离基；再次，此游离基再与不饱和碳键的大分子链节作用而形成过氧化氢聚合物游离基，此时主链上的碳键打开；最后，过氧化氢聚合物游离基与放电形成氧气反应而生成乙二酸。其反应式为

$$O_2 + e^- \longrightarrow O_2^-$$

$$O_2^- + H_2O \longrightarrow OH + \dot{O}OH$$

$$\dot{O}OH + \sim CH_2 - \underset{\underset{H}{|}}{C} = CH \sim \longrightarrow -CH - \underset{\underset{OOH}{|}}{CH} = CH \sim$$

$$\underset{\underset{OOH}{|}}{CH} - CH = CH \sim + O_2 \longrightarrow \underset{\underset{OOH}{|}}{C} - \underset{\underset{OOH}{|}}{C} + \sim CH_2 -$$

在潮湿空气中的放电作用下，结晶物出现在聚苯乙烯和聚酯合成纤维的表面，而不在聚四氟乙烯的表面。必须指出，经相同条件下的放电作用后，在不同聚合物表面上的结晶物是不同的。例如，在聚乙烯表面出现的是呈极为稀疏分布的粗大结晶，但在聚酯合成纤维表面却是密集而细小的结晶，而对于聚苯乙烯，无论是结晶数量还是结晶分布的敛密集度，都介于前两种聚合物之间。聚酯合成纤维、聚苯乙烯和聚乙烯结晶物表面积之比为 1∶6∶34。

应当指出，放电时在表面上产生的草酸、氮的氧化物与电极化学作用形成的硝酸盐都能溶于水，在潮湿空气中，可使样品表面的电导急剧上升，所以反过来又影响以后的放电特性。表面电导上升，可使每次放电的表面积扩大，放电强度增加；有时因表面电导太大而促进表面滑闪放电或使 $\tan\delta$ 增加，使表面形成漏电痕而最终使样品击穿。

4. 高聚物的腐蚀

腐蚀是聚合物在电老化时发生的最重要的过程之一。所谓腐蚀就是在放电作用下随材料的损伤而引起表面的损坏。随放电作用时间延长，由于腐蚀而使试样

逐渐丧失使用性能。通常用研究试样质量或厚度的变化来确定腐蚀的速度。同样腐蚀的程度也可由原始试样的吸收带光密度和光谱的变化来确定。这种红外光谱的特性主要适合于在放电作用下结构变化小的聚合物。究竟选择哪种吸收带来表示腐蚀的变化，一般可依据下列条件：

(1) 图形定标，即所选吸收带光密度与试样厚度的关系应是线性的；

(2) 所选吸收带应与其余带的红外光谱有一定距离（以免发生带的重叠现象），就会获得很清楚的极大值。

为了对最为流行的聚合物电介质规定腐蚀的尺度，常采用下列红外光谱的吸收带：聚乙烯采用 4327cm^{-1}（属于 CH_2 基），聚苯乙烯采用 760cm^{-1}（苯环的 CH 基）或 2851cm^{-1}（苯环的 CH_2 基），聚酯合成纤维采用 427cm^{-1}（晶带），聚四氟乙烯采用 2370cm^{-1}。实际上，在达到稳定状态的实验条件下，老化的聚合物试样可认为是由老化层与未损伤层这两层所构成的，对面积 1cm^2 的试样应满足下式：

$$\begin{cases} h = h_1 + h_2, \quad h_1 = \text{const.} \\ m = m_1 + m_2 = \mu_1 n_1 h_1 + \mu_0 n_0 h_2 \\ D_v = k_1 n_1 h_1 + k_0 n_0 h_2 \end{cases} \tag{4-99}$$

式中，k_1、h_2 及 m_1、m_2 分别为高聚物的老化层及未损伤层的厚度及质量；D_v 为某一带的光密度；n_1、k_1、μ_1 与 n_0、k_0、μ_0 分别为老化层与未老化层中单位体积（1cm^3）的链节数、一个链节的吸收系数与质量。由式(4-99)进一步得出

$$\begin{cases} \dfrac{1}{h_0} \dfrac{dh}{dt} = \dfrac{1}{h_0} \dfrac{dh_2}{dt} \\ \dfrac{1}{m_0} \dfrac{dm}{dt} = \dfrac{\mu_0 n_0}{\mu_0 n_0 h_0} \dfrac{dh_2}{dt} = \dfrac{1}{h_0} \dfrac{dh_2}{dt} \\ \dfrac{1}{D_{v0}} \dfrac{dD_v}{dt} = \dfrac{k_0 n_0}{k_0 n_0 h_0} \dfrac{dh_2}{dt} = \dfrac{1}{h_0} \dfrac{dh_2}{dt} \end{cases} \tag{4-100}$$

式中，h_0、m_0 和 D_{v0} 分别为放电作用前试样的厚度、质量和光密度。由以下公式：

$$\frac{1}{D_{v0}} \frac{dD_v}{dt} = \frac{1}{m_0} \frac{dm}{dt} = \frac{1}{h_0} \frac{dh}{dt} \tag{4-101}$$

可知，当结构变化所能伸至的层完全变质后（h_1=const.），包含在原始试样中基团的红外光谱的光密度、试样质量及厚度三者变化的相对速度是一致的，都能作为腐蚀的尺度。放电作用下的质量损失通常与放电作用时间呈直线关系。在实验开始时，由于氧化反应，样品质量反而增长，不过等到扩散平衡后便出现线性关系。

4.3.3　局部放电作用下高聚物电性能的变化

介质损耗放电作用下高聚物的 $\tan\delta$ 增加，这主要是由聚合物链的氧化、裂解和交联过程导致的结构变化（如羰基含量增加、分解形成低分子产物、分子量降低及分子量降低使聚合物中分子间互作用减弱、松弛时间下降等），而臭氧最为活跃地参加了上述过程。

电导率在放电作用下，聚合物的表面电导率与体积电导皆明显地增加。表面电导率增加是由于潮气和聚合物破坏产生的低分子产物而在其表面形成半导电层，或者是由放电作用区表面吸收带电质点所致。

在放电作用下聚合物体积电导率变化的原因包括：①由放电区所喷射出的带电质点，使被研究聚合物试样内部出现体积电荷；②由表面层大分子的氧化裂解所形成的低分子化合物向试样内部扩散；③由放电作用下聚合物结构变化而产生的极化过程变化。

按一些作者的假设，聚合物中体积电荷的产生是放电作用区电子向试样内渗透的结果，这些电子在碰撞时消耗了自己的能量，而被俘获在由大分子结构缺陷而产生的陷阱里面。开始时电子位于靠近试样表面的某些区域，后来电子俘获在全部陷阱里而出现饱和。由于扩散与体积电荷电场的作用，有些电子将向试样内部运动，直到占据整个试样的陷阱时为止。

电介质击穿（击穿场强）经常还受一些附加因素的影响，主要包括：①放电作用下的不均匀性破坏；②受热使材料热分解，从而产生不可逆的化学变化和材料熔化；③机械应力；④放电产物（如臭氧等）和潮气所引起的化学反应等。

聚乙烯和聚苯乙烯薄膜随氧化程度增加，脉冲击穿场强开始增加而后再下降。有一种观点认为，电强度开始增加是由于出现了强极性基团 C＝O，从而降低了电子平均自由程，因此电子不能从电场中获得足以引起其他原子电离的能量，所以，E_b 增加。若氧化继续发展，聚合物的超分子结构发生改变，敛集松散性增加，微观裂缝出现，从而使电子平均电子自由行程长度增加和介质局部电场强度提高，故 E_b 下降。

在不均匀电场中击穿，试样在完全击穿前会出现不完全击穿的分枝通道——树枝的发展，树枝从针电极发端。树枝端部的局部电场强度可能超过材料的瞬时击穿场强，因此，树枝放电不断向试样内部深处急剧发展，最后形成完全击穿。树枝也可能由电极和聚合物间或聚合物内部气隙的放电发展而形成。

聚合物中电树枝的特点是通常具有 $1\mu m$ 的微管（即空心通道）对一些透明介质如聚乙烯，采用显微镜可清楚地观察其树枝。随着时间推移，树枝增长开始快，而后变慢，在完全击穿前又重新变快。实验发现，若用针-针电极，树枝生长可明显加速，温度升高树枝长度也增加，若为针板电极，针尖为正极性时树枝长度超过针尖为负时；当在聚合物内部有机械应力时，树枝的发展特别容易。

寿命特性　工程上最感兴趣的是确定在某种条件下，特别是绝缘内部含有气隙出现的局部放电时聚合物材料的寿命（工作期限）。为了使实验条件能够反映聚合物绝缘运行所承受的条件，在试样中建立人工气隙，当气隙上电压达到一定数值时，放电开始发展。将实验测得的 $\tau_f = \varphi(V)$ 或 $\tau_f = \psi(E)$ 的曲线称为该材料的寿命曲线，τ_f 为材料在此条件下的寿命。尽管研究人员对此做了大量的研究，但还没有得出有关高聚物寿命曲线的统一公式。

例如，一些作者认为，寿命公式应为

$$\tau_f = AE^{-B} \tag{4-102}$$

而有人则认为

$$E = A\exp(-B\tau_f) \tag{4-103}$$

式中，A 和 B 为给定实验条件和材料性质有关的系数。此外，还可利用下面的简单公式：

$$\tau_f = B\exp(-\beta E) \tag{4-104}$$

式中，B 和 β 为与高聚物特性及实验条件有关的参数。

聚合物薄膜的寿命主要取决于进行实验的气体媒质的成分，特别是有没有氧气存在。例如，在仔细净化的氮气中，实验装置内部没有空气通过时，在一定实验电场强度范围内，在氮气中的寿命比敞开在空气中可延长 10～30 倍，聚乙烯在潮湿空气中的寿命比干燥空气的高数倍。因为在放电作用下，存在于聚合物表面的潮气将形成半导电层，它能改善电场分布并降低放电强度。

实验数据指明，在恒定温度下，$\lg\tau_f$ 随 E 增大而呈线性下降，可写成式(4-104)的形式，式中 B 与 β 除与聚合物性质和实验条件有关外，还随温度升高而下降。应该指出，$\lg\tau_f \sim E$ 的关系在不同温度下可形成直线簇，当这些直线外推至短时间或高电场时，都将汇集（交于）于一点，其交点为 $\lg\tau_f = -12$（图 4-31）。

根据图 4-31 的数据可建立 $\lg\tau_f \sim 1/T$ 的关系，如图 4-32 所示。当 $E=\text{const}$ 时，$\lg\tau_f \sim 1/T$ 为直线，而对于不同的 E，直线斜率不同，所以将形成直线簇。将这些直线外推至短时间和高温时，它们也将交于一点。因此，聚乙烯与聚酯合成纤维薄膜的寿命温度关系可写成

$$\tau_f = C\exp(W/RT) \tag{4-105}$$

式中，C 和 W 与电场强度 E 有关。可以假定，W 是击穿过程中能量的特征参数，即电破坏过程的活化能，R 为气体常数。W 值随 E 的增加而降低，如图 4-33 所示，

即满足下式：

$$W = W_0 - \chi E \tag{4-106}$$

式中，W_0 为电破坏过程的起始能量指数；χ 为与材料特性结构有关的系数。

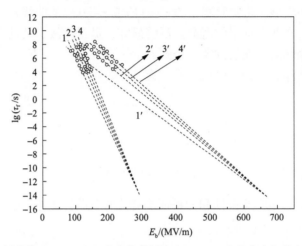

图 4-31　聚乙烯薄膜(1, 2, 3, 4)和聚酯合成纤维(1′, 2′, 3′, 4′)的寿命与外电场强度的关系

实验温度/K：1. 323；2. 293；3. 223；4. 173；1′. 193；2′. 223；3′. 173；4′. 138

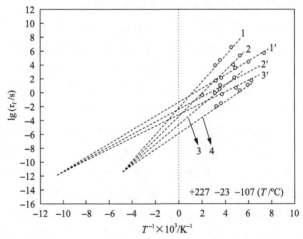

图 4-32　聚乙烯(曲线 1, 2, 3, 4)与聚酯合成纤维(1′, 2′, 3′)薄膜的寿命与温度关系曲线

电场强度/(kV/mm)：1. 40；2. 80；3. 120；4. 160；1′. 80；2′. 160；3′. 240

聚乙烯薄膜电强度的寿命温度曲线可写为

$$\tau_{\mathrm{f}} = C(E) \exp \frac{W_0 - \chi E}{RT} \tag{4-107}$$

从研究聚合物电强度的寿命温度关系曲线(图 4-33)的结果可以得出,在电场作用下,聚合物的破坏是动力学的活化过程,此过程随时间的发展类似于机械破坏。从研究 $\tau_f = f(E,T)$ 和 $\tau_f' \sim F(\sigma,T)$ 所得的经验关系也可得知(τ_f' 为机械应力作用下的寿命, σ 为机械应力),聚合物的电气和机械破坏过程间具有一定的类似性。

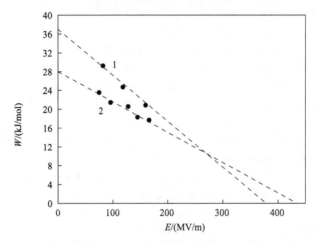

图 4-33　聚乙烯(曲线 1)和聚酯合成纤维(曲线 2)薄膜在电破坏过程中
能量指数与电场强度的关系

主要参考文献

陈季丹, 刘子玉. 1982. 电介质物理学. 北京: 机械工业出版社.

何曼君, 陈维孝, 董西侠. 1982. 高分子物理. 上海: 复旦大学出版社.

林尚安, 陆耘, 梁兆熙. 1987. 高分子化学. 北京: 科学出版社.

钱保功, 许观藩, 余赋生. 1986. 高聚物的转变与松弛. 北京: 科学出版社.

永松元太郎, 乾英夫. 1984. 感光性高分子(中译本). 丁一, 译. 北京: 科学出版社.

中国科学技术大学高分子物理教研室. 1981. 高聚物的结构与性能. 北京: 科学出版社.

Busch G, Schade H. 1987. 固体物理学讲义(中译本). 郭威妥, 等译. 北京: 高等教育出版社.

Hedvig P. 1981. 聚合物的介电谱(中译本). 吴炳川, 译. 北京: 机械工业出版社.

Bailey R T, North A, Lastair M, et al. 1981. Molecular motion in high polymers. London: Clarendon Press Oxford.

Blythe A R. 1979. Electrical Properties of Polymers. London: Cambridge University Press.

Böttcher C T F, Bordewijk P. 1978. Theory of Electric Polarization. 2nd ed. Amsterdam: Elsever.

Elliott S R. 1983. Physics of Amorphous Materials. London and New York: Longman.

Fröhlich H. 1958. Theory of Dielectrics. 2nd ed. London: Oxford University Press.

Ieda M. 1980. Dielectric breakdown process of polymers. IEEE Trans., EI-15(3): 206-224.

Ieda M. 1986. In pursuit of better electrical insulating solid polymers: Present status and future trends. IEEE Trans, EI-21.

Jonscher A K, et al. 1983. Dielectric Relaxation in Solids. London: Chelsea Dielectrics Press.

Kao K C, Hwang W. 1981. Electrical Transport in Solids. New York: Pergamon.

Klein N. 1982. Electrical breakdown of insulators by one-carrier impact ionization. J. Appl. Phys., 53(8): 5828.

Ku C C, Liepens R. 1987. Electrical Properties of Polymers. Munich-vienna-New York: Hanser Publishers.

Колесов С Н. 1975. Сгруктрная электрофизика долимерних диэлектриков. Ташкент: Издательство 《УЗБЕКИСТАН》.

Mort J, Pfister G. 1982. Electronic properties of polymers. New York: John-Wiley & Sons.

Mott N F, Davis E A, et al. 1979. Electronic Processes in Non-Crystalline Materials. London: Clarendon Press.

O'Dwyer J J. 1973. The Theory of Electrical Conduction and Breakdown in Solid Dielectrics. London: Clarendon Press.

Pai D M, Enck R C. 1975. Electric-field-enhanced conductivity in solids. J. Appl. Phys. 46.

Pohl H A. 1977. Nomadic polarization in quasi-one dimentional solids. J. Appl. Phys., 66: 4031.

Pope M, Swenberg C E. 1982. Electronic Properties in Organic Crystals. New York: Clarendon Press.

Scher H, Montroll E H. 1975. Anomalous transit-time-dispersion in amorphous solids. Phys. Rev. B, 6(12): 2455-2477.

Seanor D A. 1982. Electrical Properties of Polymers. New York: Academic Press.

Sessler G M, Electrets M G. 1980. Heidelberg. New York: Springer-verlag Berlin.

Sessler G M. 1980. Electrets. Heidelberg and New York: Springer-Verlag Berlin.

Stratton R. 1961. The theory of dielectric breakdown in solids. Piogr. Dielectrics. Birks J B, vol. 3.

Whitehead S. 1951. Dielectric Breakdown in Solids. New York: Clarendon, Oxford.

Багиров М А, Малин В П, и Абасов С А. 1975. Воздействие электрических разрядов на долимерные диэлектрики. Издательство ЭЛМ.

Колесов С Н. 1975. Структурная электрофизика полимерных диэлектриков. Ташкент: 《УЗБЁКИСТАН》.

Колесов С Н. 1975. Структурная электрофизика полимерных диэлектриков. Ташкент: Издательство, УЗБЕКИНСТАН.